U0254537

压缩空气泡沫灭火技术及应用

杨 哲 徐 伟 郎需庆 编著

中国石化出版社

内 容 提 要

本书介绍了泡沫灭火剂及泡沫的基本性能，重点介绍了压缩空气泡沫的产生原理、主要性能及影响泡沫状态的主要因素，结合石化装置与罐区、高层建筑、大型仓库与厂房、特高压变电站、超长隧道等重点设施设备的重大火灾特点，介绍了固定式压缩空气泡沫灭火系统、压缩空气泡沫消防车、移动式压缩空气泡沫灭火器等泡沫灭火设备的应用方式，以及以压缩空气泡沫技术为核心的凝胶泡沫、自发性泡沫、三相泡沫等专用泡沫技术的研究及应用情况。

本书可作为石油化工、建筑、仓储、电力、交通等相关领域的科研、消防安全管理和工程技术人员的参考书，也可供消防工程专业、安全工程专业等本科生与研究生阅读。

图书在版编目(CIP)数据

压缩空气泡沫灭火技术及应用／杨哲，徐伟，郎需庆编著．—北京：中国石化出版社，2022.10
ISBN 978-7-5114-6827-7

Ⅰ．①压… Ⅱ．①杨… ②徐… ③郎… Ⅲ．①压缩空气-泡沫灭火 Ⅳ．①TU998.1

中国版本图书馆 CIP 数据核字(2022)第 176803 号

未经本社书面授权,本书任何部分不得被复制、抄袭,或者以任何形式或任何方式传播。版权所有,侵权必究。

中国石化出版社出版发行
地址:北京市东城区安定门外大街 58 号
邮编:100011 电话:(010)57512500
发行部电话:(010)57512575
http://www.sinopec-press.com
E-mail:press@sinopec.com
北京科信印刷有限公司印刷
全国各地新华书店经销
*
787×1092 毫米 16 开本 12 印张 295 千字
2022 年 10 月第 1 版 2022 年 10 月第 1 次印刷
定价:79.00 元

前言

火灾是突发的失去控制的燃烧，已伴随人类社会发展了几千年，是发生在人们身边较频繁的灾害之一，会给人们造成严重人身伤害和巨大经济损失。近年来，国内以"高、低、大、化"重点领域的重大火灾处置为代表的消防挑战，受到了党中央、各级政府及相关部委的高度重视和关注，我国消防研究战线的人员持续深入研究高效灭火技术与装备，不断探索防控火灾的新方法、新技术、新装备和新战术。

压缩空气泡沫灭火技术是泡沫灭火领域国内外公认的高性能灭火技术，其因灭火能力强、耗水少而被消防业界广泛认可，应用领域也越来越广泛，在国外的应用普及率较高。该技术20世纪源于国外，在我国已有几十年的研究与应用历史，国内在理论研究、装备开发与工程应用等方面已奠定了良好的基础，积累了丰富的经验。

近些年，该技术主要应用于建筑类 A 类火灾扑救，但在工业领域火灾扑救应用较少，国外已开始探索将压缩空气泡沫灭火技术应用于重大工业火灾扑救，国内在压缩空气泡沫扑救工业火灾方面正处在探索和起步阶段。近十年来国内发生了多起石化储罐、大型变电站及高层建筑等重大火灾事故，造成了人员伤亡、重大经济损失和恶劣的社会影响，事故反映出灭火效率低、处置难度大等难题，在这种社会背景下，我国以压缩空气泡沫为代表的高效泡沫灭火装备的深入研究与广泛应用，显得尤为迫切和必要。

目前，国内以压缩空气泡沫灭火技术为专题的论著凤毛麟角，与压缩空气泡沫灭火技术相关的各种知识信息也较零散，知识的系统化较弱，不利于该领域科研和工程技术人员对压缩空气泡沫灭火技术的全面理解和掌握，也不利于该技术在国内各行业的推广应用。

本书总结了我国近年来压缩空气泡沫灭火技术的主要研究进展，梳理了压缩空气泡沫灭火技术在我国石化、电力、建筑等重点领域重大火灾扑救方面的典型应用及工程经验，尤其是可以启发该领域的研究与技术人员，以推动压缩空气泡沫灭火技术在我国储能电站、风电、氢能等各领域的应用拓展和技术升级，进一步提升我国重大火灾的处置能力和处置效率，为"平安中国"贡献消防科技力量。

本书以中石化安全工程研究院有限公司（以下简称"安工院"）近20年来压缩空气泡沫灭火技术研究成果为知识体系基础，吸纳了国内外多所科研院所和公司的部分研究成果、工程技术及应用经验作为必要补充，旨在为我国消防领域的科研、工程技术及安全管理人员提供较为全面的知识体系架构与研究参考。

在本书编写过程中，杜红岩、孙志刚、王庆银、陈硕、牟小冬、吴京峰、谈龙妹、崔芃雨、尚祖政、焦金庆、张广文、陶彬、王林、王春、周日峰等参与了相关内容的编写工作。

安工院在压缩空气泡沫灭火技术领域取得的科研成果得益于中国石油化工集团有限公司科技部、安全监管部等部门多年来对安工院消防研究工作的大力支持；感谢安工院的牟善军教授、白永忠教授、张卫华教授、刘全桢教授、姜春明教授等专家多年来对消防研究工作的悉心指导，感谢中国石化中原油田分公司、长岭炼化分公司、洛阳石化分公司、原中国石化管道储运有限公司黄岛油库等兄弟单位及合作伙伴对安工院消防研究工作的帮助；感谢业界相关单位的研究成果与工程案例对本书编写过程的技术资料支持。

由于作者水平有限，时间仓促，书中难免存在谬误、不妥之处，恳请读者批评指正。

目录

CONTENTS

第一章

绪　论

火是人们生活中不可缺少的一部分，在人类社会进步过程中起着至关重要的作用，然而一旦管理疏忽或是使用不当，火失去控制引发火灾，会对人们的生命财产安全造成巨大危害。火灾是威胁公共安全、危害人们生命财产的主要灾害之一。

近年来，国内火灾舆情呈现上升的趋势，随着人们生活条件的逐步提高和国民经济的快速发展，火灾的原因、规模、类型和数量都在不断变化，火灾对人们安居乐业和安全生产有着重大影响，是不可忽视的重大安全问题。

危险化学品领域的火灾爆炸事故时有发生，如 2015 年 8 月 12 日天津滨海新区火灾爆炸事故、2019 年 3 月 12 日江苏盐城响水县某化工园区内化工物料爆炸火灾事故、2021 年 5 月 31 日沧州市某重油储罐火灾事故等，其危害之大、影响面之广都达到了前所未有的程度。在森林火灾方面，四川省凉山彝族自治州木里县的森林火灾造成了包含消防战士在内的 31 人遇难。建筑物火灾事故更是频频发生，尤其是高层建筑火灾，如 2010 年上海静安区高层住宅大火造成 58 人遇难，是当前国内外消防面临的难题之一。如何高效安全地处置这些重特大火灾事故是国内消防科学研究人员面临的重大挑战。

一、火灾分类

1. 按燃烧介质分类

根据国家标准 GB/T 4968—2008《火灾分类》的规定，火灾分为 A、B、C、D、E、F 六类。

A 类火灾：是指固体物质火灾，这种物质多数具有有机物质性质，在燃烧时能产生灼热的余烬，如木材、棉、毛、纸张等火灾。

B 类火灾：是指液体火灾和可熔化的固体物质火灾，如汽油、原油、甲醇、醛、酮、石蜡等火灾。

C 类火灾：是指气体火灾，如煤气、天然气、甲烷、氢气、天然气、液化石油气等火灾。

D 类火灾：是指金属火灾，如钾、钠、镁、铝、钛等火灾。

E 类火灾：是指带电火灾，是物体带电燃烧的火灾。

F 类火灾：是指烹饪器具内的烹饪物火灾，如动植物油脂。

需要注意的是，发生火灾事故时，往往多种火灾类型并存，如储能电站火灾包括了 A 类火灾、B 类火灾、C 类火灾和 E 类火灾，物流仓库因储存了多类物品，在发生火灾时也往往是包括多类火灾。在发生火灾时，也可能一种火灾类型引发了其他火灾类型。

2. 按火灾严重程度分类

按火灾严重程度划分，火灾分为特别重大火灾、重大火灾、较大火灾、一般火灾。

特别重大火灾：指造成 30 人以上死亡，或者 100 人以上重伤，或者 1 亿元以上直接财产损失的火灾。

重大火灾：指造成 10 人以上 30 人以下死亡，或者 50 人以上 100 人以下重伤，或者 5000 万元以上 1 亿元以下直接财产损失的火灾。

较大火灾：指造成 3 人以上 10 人以下死亡，或者 10 人以上 50 人以下重伤，或者 1000 万元以上 5000 万元以下直接财产损失的火灾。

一般火灾：指造成 3 人以下死亡，或者 10 人以下重伤，或者 1000 万元以下直接财产损失的火灾。

3. 按火灾类型分类

按火灾类型，火灾分为森林火灾、建筑火灾、工业火灾、城市火灾等。

森林火灾：是指在森林和草原发生的火灾，包括地下火、地表火、树冠火等形式的火灾，具有大尺度、开放性等特点。

建筑火灾：是建筑物内发生的火灾，往往在受限空间中蔓延，具有多种发展方式和火行为。

工业火灾：是工业场所尤其是油料等易燃物生产、加工和储存场所发生的火灾，这类火灾往往蔓延迅速，火势强度大。

城市火灾：是城市中发生的火灾，由于城市中建筑和植被邻近、混杂在一起，城市火灾既有建筑火灾的特点，也有森林火灾的特点。

二、燃烧基本条件

燃烧是一种放热发光的化学反应，是可燃物与氧气作用发生的剧烈放热反应，通常伴有火焰、发光和发烟现象。燃烧过程的发生和发展具备的必要条件是可燃物、氧气、着火源，另外，这三个因素还必须相互作用才能发生燃烧，即燃烧的充分条件是：一定浓度的可燃物、一定的氧气含量、一定的点火能量、未受抑制的链式反应。

1. 可燃物

凡能与空气中的氧气或其他氧化剂发生剧烈反应的物质都称为可燃物，按物理状态，可分为气体可燃物、液体可燃物和固体可燃物。

2. 氧化剂（助燃物）

凡能帮助或支持燃烧的物质，即能与可燃物发生氧化还原反应的物质称为助燃物，如空气、氧气、氯、过氧化钠等。

3. 着火源

着火源是指供给可燃物与助燃物发生反应的能量来源，常见的有明火、赤热体、雷电、静电、高温表面等。明火是最常见且比较强的点火源，如一根火柴、一个烟头都会引发火灾。明火的温度约在 700~2000℃ 之间，可以点燃任何可燃物质。赤热体是指受高温或电流因素作用，由于蓄热而具有较高温度的物体，赤热体点燃可燃物的速度主要取决于物质的性质和状态。火星是在铁器与铁器或铁器与石头之间强力摩擦时产生的火花。火星的能量虽小，但温度很高，约有 1200℃，也能点燃如棉花、布匹、干草等易燃固体物质。电弧和电火花是在两极间放电放出的火花或是击穿产生的电弧光，这些火花能引起可燃气体、液体蒸气和固体物质着火，是一种危险的点火源。

三、燃烧的基本概念

可燃物在适量的助燃剂存在的环境中遇到足够的着火能源即可燃烧。燃烧主要有闪燃、着火、自燃和爆炸几种形式。

1. 燃烧极限

在一定温度和压力下，只有燃料浓度在一定范围内的混合气才能被点燃并传播火焰，这个混合气中的燃料浓度称为该燃料的燃烧极限，通常把混合气能点燃并传播的最低浓度称为该燃料的着火下限，能保证点燃并传播的最高浓度称为该燃烧的燃烧上限。燃烧的上下限常用体积分数表示。

对于气相燃烧，油料都存在一个燃烧极限，燃料浓度只有处在燃烧极限内才能被点燃并传播火焰，发生燃烧。若浓度低于该极限，则不能发生燃烧和爆炸，若燃料浓度高于该极限，则不能发生燃烧，但是随着浓度的降低，浓度处在爆炸极限内后还将发生燃烧。易燃油料的燃烧极限下限一般比较低，可燃气扩散后极易形成爆炸性气体混合物。

当混合气的温度和压力升高时，燃料的燃烧极限均有所扩大。混合物的初始压力升高，则燃爆下限降低，危险性增大；温度对燃爆极限的影响，一般是温度上升，下限值变低、上限值升高，燃爆范围扩大。对所有可燃物来说，当可燃物与空气愈接近化学计量比，混合气愈易点燃。在混合气中加入惰性气体，燃烧极限相应缩小，反之，在混合气中增加氧含量，燃烧极限变宽。可燃物的危险度为燃烧极限的上下限之差与下限值的比值，其比值越大，表示危险性越大。

2. 引燃与最小点火能

引燃是指释放能够触发初始燃烧化学反应的能量，影响其反应发生的因素包括温度、释放的能量、热量和加热时间等。

最小点火能是指使可燃气体和空气混合物起火所必需的能量临界值，是表达可燃气、蒸气和粉尘的爆炸危险性的重要参数，若引燃源的能量低于该临界值，一般不会发生燃烧。最小点火能也称为最小火花引燃能量或临界点火能。

3. 着火延滞期

着火延滞期是指可燃物质与助燃气体的混合物在高温作用下从开始暴露到起火的时间，即混合气着火前自动加热的时间。混合气的着火延滞期一般只有几个至十几个毫秒，约占整个燃烧时间的 1‰~1%。

4. 闪点、着火点、自燃点及其相互关系

闪点是液体能产生足量的蒸气，并在容器内液体的表面与空气组成可燃物的最低温度。液体在闪点温度时能连续燃烧。可燃液体的闪点是随其浓度的变化而变化的。当液体的温度升高超过闪点，并达到液体产生的蒸气在点燃后足以连续燃烧的温度时，则称该温度是着火点。通常，着火点比闪点高 16.7~27.8℃，一般情况下，着火点往往难以测定。

若液体温度升高超过着火点以后，可达到不用火种即能着火的温度时，则称该温度为自燃点。液体处于自燃温度时不用再供给热量即可继续稳定燃烧，这种燃烧过程称为自热燃烧。固体也可被加热至着火燃烧的最低温度，对于固体来说，该温度也常称为燃点。

燃点是可燃物质在助燃性气体中加热而没有外来明火等火源的情况下起火燃烧的最低温度。

四、不同燃烧介质的燃烧特点

1. 气体燃烧

气体燃烧所用热量仅用于氧化或分解，或将气体加热到燃点，不需要像液体或固体那样先蒸发或熔化后才能燃烧。

根据燃烧前可燃气体与氧气混合状态的不同，燃烧分为预混燃烧与扩散燃烧。扩散燃烧指可燃气体从喷口喷出，在喷口处与空气边扩散边混合边燃烧。预混燃烧指可燃气体与氧气在燃烧之前已充分混合，并形成一定浓度的可燃混合气体，被火源点燃所引起的燃烧，此类燃烧易引起爆炸。

2. 液体燃烧

液体燃烧是液体蒸发出蒸气进行燃烧，燃烧与否及燃烧速率与可燃液体的蒸气压、闪点、沸点和蒸发速率有关。凡闪点低于45℃的液体称为易燃液体，闪点大于45℃的液体称为可燃液体。

液体的火灾危险性是由其理化性质决定的，主要包括密度、流动扩散性、水溶性等性质。液体密度越小，蒸发速度越快，闪点越低，火灾危险性越大。易燃液体具有流动性，液体越黏稠，流动性与扩散性就越差，自燃点较低，但是随着温度升高，其流动性与扩散性增强。

油品燃烧是火灾研究的重点之一。从 Blinov 和 Khudyakov 开始，在全球范围内进行了许多有关石油火灾的试验研究。众所周知，油池火灾的燃烧特性具有规模相关性，图 1-1 是 Blinov 和 Khudyakov 得到的研究数据，结果表明：当油盘直径大于 0.2m 时，火焰为紊流状态；当油盘直径大于 1m 时，火焰中有大量的烟产生。油品火灾的其他特性(例如烟的产生速率、烟粒子大小和发生沸溢的可能性)也与油池大小有关。因此，研究真实油罐火灾的特性，须用大于直径 1m 的油盘进行试验。

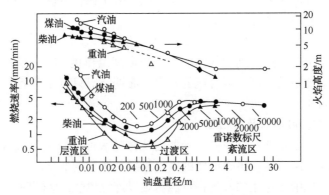

图 1-1　油盘燃烧速率及火焰高度与油盘直径的关系

3. 固体燃烧

固体物质燃烧必须经过受热、蒸发、热分解，使固体上方可燃气体的浓度达到燃烧的极限，才能保证持续燃烧。固体可燃物由于其分子结构的复杂性，燃烧方式主要有蒸发燃烧、分解燃烧、表面燃烧、阴燃等。

五、灭火基本原理

灭火基本原理分为四个方面，即冷却、窒息、隔离和化学抑制。前三者灭火作用属于物理过程，化学抑制是化学过程。

1. 冷却灭火

着火点是可燃物持续燃烧的条件，所以对于一般可燃固体，将其冷却到燃点以下；对于可燃液体，将其冷却到闪点以下，燃烧反应即可终止。用水扑灭一般固体物质的火灾，主要是通过冷却作用来实现。对于可燃液体，不能用水灭火，通常采用泡沫、干粉或气体灭火。

2. 窒息灭火

燃烧依靠氧气，只要周围空气中氧浓度小于15%，燃烧就会终止，因此，降低氧浓度可实现灭火，如用手提二氧化碳灭火器窒息灭火。

3. 隔离灭火

将可燃物与氧气隔离开，燃烧会自动终止。如转移可燃物，关闭相关阀门，切断可燃气体与可燃液体的源头。另外，用灭火剂将燃料与氧气和热量隔离开，如泡沫覆盖可燃液体或固体，从而将可燃物与火焰和空气分开。

4. 化学抑制灭火

通常化学反应产生抑制燃烧的物质，可燃物质的燃烧都是游离基的链锁反应，碳氢化合物在燃烧过程中其分子被活化，发生游离基 H^+、OH^- 和 O^{2-} 的链锁反应。通过活性分子将参与反应的游离基惰化，实现终止燃烧反应。干粉灭火剂、气溶胶灭火剂等属于化学抑制灭火。

六、热传播的途径

火灾的整个过程伴随着热传播过程，热传播有三种途径，即热传导、热对流、热辐射。

1. 热传导

热量通过直接接触的物质从高温物体传递向低温物体叫作热传导。影响热传导的主要因素有温度差、导热系数和导热物体的厚度及截面面积等。部分固体是强的导热体、液体次之、气体较差。

2. 热对流

热量通过流动的介质由空间的一处传递到另一处的现象叫热对流。热对流方向是热流体向上、冷流体向下。因而火焰总是向上扩散燃烧。影响热对流的主要因素是温度差、通风面积、高度等。热对流是热传播的主要方式，是影响早期火灾发展的最主要因素。

3. 热辐射

以电磁波形式传递热量的现象叫热辐射。热辐射的主要特点是任何物质都能把热量以电磁波的形式辐射出去，也能吸收别的物质辐射出来的热量。同时，热辐射不需要任何介质，通过真空也能辐射传播。热辐射的热量和火焰温度的四次方成正比，因此，当燃烧处于发展阶段时，热辐射成为热传播的主要形式。

七、防火基本措施

根据燃烧的条件，一切防火都是为防止燃烧的三个条件同时结合在一起，因此，防火需要从如下几方面考虑：

1. 控制可燃物

如对挥发可燃气的场所加强通风换气，防止集聚形成爆炸性混合气；对装有易燃气体或液体的储存容器严格控制阀门，防止泄漏等。

2. 隔绝可燃物

如石化企业的油罐常用泡沫灭火系统喷射泡沫隔离空气灭火，加油站在地面上漏油后往往撒消防沙覆盖油面、喷射泡沫覆盖或铺设灭火毯等。

3. 消除着火源

如在爆炸场所采用防爆电气设备，在油库等场所禁止烟火、穿防静电工作服等。

4. 阻止火势蔓延

如油库的油罐之间必须设置合理的间距，防止着火储罐向其他设施蔓延；在特大仓库内设置防火分区，之间用卷帘门隔开。

第二章

石油化工典型火灾

第一节　石化生产装置火灾

一、事故特点

1. 爆炸危险性大

输油泵、液化烃泵、换热器、精馏塔、反应器、燃烧炉等生产设备及管线泄漏出的可燃气体或液体挥发的蒸气，与空气混合后达到爆炸极限，遇点火源即发生爆炸。这类爆炸当量值高，冲击波强，往往会摧毁管线、设备、框架，形成大面积多火点的立体型燃烧。高温高压设备由于操作控制不当，会导致超温超压破裂爆炸，引起物料喷洒泄漏而扩大火情，事故范围往往较大，会波及周围区域，形成多个区域同时燃烧事故，引发多米诺效应。

设备中的化学反应物质掺入其他危险性杂质，从而使工艺生产失控而造成爆炸。爆炸性物品及强氧化剂由于受到撞击、摩擦或受热分解而发生爆炸。由于静电积聚瞬间放电产生火花，而引起可燃气体、液体蒸气爆炸。负压设备损坏或封闭不严，进入空气与设备中的可燃气体或液体蒸气混合引起爆炸。

2. 燃烧速度快

生产装置发生爆炸后，在局部范围内形成高温燃烧区，火势迅速沿容器、管线、框架向各个方向蔓延波及，甚至再次引起爆炸，进一步形成更大面积的燃烧爆炸事故。石化装置的物料成分复杂、燃烧热值大，即使装置进行了事故初期的关阀断料切换流程等工艺处置，管道和设备内残留的物料也足以支持燃烧较长一段时间，燃烧后产生的热辐射迅速加热周围毗连的容器设备，致使相邻容器管道内的化工物料迅速增压、挥发或分解，增加了处置风险。另外，化工物料的流淌扩散性造成地面流淌火，特别是可燃气体的扩散，更增加了火势瞬间扩大的危险性。石化企业火灾常以立体形式多点出现，火势在装置区纵横串通，在很短的时间内能波及相当大的燃烧范围，处置难度和作业风险较大。

3. 火情复杂且火灾危害大

石化企业发生火灾，火情往往复杂多变，扑救难度大，如火场出现有毒气体时，会严重威胁到消防人员、周围区域工作人员及邻近场所居民的安全；火场出现腐蚀性物质，特别是酸碱等物料时，会灼伤人的皮肤、身体和损坏消防水带；另外，石化生产装置一旦发生爆炸，常常会伴之发生建筑物倒塌，造成人员伤亡等严重后果。

二、扑救生产装置火灾的基本对策

1. 工艺灭火

对于石化装置火灾，工艺灭火是首选，也是石化企业应急处置的第一步，生产操作人员首选从工艺流程上控制事故范围和程度，这也是最有效的处置方式。在处置过程中，往往工艺处置人员与消防人员协同作业，尤其是需要去现场手动操作时，要研判作业风险，保障处置安全。生产装置人员针对常见事故初期处置均应有应急预案，有标准化的处置流程。

主要处置方式包括：

（1）关阀断料。

利用生产工艺的连续性，切断着火设备与其他相连的反应器、储罐及管线之间的物料来源，中断燃料的持续供应，调节着火设备压力与液位，将事故设备的物料切换至其他设备，减少事故区域的物料储量，从源头上进行控制。

（2）开阀导流。

关闭着火设备的进料阀，打开出料阀，使着火设备内的物料经过安全水封装置、气相平衡线、紧急泄压管、辅助管线等导入安全储罐、火炬或其他工艺设备内，着火设备内的残留物料大大减少，降低压力。

（3）搅拌灭火。

当设备内高闪点物料着火后，从设备底部输入一定量的相同冷物料或氮气、二氧化碳等，把设备内的物料上下搅动，使上层高温液体与下层低温液体进行热交换，使其温度降至闪点以下，自行熄灭或火势减弱。

2. 消防战术

针对石化生产装置火灾，消防处置在第一时间出动，在现场首先进行防护，然后研判事故现场火情，制定处置策略。

主要做法包括：

（1）快攻近战。

石化企业火灾发生后，火势迅速蔓延，对邻近装置、设备、厂房造成很大威胁，如不及时控制，可能造成设备爆炸、厂房倒塌等后果，必须抓住战机，快攻近战。

（2）重点突破，冷却防爆。

对被火焰直接作用的设备进行高强度冷却，避免设备破裂或爆炸，尽量将物料留在设备内，防止事故迅速扩大。对着火设备邻近受火势威胁的设备进行冷却，通过红外成像仪等仪器检测邻近设备表面的温度，判断设备的安全性，以调整冷却强度。

（3）对着火设备冷却和灭火。

3. 围堵防流

在化学品火场上，经常有大量可燃、易燃物料外泄，造成大面积流淌液体燃烧。消防人员根据情况对流淌火采取围堵防流措施，防止事故范围扩大，预防次生事故发生。

第二节　固定顶储罐火灾

固定顶储罐是罐顶设有拱顶的立式储罐，罐顶与罐壁之间采用弱连接。一般储存挥发性弱、无毒的液体介质，如柴油、重质油、污油等。部分拱顶储罐需要加热保温，使罐内介质保持液体状态，如沥青储罐等。

近些年随着环保要求的提高，部分固定顶罐设为氮封罐或与其他同类储罐气相联通，以减少罐内气体介质扩散到罐外。对于同类储罐气相联通的做法，联通管线上的阻火器在某些特殊条件下难以阻挡火焰传播，会引发多个联通储罐同时发生火灾爆炸事故，国内曾发生过这类事故，目前这种做法在逐步退出应用。

固定顶储罐内液面与罐顶之间存在较大气相空间，罐顶设呼吸阀和阻火器。罐内气相空间往往积聚大量油气，若罐内液体介质进罐指标控制不当，轻组分混入罐内，罐内会积聚可燃气，在遇到雷击、静电、明火、硫化亚铁自燃等点火源后，罐内气相空间发生闪爆，破坏罐顶，罐内暴露在外界大气，罐内液面形成持续燃烧，发生全面积火灾。

在储罐的日常呼吸或储罐进油过程中，储罐的排气孔附近必然会存在可燃气。大部分罐顶排气孔火灾源于雷击，也有个别情况是罐外的点火源引发了这类火灾。

此类储罐燃烧时，罐顶往往部分掀开，形成一个类似鳄鱼嘴状的裂口，外面泡沫受罐内热气流逆向冲击及火焰高温的破坏作用，泡沫射流难以从这个裂口注入罐内，储罐灭火难度较大。一般情况下，在对着火储罐冷却的同时，采用高喷车、车载消防炮等向罐内喷射泡沫灭火，或向罐壁顶部裂口处挂泡沫钩管，通过泡沫消防车向罐内注入泡沫覆盖着火液面。储罐长时间燃烧时，罐内液面上部的空白罐壁会内卷变形，造成罐顶固定式消防系统损毁。

重质油储罐发生全面积火灾后，如不能及时灭火，液面形成热波层向罐底传递，热波层遇到罐底积水层后，罐内水会立即汽化膨胀，罐内油料飞出罐外，形成沸溢事故。在燃烧过程，会反复沸溢。另外，高温油料在燃烧过程中，若向罐内喷射含水量较高的湿泡沫，泡沫析出的水在向油层内沉降时，会受热膨胀，体积膨胀 1000 倍，将罐内油料带出罐外，形成泼溅。

2021 年 5 月 31 日河北沧州某石化公司的 4 座储存稀释沥青的固定顶储罐（罐容为 2000m³）因违章作业引发火灾，灭火过程中发生了多次沸溢喷溅（火焰高达 50~200m，辐射热影响范围最高达 1000m），共 351 辆消防车、1547 名消防指战员参与火灾扑救，历经 84h 完成灭火。

2006 年 1 月 20 日，安庆市某 5000m³ 柴油罐发生爆炸，罐内存油约 3000t，罐顶仅东南角撕裂，其他部位完好，该部位远离消防通道，外部泡沫无法射入罐内，采用液下泡沫灭火系统实施泡沫喷射，快速扑灭罐内火灾。

第三节　内浮顶储罐火灾

内浮顶储罐的基本结构是在固定顶储罐内设置一个浮盘及浮盘密封圈，将罐内液面与大气隔离，是外浮顶储罐与拱顶罐的一种新的组合。它综合了两方面的优点，不仅减少了油品的蒸发损耗，油气不易聚集形成爆炸性气体，而且罐顶拱顶又可遮挡风沙雨水，避免了外浮顶罐浮顶暴露于大气易被雨雪灰尘污染影响油品质量的问题。同时拱顶还可减少浮盘的温差，使得储罐内保持相对稳定的温度，这有利于浮盘下的储油保持温度稳定，减少油气挥发，安全环保性好。

内浮顶储罐大多储存汽油、石脑油、苯等易挥发轻质油品，内浮盘上设置了量油孔、人孔、导静电线、通气孔、防旋转装置等附件；罐壁顶部设置了多个环向通气孔，保持罐内外空气流动。目前，部分内浮顶储罐已改造为氮封储罐，彻底避免了罐内气体与大气的联通，环保性良好。

一、内浮顶储罐事故类型

1. 储罐自燃事故

对于储存含硫化合物油品的储罐容易在罐内形成金属硫化物。当这些腐蚀产物逐步积累并集聚热量，热量达到一定程度时，在接触空气后能够自燃，这类事故在内浮顶储罐较为常见，近20年内国内已发生了几十起这类事故。

在储罐清罐时，储罐内油品全部转移出罐外，若罐内聚集大量硫化腐蚀产物，暴露在空气中后容易自燃。假如罐内密封装置或刮蜡装置完好，则罐内将不会大量集聚硫化腐蚀产物。在进行清罐工作时，所有硫化腐蚀产物应保持湿润，降低内部温度。在正常运行过程中，浮盘不能落至罐底，否则会造成浮盘底部进入空气，加剧形成硫化腐蚀产物，从而增加了自燃概率。若空气通过罐顶的呼吸阀进入罐内或储罐向事故储罐外输油时也可能造成罐内吸入大量空气，这容易使得罐内气相空间形成处于爆炸极限范围内的油气混合物。

近年来，我国从中东、中亚等地区进口了大量高含硫原油(硫含量0.5%~2%)，含硫油品加工及储运过程中的硫腐蚀尤其是硫化亚铁自燃问题日益突出，国内外发生了多起由硫化亚铁自燃引起的石化装置火灾和爆炸事故。

1999年6月3日14时，广州某石脑油罐区G-1105内浮顶罐停收石脑油，当时储罐液位10.855m，于7月1日2时付油至重整装置，15时35分，操作工发现大量白烟夹带黄烟从G-1105罐顶通气孔冒出，当班人员改罐操作，将G-1105罐与系统隔离，消防队将消防泡沫打入罐内灭火，16时05分将火扑灭。罐内设有组装式铝制浮盘，罐高15.2m，罐直径21m，容量为5000m³，存储介质为来自蒸馏、加氢、重整等装置的石脑油。浮盘密封为橡胶软密封(密封橡胶+海绵泡沫块)，据记录，石脑油中总硫含量大多为70~300μg/g，最高时大于400μg/g。经勘察，排除了罐内静电火花作为此次事故着火源的可能性，罐内没有硫化亚铁产生的温度条件。G-1105罐内可发生放热反应并实现积聚的物质只有化学性质相对缓和的硫化铁。由于罐壁长年累月地受硫化氢的腐蚀，腐蚀产物硫化铁和氧化反应产物单质硫、三氧化二铁不断落在浮盘上，尤其是落在浮盘边缘并积聚，使浮盘沉积物数量不断增多、变厚，逐渐在浮盘上形成了厚厚的、呈多孔间隙状的堆积层。直到事故发生时，某处过厚的且具有较大比表面积堆积层的散热速度已不足以使其内部不断发生的放热反应所产生的热量及时散发出来。且事发时正值盛夏，罐内气温较高，热量的散发更为困难。于是热量不断在堆积层内部积聚起来，使堆积层内部温度升高，温度升至100℃以上时，在堆积层内部数量与硫化铁相当的单质硫开始熔化(单质硫熔点112℃)，温度升至大约200℃时，液态硫被点燃(单质硫自燃温度约190~230℃，硫化铁自燃温度约310~450℃)，并最终引燃罐内油品。

2010 年 5 月上海某企业一座 5000m³ 内浮顶储罐因罐内硫化亚铁自燃引爆储罐，罐顶被撕开并起火燃烧，剧烈的爆炸导致着火罐罐顶掀开，罐体上部严重变形，固定式泡沫灭火系统完全损坏。其邻近储罐罐顶也因爆炸冲击导致罐顶变形，罐顶消防管线损坏。着火罐爆炸后，导致罐顶及内浮盘塌陷，与罐壁形成多个隐蔽火点，大火在罐内隐蔽处燃烧，罐外泡沫无法完全覆盖液面，最终靠消防人员强行上罐挂泡沫钩管，完成灭火之后罐内发生复燃，灭火工作持续了 11h。

内浮顶储罐自燃事故具有如下特征：

（1）储存介质多为含硫的轻质油（如石脑油等）和中间油品等；

（2）罐内存在严重的腐蚀情况，如罐壁腐蚀、浮盘边缘的腐蚀、导向柱腐蚀等；

（3）储罐内因浮盘及附件完整性失效存在处于燃爆范围内的可燃气；

（4）发生事故时，储罐液位往往较低，罐内气相空间较大。

2. 静电事故

储罐发生静电事故的主要原因有：

（1）输油过程中流速过大

如果输油过程中油品流速过大，将会导致油品与管道及过滤器等剧烈摩擦，进入油罐的油品带电量大，产生静电积聚，导致静电事故的发生。

（2）油品含有大量水或其他液体

油品如果含水，将会导致静电量急剧增加，研究发现油品中含水 1% 左右时，油品产生的静电量最大。如果油品中含有其他液体也会导致同种情况的发生。

（3）油品中含有固体杂质

油品中如果含有固体杂质，它们进入油罐后，会在油罐内产生沉降而导致静电大量产生。

（4）油品的电导率过低

如果油品的电导率过低，特别是小于 50pS/m 的油品，作业过程中产生的静电得不到有效泄放，产生静电电荷的大量积聚。

（5）管道过滤装置

管道中如果有过滤装置，在输油过程中将会产生大量静电。起电的多少与滤芯的材质和目数有很大的关系。

（6）油品中夹带空气

由于某些原因可能导致管道中夹带空气，如果发生空气在油罐中产生气泡等现象，将会导致静电的大量产生。

（7）浮盘与油罐接地不良

如果浮盘与油罐接地不良，油罐中产生的静电将得不到有效泄放，产生静电累积，从而导致事故发生。

（8）油罐中存在突出物

如果油罐内壁遗留突出物，特别是焊瘤、焊疤、支架等，会与油面产生放电，导致静电事故发生。

（9）浮筒式内浮顶油罐空罐进油

浮筒式内浮顶油罐空罐进油时，浮盘与液面之间存在油气空间，如果油罐液位提升太快，浮筒与油面距离越来越近，而油面电荷得不到充分泄放，浮筒与油面之间将会发生放电，点燃油面与浮盘间的油气，从而导致事故发生。

（10）采样

工作人员在罐顶采样作业中，由于采样器与采样绳采用非导电材料、采样器提升下降速度过快、人体作业过程中静电得不到有效泄放等原因，都可能导致静电事故的发生。

3. 雷击事故

雷击内浮顶储罐着火事故发生的机理大致有三类：

（1）雷电直击内浮顶储罐罐体，而且雷击点周围可燃气浓度达到爆炸范围时，就可能发生燃爆事故，如果火苗窜入罐内部就可能引发火灾事故。

（2）雷电直击内浮顶储罐，雷击点周围可燃气浓度不在爆炸范围内，没有立即发生燃爆事故。但是由于雷击电流的泄放过程，会在储罐上形成电位差，在存在间隙或可能放电的地方打火，如果打火处可燃气浓度达到爆炸范围，也可能引发火灾事故。

（3）雷电感应造成储罐火灾。如果储罐的等电位连接不可靠，那么储罐在雷电场环境下会产生大量电荷的积聚，在电场发生急剧变化时，会产生感应雷击，在间隙或者某些放电点就会发生打火，如果打火处可燃气浓度达到爆炸范围，也可能引发火灾事故。

2007年6月29日下午，浙江省宁波某企业储运部 G403 收石脑油，收油量 105t/h，罐内油温 35.4℃，15 时 54 分罐内液位 9.53m。该储罐为内浮顶罐，有效容积 5000m³，罐高 14.5m，直径 22.2m。约 15 时 55 分突发雷电，G403 罐发生爆炸并着火，罐顶 1/3 炸裂。15 时 58 分消防队到达现场，同时 G403 又相继发生第二、第三次闪爆。16 时 15 分大火基本被扑灭，大火扑灭后对油罐继续冷却，同时仍然用泡沫覆盖油罐内部，约 30min 后安排人员上罐顶检测，当打开人孔时，发现储罐中偏南部位约 2~3m² 的液面有零星小火仍在继续燃烧。消防队员立即喷射泡沫，打到液面上时泡沫射流反而将已覆盖的泡沫冲开，由于石脑油闪点低，油面温度较高，立即出现复燃，消防队员迅速调整喷射方式，将泡沫打在人孔盖上，让泡沫沿罐壁而下。17 时 30 分油罐液面零星复燃火势扑灭，21 时 45 分停止泡沫供给，转为石脑油倒罐现场监护，至 6 月 30 日 11 时 30 分，G403 倒罐结束。该罐着火爆炸的点火源为雷击，事故原因为雷击引爆 G403 呼吸口挥发油气，进一步引爆储罐内浮盘上方油气与空气的气体混合物。

4. 瘪罐事故

造成瘪罐的原因可能为：一是台风风压超过了立式油罐的设计风压，在持续风载荷作用下，油罐罐壁发生塑性变形；二是夏季油罐罐壁及罐内气体空间温度较高，狂风暴雨导致罐壁及罐内气体空间温度骤降，呼吸阀换气量不足，罐内呈负压，储罐发生瘪罐。

1998年8月25日，某油库的油罐储存 0# 柴油，由于近 10 个月没有进出油品，也没有对呼吸阀进行正常维护，机械呼吸阀内有蜂窝将呼吸阀通道堵塞，出油时因呼吸阀进气量不足，油罐被吸瘪，罐顶下陷 1/3，最深处下陷 40cm。同年 9 月，某油库一座 5000m³ 的地面油罐在遭受 12 级强热带风暴(最高风速达 53m/s)后，油罐严重变形，油罐顶板和油罐板壁存在不同程度的凹陷，面积达 250m²。2005 年 6 月 15 日凌晨，一座迎风面的 5000m³ 内浮顶柴油罐在突遭雷雨及 8 级热带风暴(最高风速达 22m/s)后发生了瘪罐，油罐内约存有 1100m³ 柴油，罐体上部凹陷面积达 10m²，最深处下陷达 20cm。

5. 浮盘沉没、塌陷事故

浮顶罐收油时，若油料中带有气体组分，或吹扫蒸汽误进浮顶罐，进入罐内的气体从浮盘自动通气阀和周边密封泄出时，会带一部分油料进入单盘上面，同时这些气体泄出时，也会引起浮盘抖动、摇晃，甚至变形、倾斜，当浮盘上面的油料大量积聚或浮盘变形卡住、倾斜过大时，浮盘就会沉没。

1999 年 11 月 3 日，某炼油厂一台 5000m³ 内浮顶罐在收加氢装置精制柴油时，因装置生产波动，大量气体混入精制柴油进入罐内，导致该罐内浮盘沉没。2008 年 9 月，南京某石化公司烷基苯厂中转车间 D301、D302 油罐浮盘塌陷，进行开罐检查时，发现以下问题：

（1）罐底大量油泥堆积，平均油泥厚度 150mm，而且越远离进出油口处油泥越厚。

（2）D301 油罐浮盘东北面的支柱倾斜折断，其他浮盘支柱部分倾斜，使浮盘的东北面大面积塌陷，面积约为整个浮盘面积的 1/4；D302 油罐浮盘东南面的支柱倾斜折断，其他浮盘支柱部分倾斜，使浮盘的东北面大面积塌陷，面积约为整个浮盘面积的 1/3。

（3）浮盘的浮筒散落较为严重，D301 油罐东北面浮盘盖板和 D302 油罐东南面浮盘盖板被撕裂。

（4）浮盘密封已经不能起到密封作用，说明浮盘已塌陷多年。

其他造成浮盘塌陷的产生原因：

（1）浮盘变形。

浮盘在罐内随油品收付，缓慢地升高、下降。在浮盘做上升运动时，浮盘在油面受到的浮力 F 必须大于浮盘本身重力 G 和浮盘运动的摩擦力 f 之和，即 $F>G+f$。

（2）在罐内油品液面太低时进行进油作业。

烷基苯厂浮顶油罐均为轻质油品罐。调和作业时，因为泵与油罐间距短，进罐油的压力、流量均较大，油经罐内喷嘴高速向罐四周喷射，如果油品液面较低，油品能够直接冲至浮盘和浮筒表面，对浮盘和浮筒表面造成损坏；同时，当油罐进行调和作业时，也会使罐内油面波动起伏较大，浮盘摆晃，严重时浮盘倾斜而塌陷。

6. 电气火花引发爆炸

2006 年 10 月 28 日 19 时 20 分，新疆克拉玛依市独山子区某石化公司一个在建储油罐在进行防腐作业时发生爆炸并引发大火。事故造成 12 人死亡，12 人受伤。据调查认定：在建石油储罐爆炸火灾事故是防腐油漆中有机物挥发，遇到罐内点火源后发生的闪爆事故。

二、主要风险与灭火难点

在储罐发生全面积火灾的最初几个小时内，热辐射一般不会引燃邻近储罐，除非邻近储罐内的油品沸点与储存温度接近。

在实际运行中，因浮盘自身的接缝、浮盘附件缝隙及密封圈失效等原因导致罐内浮盘与罐顶之间的空间存在大量油气，在一定程度下，这部分油气处于燃爆范围内，遇到点火源后引发罐内油气闪爆，爆炸冲击力会破坏罐顶和浮盘，造成浮盘沉没、破裂和罐顶掀开，形成持续燃烧。

罐内浮盘可能存在倾斜、沉没、破裂后碎片浮于油面等状态，暴露的液面持续燃烧，对于破裂的浮盘碎片浮于液面的情况，因浮盘碎片的阻挡，泡沫层难以覆盖整个着火液面，在局部区域会形成灭火死角，导致灭火后液面复燃。这个灭火死角可能是碎片围挡形成的油面燃烧，也可能是密封圈的橡胶材料在液面上的燃烧，火焰会破坏周围的泡沫层，进而将露出的液面重新点燃，造成罐内复燃。

在罐内灭火后，这些灭火死区的燃烧火焰往往较小，燃烧也充分，产生的烟尘很小，在罐外不易察觉，因罐壁温度高、罐内油气浓度大，消防人员无法到罐顶查验，消防人员误以为完成了灭火，过早地终止了泡沫喷射，会造成复燃。针对这种情况，需要通过上罐查验或无人机在罐顶开口处查验的方式确认罐内是否有残留火。

对这类储罐的灭火，与拱顶罐的灭火方式相同，在固定式泡沫系统失效的情况下，需要依靠消防车等移动式消防装备实施灭火。对于内浮顶储罐来说，最主要问题是如何向罐内施加泡沫。内浮顶储罐内部发生爆炸或火灾后，浮盘和拱顶往往保持部分完整，泡沫炮难以通过罐壁顶部的排气孔向罐内喷射泡沫，而且内浮盘采用轻质材料，在火灾中往往很快被破坏，演变为全面积火灾。

第四节　外浮顶储罐火灾

外浮顶储罐不仅可降低油品蒸发损耗，减少油气对大气的污染，而且相对于其他类型储罐，大型浮顶储罐还可节省钢材，减少占地面积，减少储罐附件和罐区管网，经济性强，性价比高，因此，浮顶储罐大型化是国内外浮顶储罐发展的必然趋势。目前国内各类大型石油库多由 $10 \times 10^4 m^3$ 浮顶油罐成组布置，少数储备库采用 $15 \times 10^4 m^3$ 大型浮顶油罐。

石化企业储罐火灾事故统计表明原油储罐火灾在所有储罐中占 40%。外浮顶储罐主要的火灾类型有浮盘密封圈火灾、浮盘表面溢油火灾、浮舱爆炸、浮盘沉没后形成的全面积火灾、防火堤内池火灾及其多灾种的耦合事故。

引发大型浮顶储罐火灾的因素较多，常见的原因有雷击、静电、明火、违章作业、油品泄漏等。其中，雷击是导致大型浮顶储罐火灾的主要原因。API 在 1995 年对 1951～1995 年 107 起大型储罐（直径介于 30.5～100m）火灾事故的统计表明 65 起储罐火灾事故是由雷击引起的，占所统计火灾事故的 61%；另外，LASTFIRE Project 在 1997 年对直径 40m 以上外浮顶储罐火灾事故的统计结果表明也证实雷击是造成大型浮顶储罐火灾的主要原因。

一、密封圈火灾

1. 火灾原因

浮顶储罐的油面漂浮着面积约占储罐横截面积 95% 的浮盘，浮盘周围设有密封圈，密封圈是浮顶油气泄漏的主要途径，因此，密封圈是浮顶发生火灾的主要位置。

目前浮顶储罐大多数设有一次密封装置和二次密封装置。一次密封装置主要有机械密封、泡沫填充式密封和充液密封三种形式。机械密封的优点是金属滑板不易磨损，缺点是下方存在较大的油气空间，容易发生腐蚀和失灵，金属滑板对罐壁的局部缺陷适应性差，滑板与罐壁间常存在一定的间隙，浮顶升降时经常发生密封不严或卡住。机械密封装置是金属结构，若安装不良则可能导致滑板与罐壁间或密封装置内部产生雷击放电现象，容易引燃油气混合物。

泡沫填充式密封和充液密封统称为软密封。软密封是非金属结构，在雷击时不会发生间隙放电现象。充液密封对罐壁的局部缺陷适应性较好，可与罐壁保持良好的面接触。泡沫填充密封带对罐壁的局部缺陷适应性较差，尤其是运行时间较长的泡沫塑料，其塑性变差，密封带与罐壁间常存在较大的间隙，密封不严。充液密封的密封效果优于泡沫填充密封。二次密封装置是一次密封装置上部的密封装置。密封橡胶带通过承压板的弹性紧贴在罐壁上，可防止下面的油气泄漏至大气中。一次密封装置和二次密封装置之间存在较大的环形油气空间，可燃气体检测结果证实环形油气空间内局部油气浓度处于爆炸范围之内，遇到点火源即发生爆炸燃烧。

密封圈区域的泄漏原因：

（1）一次密封装置因超负荷运行、罐壁腐蚀或杂物落入密封圈等原因而过度摩擦罐壁造成密封圈失效。

（2）操作失误造成高温油品或高饱和压油品或油气（含氮气和空气）进入罐内，造成油品和油气溢出密封圈。油品加热温度过高也可能造成这种状况。

（3）操作失误造成的冒罐。若油品密度发生突变，则液位计会给出错误读数，高液位报警和高高液位报警不会向操作者发出相应指令。

（4）罐基础可能造成储罐壁的圆度降低，这会增加密封圈与罐壁的缝隙。罐壁圆度降低后，还可能造成浮盘卡盘，这可能造成油品和可燃气溢出密封圈区域。

2. 火灾特点

（1）密封圈先发生爆炸，将二次密封的金属支撑板掀开一个鳄鱼口或全部掀开，浮盘边缘与罐壁之间的封闭空间变成半封闭或近乎开放的空间。

（2）密封圈火灾会形成区段式燃烧或全圆周式燃烧，也可能由区段式燃烧蔓延为全圆周式燃烧，密封圈燃烧过程是一个动态过程，也会伴随着多次爆炸。

（3）密封圈内燃烧介质包括原油、橡胶薄膜、橡胶刮板及密封垫片等，油面在底部燃烧，顶部是橡胶材料的燃烧，顶部的燃烧物可能落至油面形成二次燃烧或引发油面复燃，在环形空间内形成立体式多点燃烧状态，另外，罐壁和油气隔膜上的残油也可能发生燃烧。

（4）密封圈内的附件受爆炸破坏后，可能发生移位，或脱落至油面上，形成障碍物，容易造成灭火死角。

3. 浮盘密封圈泡沫灭火系统配置

我国绝大多数浮顶储罐配置了固定式泡沫灭火系统。泡沫发生器多数安装在罐壁顶部，相邻泡沫发生器的间距不超过24m，极少数浮顶储罐将泡沫发生器安装在浮盘边缘，泡沫喷射口设置在浮盘边缘的泡沫堰板与罐壁之间的环形空间。目前，国内外大型浮顶储罐的泡沫消防系统设计都是基于扑救密封圈火灾，这种消防系统系统能够成功扑救大型浮顶储罐密封圈火灾，这在国内外大型浮顶储罐的火灾案例中多次得到了验证。

我国消防人员在处置几起浮顶储罐密封圈火灾的过程中，消防人员上到罐顶采用泡沫枪辅助固定式泡沫系统实施灭火，尤其是在灭火末期，采用泡沫枪可快速消灭残火或死角的着火点，但是消防人员上罐灭火存在较高的风险，如多数在雷雨天发生密封圈火灾，人员上罐存在被雷击风险，人员若到浮盘上灭火，存在因扶梯底部燃烧阻断人员撤离路线的风险，密封圈燃烧过程存在爆炸风险，会伤害附近的消防员，故不提倡采用这种灭火方式。

扑救雷击引起的储罐密封圈火灾难度相对较大。因为雷击引起的浮顶储罐密封圈火灾多发生在雷雨天等恶劣天气，常伴随着暴雨和大风，这往往给储罐灭火造成很大困难。大风和火焰产生的强大热气流容易吹散泡沫，雨水也加速了泡沫析水，降低了泡沫灭火有效性，同时浮顶的排水系统还将雨水和泡沫一起排至罐外,加剧了泡沫灭火剂的流失,严重影响灭火效果。

近些年来国内连续发生了几起大型浮顶储罐浮盘密封圈雷击起火事故,如:2006 年 8 月 7 日江苏某输油站一台 $15×10^4 m^3$ 浮顶储罐浮盘密封圈遭受雷击着火,密封装置有 5 处着火点,该储罐直径约 100m、高 22m,是国内当时最大的原油储罐。6 名消防员登上罐顶,使用罐顶平台,从分水器接 3 支泡沫枪下到浮盘上,对固定式泡沫灭火系统尚无扑灭的燃烧段实施扑救。在浮盘与罐壁的密封处有 5 处明显起火痕迹,一次密封、二次密封严重损坏,另外有 3 处二次密封爆开,外表没有火烧的痕迹,但二次密封的油气隔膜被爆裂或烧坏,8 处损坏点为非连接点,没有燃烧处也有多处油气隔膜被爆裂。此次事故的原因是雷击引起储罐浮顶导静电片与罐壁发生间歇放电,产生的火花引燃一次密封和二次密封之间的油气,从而导致了油罐浮盘密封处火灾。该油罐在向外输出原油时,浮顶缓缓下降,罐壁黏附的原油挥发,在浮顶与罐体之间形成爆炸混合物,此外,密封装置不严密导致少量油气泄漏,也促成了爆炸性混合物的形成。

2007 年 7 月 7 日浙江某油库一个 $10×10^4 m^3$ 浮顶储罐遭雷击,浮盘密封圈三分之一损坏并着火,消防泵房启动泡沫消防系统,3min 后罐顶泡沫发生器开始喷出泡沫,罐顶有 7 处着火点,火焰离罐顶有 4m 高,整个罐顶区域的密封圈几乎连成一片,造成浮盘二次密封被炸裂长度达 123m,4 名消防队员和 1 名技术人员登上罐顶,使用泡沫枪对燃烧段进行扫射覆盖泡沫,15min 内完成灭火。

2010 年 3 月 5 日凌晨,浙江某油库一个 $10×10^4 m^3$ 浮顶储罐遭雷击起火,浮盘一次密封装置部分变形,橡胶隔膜全部损坏,二次密封大部分损坏,二次密封被炸飞后掉落至浮盘上,泡沫堰板 80%向罐中心倾倒,密封圈处的阻火器及呼吸阀共 8 个,爆炸时炸坏 7 个,剩余 1 个也已断裂。罐壁上的 12 个泡沫发生器只有 1 个与泡沫管线连接基本完好,其余 11 个都开裂。指挥员安排消防员携带 2 支泡沫枪上罐灭火,利用罐顶平台分水器灭火,在 15min 内完成灭火。

二、全面积火灾

储罐全面积火灾是对大型原油储罐的重大威胁。尽管浮顶储罐发生全面积火灾的概率很低,但是这并不意味着浮顶储罐全面积火灾不会发生。

1. 火灾原因

1995 年 API 对 1951~1995 年 107 起大型储罐(直径介于 30.5~100m)火灾事故的统计表明,浮顶储罐火灾事故有 85 起,占所统计事故的 78%;在 81 起浮顶储罐单罐火灾中,浮顶储罐的全面积火灾有 22 起,占浮顶储罐单罐火灾的 27%。

浮盘卡盘或倾斜后,油面裸露在大气中,遇到点火源后容易发生全面积火灾。浮盘失效是储罐全面积火灾的前提。大型浮顶储罐浮盘严重倾斜或沉没的可能性主要表现在四个方面:

(1)罐体严重变形或导向柱故障,浮盘被卡住不能上下运动,油料可能漫溢至浮盘上面,油面和倾斜的浮盘间也可能形成巨大的油气空间。随着我国大型储罐运行时间的延长,很多储罐出现了罐壁变形、地基沉降等现象。

(2)浮盘载荷与浮盘自身重力之和超过浮盘的最大浮力。暴风、暴雨、暴雪、冻雨、浮盘不均匀积水等都会造成浮盘的倾斜或沉没。近些年极端天气增多，每年国内都会经历多起台风、强降雨等天气，浮盘中央排水管因浮盘顶部杂物堵塞、排水不畅等均可能造成浮盘失稳，因暴雨造成大型浮顶储罐浮盘沉没的事故也曾发生。

（3）浮顶储罐与拱顶储罐相比，罐体由于缺乏固定顶的支撑，罐体稳定性相对较弱，发生海啸、地震、台风、洪水等恶劣自然灾害时，罐体易受到外界的巨大冲击而发生罐体变形甚至撕裂，易导致油料外泄。

处于高液位的浮盘遇到台风和强降雨时，浮盘上的所有附件都直接暴露于强风之中，受损概率大大增加。转动扶梯容易被强风吹倒断裂或脱轨。同时，密封圈内空气流动剧烈，二次密封装置的金属支撑板也容易刮飞，导致浮盘密封功能失效。浮盘表面积水无法及时排出罐外，浮盘积水受风力影响会偏向浮盘的下风向一侧，积水严重时可能造成浮盘倾斜、卡盘。另外，浮舱盖未旋紧情况下会被强风吹开，在浮盘上滚动时造成浮盘防腐层破损或附件损坏，同时导致浮舱进水，造成浮盘歪斜，甚至沉船。当浮盘卡盘时继续进油，也可能造成浮盘沉没。

假如浮盘严重倾斜或沉没，则储罐的大部分油面将直接暴露在大气中，油气挥发量急速增加，油气与空气混合将形成大量可燃性油气，遇到点火源极易引发罐内全面积火灾。浮盘严重倾斜或沉没后，储罐的大部分油面将直接暴露在大气中，油气挥发量急速增加，油气与空气混合形成大量爆炸性油气，遇到点火源极易引发罐顶的全面积火灾。储罐发生全面积火灾后，罐壁受到强烈热辐射，在短时间内罐壁强度下降迅速，可能导致罐体塌陷、变形，油料沸溢喷溅，罐顶火灾进而发展为储罐的立体火灾，并可能在防火堤内形成池火。

（4）多个浮舱泄漏导致浮盘失去浮力。浮舱发生腐蚀泄漏后，浮舱内易聚积大量油气，在遭受雷击或密封圈火灾时可引起浮舱内的可燃气燃烧爆炸，容易造成浮盘沉没。经现场调研和检查，浮盘边缘浮舱焊缝处更容易发生开裂，浮舱底部接触油料的一面腐蚀也较严重，是浮舱泄漏的主要部位。每台双盘式浮盘的浮舱数量在数十个，相邻浮舱之间的顶部空间相互连通，每个浮舱开盖检查的频次低，不容易及时发现，存在浮舱泄漏后内部油气集聚及分散在多个浮舱的问题，若浮盘顶部遇到雷击，引爆浮舱内油气，浮舱存在被炸毁及沉没的风险。

2. 火灾模式

大型浮顶储罐发生全面积火灾主要有两种模式：一是密封圈火灾失控后发展为浮盘全面积火灾；二是浮盘沉没或倾斜后暴露的油面遇到点火源引发全面积火灾。

（1）密封圈火灾升级为全面积火灾。

若浮盘浮舱内含有可燃气，在雷击密封圈时发生爆炸。同时，罐内还存储了高挥发性的介质，浮盘在燃烧后失去浮力，演变为全面积火灾。相比而言，在科威特海湾战争期间，一台浮顶储罐的密封圈持续燃烧了6个月而未发生全面积火灾。因此，只要浮盘保持良好，储罐正确操作，密封圈火灾演变为全面积火灾的可能性非常小。LASTFIRE Project在1997年对直径40m以上外浮顶储罐火灾事故的统计结果表明，在55起浮顶储罐密封圈火灾事故中仅有1起发展为储罐的全面积火灾。

（2）浮盘溢油火灾升级为全面积火灾。

由于大多数灭火系统是基于扑救密封圈火灾设计的，因此，防止浮盘溢油火灾演变为全面积火灾非常困难。除非固定式灭火系统是基于扑救全面积火灾，否则向浮盘表面喷射泡沫难以控制浮盘不沉没。

全面积火灾的热辐射是导致邻近储罐着火的原因之一。其事故升级模式是：火焰热辐射热量通过邻近储罐的罐壁和浮盘传导入靠近罐壁的油层内，这些热量不足以使得这个加热油层沸腾，其只会使得油层密度变小，在罐壁处和浮盘底下形成对流。这些对流的油层发生分层，在罐壁和浮盘底部形成高温层，最终在浮盘底部的油层达到初始沸点，油蒸气穿过密封圈，形成密封圈火灾。此时，更多热量产生，更多油品参与燃烧，浮盘可能失稳。然而，需要大量热量和相当长的时间才能使得浮盘底部的油层温度达到初始沸点。且发生火灾后，这些邻近储罐会被冷却，因此，通过热辐射使得下风向邻近储罐发生火灾的可能性较小，除非这些储罐储存介质的沸腾温度接近储存温度。

另外一个可能性更大的火灾升级途径是火焰直接侵袭邻近储罐。火焰直接侵袭所产生的热量是巨大的，因为热传导的热量和热辐射热量共同作用于邻近储罐。贴近罐壁的油层易达到沸点，侵袭的火焰就是点火源，极易发生火灾。

3. 扑救难点

大型储罐发生全面积火灾后，固定式泡沫灭火系统无法覆盖储罐内上千平方米的燃烧区域，该区域只能依靠泡沫炮进行覆盖保护。泡沫炮向储罐中心喷射泡沫存在的主要难点是：

（1）泡沫炮在着火储罐周围占位会受到风向、罐区平面布置、地形等因素的影响。在火焰强热辐射情况下，泡沫炮往往布设在距离着火罐上百米的位置。

（2）泡沫炮的射程受到极大挑战，泡沫射流受到风力、热气流的干扰，射程会缩短，另外，在泡沫射流的末端，泡沫射流动能基本由势能转化而来，前进的动力很低，且射流严重分散，泡沫射流的冲击力和火焰穿透能力严重降低，控火能力受损严重。

（3）泡沫灭火剂损失量大。火焰的热气流快速上升，将携带部分泡沫灭火剂冲出储罐外；罐壁及火焰的高温将加剧泡沫灭火剂的破裂和蒸发，部分泡沫灭火剂未进入着火油面之前就已消失；着火油面温度较高，覆盖在油面上的泡沫灭火剂会持续蒸发、破裂，难以在短时间内形成有效泡沫层。据某油罐全面火灾泡沫灭火剂的消耗情况可以看出，到达油面的灭火剂不超过40%，而损耗的灭火剂（未到达油面的）至少有61%。

2001年6月7日美国路易斯安那州某炼油厂一台直径82.4m、高9.8m的外浮顶储罐因暴雨导致浮盘部分沉没，雷击引起罐内汽油着火，着火时罐内液位8.5m，威廉姆斯公司采用2台大流量远射程泡沫炮在65min内完成灭火。2003年9月日本北海道某浮顶油罐（直径42.7m、高24.4m）因地震造成浮盘沉没，罐内石脑油油面裸露，消防员向液面喷射泡沫覆盖油面，风力将泡沫层吹开，发生火灾。调查认为可能是由于泡沫消泡后成为水溶液，水滴沉入石脑油中时，石脑油带电（沉降带电），产生的电荷蓄积在残留的泡沫中，在这些泡沫与罐壁或接触罐壁的泡沫之间放电，导致火灾。

三、浮盘表面溢油火灾

浮盘表面溢油后遇到点火源会发生火灾，浮盘上的溢油情况有：

（1）单浮盘受风力作用造成的局部应力或腐蚀失效可能造成浮盘泄漏。

（2）双浮盘的浮舱或浮盘表面破裂可能造成浮盘表面溢油。

（3）浮盘上的积水在风力作用下会向一侧涌动，这会造成浮盘因局部过载而倾斜。

（4）浮盘上的转动扶梯可能会脱离滑轨，戳穿单浮盘或造成双浮盘卡盘。

（5）浮盘浮舱盖若未牢固固定，则其可能会被风吹走或脱离浮舱，雨水会流入浮舱内，造成浮盘局部失稳。

（6）单浮盘雨水排泄系统的单向阀失效后，会造成浮盘溢油。由于单浮盘的水平面是一个浅的茶碟状，浮盘边缘的油面高度高于浮盘中心的顶部，这样油品会沿失效的排水管倒流至浮盘表面。

（7）油品会沿浮盘支腿的套管或浮盘的量油口处流至浮盘上。

（8）当浮盘落地时，浮盘支腿处于不同高度位置，则浮盘可能倾斜卡盘，若这种状况未及时发现，随后的进油可造成油品进到浮盘上面。若浮盘支腿腐蚀失稳，也可能造成这种情况发生。

（9）操作失误或监控仪表失效造成浮盘溢油，甚至冒罐。油品过热也可造成浮盘溢油。

四、防火堤火灾

防火堤内因储罐或管道泄漏积油，遇到点火源即发生火灾，防火堤内积油的途径有：

（1）浮盘表面的溢油会通过浮盘中央排水系统流入防火堤内。若储罐的高高液位报警失效造成冒罐，会产生大量溢油。英国2005年12月发生的邦斯菲尔德油库火灾事故、2009年印度发生的斋普尔油库火灾事故等国外重大事故均源于储罐液位监控装置失效。

（2）腐蚀、焊缝脆裂、罐基础侵蚀等可能造成罐壁与罐底的交界处破裂，造成罐内油品大量溢出。

（3）腐蚀造成罐底完整性失效，侵蚀导致罐基础翘起，罐底的浮盘支腿承压板失效可能造成罐底破裂。

（4）浮盘排水系统、蒸汽管线或储罐搅拌器失效，可能造成油品流入防火堤。

（5）防火堤内的管线可能在法兰、阀门或测量接口处泄漏。

（6）集水坑或积油坑可能设置在罐基础下。储罐的过载可能压坏管线的接头处，导致油品泄漏至防火堤内。

（7）罐底脱水装置监控不力，导致油品泄漏至防火堤内。

（8）防火堤排水沟内可能会积油。

（9）罐壁附件的连接在阀门或法兰处泄漏。若罐内油品静压较大，则可能形成喷射流。

另外，当浮盘沉没形成全面积火灾后，油品可通过浮盘排水系统溢流至防火堤内；储罐着火后，部分罐壁会塌陷，通常情况下，罐壁受高温后失去强度会向内塌陷。但是，部分罐壁受到冷却后，罐壁会以难以预测的方式塌陷，可能导致油料流至防火堤内；罐底与罐壁交界处受消防水侵蚀后可能发生撕裂；管线或搅拌器处火灾可能造成法兰或阀门失效，导致油料泄漏至防火堤内；沸溢或泼溅事故可能发生。储存沸溢介质的大型储罐全面积火灾会通过沸溢升级为更大规模的火灾，除非该储罐火灾可在几个小时内扑灭。

五、浮盘底部的可燃气空间闪爆

当浮盘落地后，空气会被吸入罐内，形成可燃气。在操作过程中，浮盘落地不是一个值得推荐的做法。然而，储罐收发油频繁或罐内油品经常更换时，浮盘落地的情况会经常发生。当浮盘下降到接近支撑高度时，呼吸阀阀杆先于支柱接触罐底，并随浮盘的继续下降逐渐把阀盖顶起，使储液与大气相通，此时浮盘下方开始出现油气空间，此状态时的油气可能处于爆炸极限范围内，遇到火源或是高温表面，可能发生闪爆或者火灾，形成全液面火灾。同样，当浮盘降至检修高度时，若往罐内进油，会在油罐底部形成油气空间，这些可燃气会被挤出罐外，若是进油速度超过1m/s，会在液面累积静电，进行人工检尺或采样作业，有可能产生火花引燃油气。

大型储罐在检维修作业前，进行浮盘落地清罐作业时，罐底往往有大量存油，罐内油气空间大。浮盘落地时浮盘底部距离罐底1800~2000mm，以 $10×10^4 m^3$ 浮顶储罐为例，浮盘底部油气空间约 $5400~8000m^3$。遇到点火源后，浮盘底部会发生闪爆，进而引发油料燃烧，形成罐内全面积火灾。罐内闪爆会造成罐壁变形、浮盘损坏，受浮盘的阻挡，罐顶泡沫无法施加到油面上，罐内液面存在灭火盲区，液上泡沫灭火难度极大。

如，2002年兰州某公司一台直径46m的外浮顶储罐在检维修时引发罐底残油着火，罐内残油约 $1000m^3$，罐内火灾还蔓延至罐外，形成了罐内与罐外同时燃烧的状态，只能通过人孔向罐内注入泡沫灭火，但其流量低，覆盖面积有限，灭火后还发生了复燃，该火灾直到罐内残油完全烧尽为止，共燃烧了48h。2010年大连某公司 $10×10^4 m^3$ 储罐进行拆除作业时，罐内残油发生着火，形成了全面积火灾，70多辆消防车参与灭火。

第五节　球罐火灾

球形储罐在石油化工行业中的运用比较普遍，乙烯、丙烯、丁二烯、1-丁烯、丙烷、碳三、碳四、碳五等液化烃均采用球罐储存，其建造安全和设计优化越来越受重视。特别是充装易燃易爆介质的大型球罐，介质一旦泄漏，会迅速汽化，若不及时对罐体进行有效防护冷却，罐内压力会急剧上升，迅速膨胀汽化产生大量蒸气，引发沸液蒸气爆炸，后果是灾难性的。

液化烃是指在15℃时蒸气压大于0.1MPa的烃类液体及其他类似的液体，不包括液化天然气。液化烃均为甲$_A$类液体，其蒸气比空气重(相对密度大于0.75的气体为重于空气的气体)，其液态一般比水轻。液化烃一旦泄漏，将迅速从周围环境吸收大量的热量，形成液化烃的蒸气云，现场能见度大大降低。

液化烃的蒸气云从泄漏点沿地面向下风向或低洼处飘移、积聚，极易形成爆炸性气体。液化烃气体爆炸下限低，如大量泄漏遇明火可造成大面积的火灾或可燃蒸气云爆炸事故。此外，液化烃的燃烧热值高，爆炸威力大，火焰温度高，破坏性强，极易引起邻罐的爆炸，引发BLEVE事故，诱发球罐区多米诺效应。

液化烃储罐发生火灾的根源是液化烃泄漏，其液相泄漏的危险性远大于气相泄漏。液化烃球罐区火灾事故通常由于罐底管道法兰处破损、泄漏或切水操作失误而造成。火灾事故情况下，切断球罐出入口紧急切断阀，可以避免罐中物料进一步流入管道。对于球罐底部泄漏的问题，一般采用向罐内注水的方式，将物料顶到水层上部，将罐底物料泄漏变成罐底水泄漏，达到控制事故的目的。由于液化烃分子量低，燃烧充分，热辐射值高，消防装备难以靠近处置，且现场存在爆炸可能性，消防作业风险高。

由于液化烃的气体密度大，发生泄漏后极易在球罐附近聚集，这是非常危险的。2010年1月7日，兰州某石化公司的一台液化烃球罐发生火灾爆炸事故，造成6人死亡、6人受伤。此次事故原因是裂解碳四球罐内物料从出口管线弯头处发生泄漏并迅速扩大，泄漏的裂解碳四达到爆炸极限，遇点火源后发生空间爆炸，进而引起周边储罐泄漏、着火和爆炸。

2015 年 7 月 15 日 16 时 30 分，山东某公司的 6# 罐储存液化石油气约 500m³，企业采用 7# 球罐根部注水加压、6# 球罐切水卸压的方式，通过球罐顶部的低压瓦斯管线，进行倒罐作业，将液化石油气由 7# 罐倒入 6# 罐。7 月 16 日上午 7 时 30 分左右，6# 罐底部发生液化石油气泄漏燃烧，爆炸波及周围储罐，引发多罐火灾，9 时 25 分左右，罐区发生剧烈爆炸，造成 6# 罐炸毁飞出，8# 罐炸毁裂开，2# 罐、4# 罐倒塌，多罐及罐区管廊支架不同程度损坏，截至 7 月 17 日 7 时 24 分，明火全部熄灭。事故的直接原因是倒罐作业过程，6# 罐内水被完全切出后，可燃气体由切水管漏出、扩散，遇点火源燃烧，导致 6# 罐爆炸。

第六节　储罐火灾处置难点

一、罐上喷射泡沫难以完全覆盖罐内着火

内浮顶罐因爆炸造成罐顶塌陷、罐壁受热不均匀变形、浮盘破裂后的组件碎片在燃烧油面堆积等造成罐内液面被分隔为多块区域，有些燃烧区域可能位于罐顶塌陷后形成的封闭空间内，导致液面上的障碍物阻挡泡沫，因此，从罐顶射入的泡沫因罐体及罐内液面上的障碍物而难以覆盖所有燃烧液面，存在灭火盲区。

外浮顶储罐和内浮顶储罐浮盘落地后，浮盘与油面之间存在较大油气空间，罐内发生全液面火灾，受浮盘的阻挡，罐上部无法喷射泡沫灭火，且罐内液面与罐壁下部人孔的距离较小，液面注入泡沫后极易造成罐内残油溢出罐外，形成地面流淌火，对邻近储罐的影响较大。

二、罐内介质易复燃

向着火储罐喷射泡沫后，罐内火焰逐渐变小，直到消失，消防指挥人员往往认为储罐灭火完成。实际上，在有些情况下，罐内还存在零散的微小火焰，燃烧面积很小，热量有限，在罐外往往难以发现，这些火苗若被遗漏，罐内液面会复燃，前功尽弃。这些罐内残火包括：

（1）罐壁因冷却不均匀不充分，罐壁与液面交界处的泡沫层受高温壁面破坏，泡沫层与罐壁间会存在较大缝隙，缝隙内存在燃烧液面的边缘火。

（2）储存的低沸点液体在灭火后的液面上还处于沸腾状态，如正戊烷、环氧丙烷等，液面与泡沫层之间的蒸气压较高，油料蒸气极易穿透泡沫层，扩散至泡沫层顶部，并形成稳定燃烧，即为闪火。试验表明，低沸点液体表面即使覆盖了超过 500mm 的泡沫层，依然存在泡沫层表面闪火现象，随着闪火的持续，泡沫层上会出现多个持续燃烧区域，泡沫层被破坏，失去覆盖作用，形成更大范围的燃烧。

（3）内浮顶储罐浮盘密封圈的橡胶材料，如油气隔膜、橡胶刮板等，残留在燃烧液面上部持续燃烧，泡沫层无法覆盖这些高于液面的燃烧着的橡胶碎片，这些橡胶碎片是罐内的二次点火源，当橡胶碎片周围的泡沫层析液露出液面后，这些液面会发生二次燃烧，形成复燃。

（4）罐内泡沫层失效过快，主要原因是灭火结束后罐内冷却迟缓，尤其是储罐处于中低液位时，罐内液面以上的空白罐壁面积巨大，当储罐外壁设保温层时，罐壁冷却不充分，在储罐灭火后短时间内，罐壁温度一直处于较高状态，罐内气温往往超过100℃，高温壁面对泡沫层的热辐射作用，使得泡沫层析液快，覆盖能力减弱，裸露出液面后容易发生复燃。如以5000m³储罐处于50%液位时计算，储罐直径21m，储罐面积是347m²，而空白罐壁高度设为8m，则空白壁面的面积是527m²，再加上罐顶的面积，泡沫层接收热辐射的面积是其自身面积的2~3倍。

（5）外浮顶储罐浮盘落地后，罐内的浮盘支腿会对罐底液面灭火造成不利影响，支腿无法冷却，在灭火后，支腿的高温表面会破坏罐内泡沫层，且浮盘底部温度较高，对罐内泡沫层的热辐射影响较大，加速了泡沫层失效，复燃风险较高。

三、泡沫炮喷射泡沫损耗大

国内外储罐灭火绝大多数采用泡沫炮喷射泡沫。对于外浮顶储罐罐内全面积火灾处置，国内外均采用大流量远射程泡沫炮喷射灭火，因浮顶储罐直径较大，$10 \times 10^4 m^3$ 浮顶储罐燃烧面积超过5000m²，泡沫混合液供给强度一般在10L/（min·m²）以上，泡沫炮的总流量在400L/s，射程超过100m，这造成大型储罐灭火现场供水和供泡沫的负担很重，除了储罐灭火外，周围大量储罐和生产设施均需要冷却，因此往往采用多套远程供水系统供水、泡沫原液运输车输送泡沫灭火剂。

从国内大流量泡沫炮的应用情况看，主要问题是远程供水系统与泡沫炮的匹配性存在问题，远程供水的末端输出压力低于泡沫炮的入口压力，导致射程降低，泡沫损耗量大，灭火效率低。

对于固定顶储罐和内浮顶储罐灭火，当罐顶部分掀开时，罐顶与罐壁之间的裂口较小，罐内火焰在罐顶裂口处形成向外的强大热气流，火焰热辐射很强，泡沫射流因挥发和热气流冲击损耗量很高，进入罐内灭火的泡沫量不足，灭火能力不足。

第三章

压缩空气泡沫的主要性能

第一节　泡沫灭火剂

一、泡沫灭火剂的组成

泡沫灭火剂主要由发泡剂、稳泡剂、阻燃剂、降凝剂、渗透剂、增稠剂等组成，是一种配方型超浓缩产品。

1. 发泡剂

在泡沫灭火剂中，发泡剂主要起降低体系界面张力和发泡的作用。发泡剂浓度对发泡能力和半衰期影响较大，随着发泡剂浓度增加，发泡能力和半衰期达到最大后又降低，一般取值为略超过表面临界浓度为宜。这是由于浓度较低时，表面吸附量低，增加浓度后，表面吸附量随之增大，表面张力进一步降低，发泡力和泡沫稳定性增强。在表面吸附达到饱和后，浓度进一步增加，减弱了马拉高尼（Marangoni）效应，泡沫稳定性降低，发泡性能下降。

常用发泡剂为阴离子表面活性剂，包括羧酸盐型、磺酸盐型、硫酸（酯）盐型和磷酸（酯）盐型等；两性表面活性剂包括甜菜碱型、咪唑啉型、氨基酸型等；阳离子表面活性剂发泡性能不好，一般不作发泡剂使用。

2. 稳泡剂

稳泡剂主要采用醚类、醇类，通常这些极性溶剂容易使体系消泡，但随着碳链的增加，消泡能力越来越低。适当碳链长度的带有醚键和羟基的试剂具有稳泡作用。加入稳泡剂后，所有发泡剂的发泡倍数、析液时间皆有所增加，因而加入适量的稳泡剂对发泡剂能起到匀泡、稳泡作用。泡沫层不仅覆盖燃料、隔绝空气，而且泡沫析水后能降低防护层的表面温度。

3. 阻燃剂

阻燃剂是通过冷却、稀释、形成隔热层或隔离膜等物理途径和终止自由基链反应的化学途径来实现阻燃的。阻燃剂主要有化学阻燃剂、填料型阻燃剂和膨胀型阻燃剂，化学阻燃剂一般含有卤系、氮、磷、锑、硼、硅等元素。

泡沫灭火剂的应用环境含有大量的水，阻燃剂须选用水溶性的。选用有机硅、含氮有机物等作为阻燃剂，因为有机硅分子主链的—Si—O—键性能稳定，因而具有优异的热稳定性，闪点高、难燃。又因氮原子的电负性大于磷原子的电负性，使磷原子的亲电性增加，即磷原子上的电子云密度减少，Lewis酸性增强而有利于木材、布料等纤维发生脱水炭化。阻燃剂氮系的选择尿素，磷系的选择三聚磷酸钠，硅系的选择水溶性硅油。

4. 渗透剂

渗透剂又叫润湿剂，渗透剂顾名思义起渗透作用，是指一类能够帮助需要渗透的物质渗透到需要被渗透物质的化学品，能使表面张力显著下降。渗透剂一般分为非离子和阴离子两类。润湿方程为：

$$-\Delta G = \gamma_{sg} - \gamma_{sl} - \gamma_{lg} = S$$

式中　ΔG——体系自由能增量；

　　　γ_{sg}——气固界面张力；

　　　γ_{sl}——固液界面张力；

　　　γ_{lg}——气液界面张力，即液体的表面张力；

　　　S——铺展系数。

在恒温、恒压下，$S>0$ 时，液体可以在固体表面上自动铺展，连续地在固体表面上取代气体。只要用量足够，液体就会自动铺满固体表面。

从润湿方程来看，气固、液固界面张力是由固体材料本身性质决定的，液体润湿固体的能力取决于它的表面张力，液体的表面张力越低，铺展系数越大，润湿能力越强。一般的固体表面都带负电荷，阳离子表面活性剂在其固液界面形成疏水基向外的吸附层，因此，阳离子表面活性剂不能做润湿剂。

二、泡沫灭火剂的分类

1. 按生成机理分类

按生成机理可以将泡沫灭火剂分为化学泡沫灭火剂和空气泡沫灭火剂。

（1）化学泡沫灭火剂

化学泡沫灭火剂由发泡剂、泡沫稳定剂和各类添加剂等组成。发泡剂是化学泡沫灭火剂中产生化学反应的两种药剂，其中一种是酸性药剂，另一种是碱性药剂。泡沫稳定剂不参加化学反应，它的作用是分散反应时产生的气体，使之生成稳定的泡沫。化学泡沫灭火剂的泡沫是通过两种药剂的水溶液发生化学反应生成的，由于其灭火效果较差、腐蚀性强、保质期短等缺点，在我国已经退出应用市场。

（2）空气泡沫灭火剂

空气泡沫灭火剂能与水混合，通过机械方法产生泡沫，也称为机械泡沫灭火剂。使用空气泡沫枪、泡沫炮、泡沫发生器等泡沫喷射设备可形成空气泡沫。空气泡沫灭火剂、水混合后，从泡沫喷射装置喷射时，通过吸气孔吸收外界空气，根据水压力、发泡剂种类和泡沫喷射器的种类形成各类泡沫。

2. 按发泡倍数分类

空气泡沫灭火剂按泡沫的发泡倍数分为低倍数泡沫、中倍数泡沫和高倍数泡沫。低倍数泡沫灭火剂的发泡倍数一般在 20 倍以下，中倍数泡沫灭火剂的发泡倍数在 21～500 倍之间，高倍数泡沫灭火剂的发泡倍数在 201 倍以上，一般在 500～1000 倍之间。

3. 按泡沫基料类型分类

按泡沫基料的类型，泡沫灭火剂分为蛋白型泡沫灭火剂和合成型泡沫灭火剂。蛋白型泡沫灭火剂包括普通蛋白泡沫灭火剂、氟蛋白泡沫灭火剂、成膜氟蛋白泡沫灭火剂、抗溶和成膜氟蛋白抗溶泡沫灭火剂。合成型泡沫灭火剂包括合成泡沫灭火剂、合成抗溶泡沫灭火剂、水成膜泡沫灭火剂、抗溶水成膜泡沫灭火剂和 A 类泡沫灭火剂。

三、泡沫灭火机理

泡沫灭火剂主要用于扑救非水溶性可燃液体、水溶性可燃液体和一般固体火灾。石化企业现在常用的泡沫灭火剂主要是空气泡沫灭火剂。由于泡沫中所包含的气体一般为空气，所以又称为空气泡沫。

泡沫的相对密度范围为 0.001~0.5，具有流动性、黏附性、持久性和抗烧性等特性，其可漂浮于液体表面形成一个泡沫覆盖层，泡沫还有一定黏性，可以黏附于一般可燃固体的表面或充满某一个空间，形成一个致密的覆盖层。

当发生火灾时，泡沫灭火剂漂浮或附着于燃烧物质表面，使可燃物与空气隔绝，可达到灭火目的，另外，泡沫层可阻断燃烧物与空气的接触，稀释可燃气浓度，降低燃烧反应的化学速率，达到灭火效果。

其灭火原理是：

1. 隔绝作用

在燃烧物表面形成的泡沫覆盖层可使燃烧物与空气隔离，阻断火焰对燃烧物的热辐射，阻止燃烧与热解挥发，使可燃气难以进入燃烧区。

2. 冷却作用

泡沫层本身以及泡沫析出的液体（主要是水）可对燃烧物表面进行冷却，这个作用在低倍数泡沫中尤为明显。在压缩空气泡沫中，通过调节气液比来调节发泡倍数，即调节泡沫的湿度，强化泡沫的冷却作用。

3. 稀释作用

泡沫受热蒸发产生的水蒸气可降低燃烧物表面的氧气浓度。

4. 阻止热挥发作用

从泡沫喷射到燃烧物表面形成密实的泡沫层，这个过程泡沫与可燃液体的相互作用是多种现象的耦合，如水蒸气挥发、泡沫层冷却液面、泡沫射流隔离氧气等。

总之，泡沫覆盖在易燃固体表面或易燃液体油面上形成一层厚厚的泡沫毯，将可燃物与空气隔绝达到灭火的目的。对于液体燃料，灭火泡沫能够有效地阻隔外部热辐射、降低燃料蒸发量。此外，灭火泡沫析出的水蒸发会吸收一定的热量起到冷却的作用，但是泡沫灭火剂蒸发带走的热量不足同时段燃烧放出热量的 5%。因此，泡沫灭火中，蒸发冷却的作用基本可以忽略，而隔绝氧气起主导作用。

四、泡沫灭火剂主要技术参数与性能

1. 主要技术参数

（1）密度

密度是单位体积的质量，国际单位是 kg/m^3，对于液体还用 kg/L、g/mL。

（2）pH

pH 是衡量泡沫灭火剂中氢离子浓度的一个指标。该指标影响泡沫设备材料的选择。

（3）沉淀物含量

沉淀物含量是指除沉积物后的泡沫灭火剂（即完成沉降物测定后所得到的上层清液），再按规定的混合比与水配制成泡沫混合液时所产生的不溶性固体含量，以体积分数来表示。

（4）腐蚀性

腐蚀性是衡量泡沫灭火剂对包装容器、储存容器和泡沫灭火系统中金属材料腐蚀性的指标。

（5）混合比

该值是指灭火时泡沫灭火剂与水混合的体积分数。

（6）25%析液时间

该值是衡量泡沫在常温下稳定性的指标，是指从新产生的泡沫中析出总质量 25%的水所需的时间。

（7）抗烧时间

该值是衡量低倍数泡沫的热稳定性和抵抗火焰辐射能力的指标，它是指覆盖于油盘表面上的一定厚度的泡沫层，在规定的火焰热辐射作用下，泡沫被破坏后，整个油盘内布满火焰，并达到自由燃烧所需的时间。抗烧性对泡沫灭火能力及防复燃能力至关重要，是泡沫灭火剂指标的关键参数。

（8）流动性

流动性是衡量泡沫在无外力作用的条件下，在平面上扩散性能的指标。泡沫流动性除了与泡沫成分有关外，与泡沫的喷射方式也有直接关系。一般通过采用合适的喷射方式提高泡沫层的流动性，达到快速覆盖液面灭火的目的。

（9）90%火焰控制时间和灭火时间

90%火焰控制时间和灭火时间是衡量泡沫灭火性能的重要指标。90%火焰控制时间是指灭火时，从喷射泡沫开始到燃烧面积达到 90%的火焰被扑灭的时间。灭火时间是指从喷射泡沫开始，到火焰全部熄灭的时间。

（10）扩散系数

该值用于衡量一种液体在另一种液体上自由铺展的能力，即泡沫层在液体燃烧物表面的扩散性能。

2. 物化性质

（1）发泡倍数

发泡倍数是衡量泡沫灭火剂发泡能力的一个指标。泡沫灭火剂按规定的混合比和水混合制成混合液，则混合液产生的泡沫体积与混合液体积的比值称为发泡倍数。

发泡倍数 $K_泡$ 是泡沫体积 $V_泡$ 与液体体积 $V_液$ 之比，即发泡倍数为：

$$K_泡 = V_泡/V_液 = (V_气+V_液)/V_液 = V_气/V_液 + 1$$

式中　　$V_气$——气体体积。

（2）泡沫细度

泡沫细度用气泡的平均直径来评价。常把细度理解为泡沫气泡平均尺寸的倒数。泡沫气泡平均直径越小，其细度就越大。如果气泡的尺寸都一样，泡沫称作单细度泡沫，如果泡沫是有多种尺寸分布的气泡，则称作多细度泡沫。按照定义，泡沫可分为高细度泡沫和低细度泡沫。

泡沫灭火剂的物理化学性质、气液相的混合方法和泡沫发生器的结构对泡沫细度有很大的影响。因为当增大泡沫倍数时，气泡壁的厚度会减少，相应地，泡沫的平均直径增大。在泡沫析液过程中，泡沫细度随时间变化。泡沫细度组成的最大变化发生在泡沫生成后的最初时间里，这是因为气泡间及其结合的液膜受到破坏，泡沫相界面发生变化。可见，随着时间的延长，泡沫的多相度增加。

（3）泡沫黏度

黏度是衡量泡沫灭火剂流动性能的一个指标，也是泡沫灭火系统中泡沫比例混合装置设计所应重点考虑的流体动力学参数。泡沫黏度表示泡沫的流变性质，即表示其流动的能力。泡沫黏度与许多因素和参数有关，如泡沫层的性质、倍数和细度。在泡沫析液过程中，随着时间的增长，泡沫层的黏度开始增大。根据泡沫灭火剂种类，泡沫黏度或是常数或者是减小。泡沫流动速率较低的泡沫具有较高的黏度。

（4）泡沫导热性

泡沫是通过气泡和通过气泡之间的液体膜进行热传递的，由于存在气相，泡沫之间的传热能力较小。这是泡沫层隔热作用的原因所在。

（5）泡沫导电性

泡沫的导电性与泡沫含水量成正比。试验表明，液体的导电性和泡沫导电性之比与其密度成直线关系。对于带电设备的火灾，往往不能采用泡沫灭火，主要原因是泡沫导电会造成次生事故。

（6）泡沫稳定性

泡沫稳定性是指泡沫单元（单个气泡、气泡液膜）存在的时间，或指泡沫一定体积的存在时间。在标准状况下，泡沫受到破坏是由于液体流失和泡沫内液膜破裂所致。泡沫受到破坏时，哪种过程起支配作用取决于许多因素。稳定性较强的泡沫，液膜在 10~20min 内不会被破坏。高倍数泡沫的液体流失较困难，其破损主要是液膜破裂。

中倍数泡沫的气泡间有较厚的隔膜，其破损先后有两种破坏机理起作用，首先开始于气泡间所含液体的流失（脱水）过程，结果使液膜迅速变薄，以致泡沫破裂。

液体由泡沫流失是一种纯水力现象。存在于气泡层的溶液从泡沫的整个体积中流下去而使下层泡沫的水增多。液体流失一直到所有多余的液体排出时为止。在这个阶段，起重要作用的是毛细现象。在各段不同曲率引发的毛细管力的作用下，气泡膜首先取决于邻近气泡的压力，液体流失的气泡膜表面层将受到弹性变形拉力和压缩的作用，同样也能破坏气泡膜。在扑救火灾时，泡沫稳定性还取决于泡沫喷射方法。

五、常用泡沫灭火剂

1. 蛋白泡沫灭火剂

蛋白泡沫灭火剂（P）是以动物性蛋白质或植物性蛋白质的水解浓缩液为基料，加入适当的稳定剂、防腐剂和防冻剂等添加剂的起泡性液体。蛋白泡沫是一种有机泡沫，是通过泡沫灭火剂与水混合后通过一个混合室喷射出来得到的，泡沫灭火剂主要是由水解蛋白质和金属盐混合而成的。动物的蹄、角粉和水解的羽毛颗粒都可作为生成蛋白泡沫的原料，这种灭火剂喷射到燃料表面不会形成水成膜。

蛋白泡沫的主要成分包括水解蛋白、稳定剂、盐类添加剂、抗冻剂、防腐剂等，可扑灭A类、B类火灾。

蛋白泡沫灭火剂按原料分，包括植物蛋白灭火剂和动物蛋白灭火剂。蛋白泡沫灭火剂有很好的抗烧性能，但泡沫黏度较大，泡沫流动性不良，灭火速度慢。该泡沫灭火剂具有良好的热稳定性，析液慢，可较长时间密封油面，在防止油罐火灾蔓延时，常常将泡沫喷入未着火的油罐，以抵御邻近着火储罐的热辐射。

蛋白泡沫灭火剂灭火的可靠性大，安全系数高。蛋白泡沫灭火剂具有优良的生物降解性，是唯一可100%被生物降解的纯天然环保型泡沫灭火剂。但是，在目前的生产工艺中，蛋白泡沫灭火剂储存时间仅为2年，且过期泡沫灭火剂的处理是突出难题。

2. 氟蛋白泡沫灭火剂

氟蛋白泡沫灭火剂(FP)是含有氟碳表面活性剂的蛋白泡沫灭火剂。氟蛋白泡沫是在蛋白泡沫灭火剂中加入适量的氟碳化合物表面活性剂、碳氢表面活性剂等制成的，可扑灭A类、B类火灾。氟蛋白泡沫通常具有很好的燃料覆盖性能和化学干粉灭火剂亲和性，从泡沫中析出的溶液不能在烃类燃料表面形成水膜。

由于氟碳表面活性剂的疏油作用，氟蛋白泡沫灭火剂具有良好的抑制燃料蒸发汽化的效果，泡沫层抵抗油类污染的能力较强，因此能够以液下喷射的方式扑救石油储罐火灾。其特点一是发泡性能好，易于流动，能以较薄的泡沫层快速覆盖燃烧油面，且泡沫层不易受到分隔破坏，即使因机械作用而泡沫层分开破裂时，泡沫层也能自行恢复密闭，具有良好的液面自封能力，其灭火能力明显优于蛋白泡沫灭火剂，在使用相同供给强度时，其灭火时间比蛋白泡沫缩短1/3以上；二是泡沫层疏油性强，由于氟蛋白泡沫灭火剂的氟碳表面活性剂分子中的氟碳链既有疏水性又有疏油性，使它既可在泡沫与油的交界面上形成水膜，也能把油滴包于泡沫中，阻止油的蒸发，降低含油泡沫的燃烧性，据测定，氟蛋白泡沫灭火剂中汽油含量高达23%以上才能自由燃烧；三是与干粉的相容性好，其可与各种干粉灭火剂联合使用。氟蛋白泡沫灭火剂主要用于扑救各种非水溶性可燃液体与一般可燃固体火灾，据LASTFIRE试验研究表明，氟蛋白泡沫灭火剂最适合于扑救大型储罐火灾。

3. 成膜氟蛋白型泡沫灭火剂

能在液体燃料表面形成一层抑制可燃液体蒸发的膜的氟蛋白泡沫灭火剂称为成膜氟蛋白型泡沫灭火剂(FFFP)。

成膜类蛋白泡沫灭火剂包括成膜氟蛋白泡沫灭火剂(FFFP)和成膜氟蛋白抗溶泡沫灭火剂(FFFP-AR)。前者主要用于灭油料火，后者既可以灭油料等非水溶性燃料火，又可以灭醇类等水溶性燃料火。

成膜氟蛋白泡沫与抗溶成膜氟蛋白泡沫组分中起到成膜性作用的是氟碳表面活性剂，一般是氨基酸型、甜菜型，其他组分分别与氟蛋白泡沫与抗溶氟蛋白泡沫相同。氟碳表面活性剂的加入使得灭火剂的灭火效率与灭火速度得到了大大的提高。

抗溶氟蛋白泡沫成分与氟蛋白泡沫的主要不同是加入了触变性多糖，使其可以溶于水而不溶于极性液体燃料，因此，除A类火灾及非极性B类火灾外，还能够扑灭极性液体燃料火灾。

成膜氟蛋白泡沫灭火剂和成膜氟蛋白抗溶泡沫灭火剂 80%以上的组分是天然蛋白质的水解产物，最终水解产物或生物降解产物是氨基酸，其他添加剂也是无毒的，所以这两类泡沫灭火剂是纯天然绿色环保产品。

4. 水成膜泡沫灭火剂

水成膜泡沫灭火剂(AFFF)又称"轻水"泡沫灭火剂，主要以氟表面活性剂(碳氢表面活性剂疏水基中的氢全部或部分被氟原子取代)为主要原料，同时包括碳氢表面活性剂、稳泡剂、抗冻剂等助剂。由于氟表面活性剂的高表面活性，该泡沫混合液的表面张力通常从纯水的 72mN/m 降低到 20mN/m 以下。含氟表面活性剂能够在非水溶性燃料表面形成一层液膜，将燃料蒸气阻挡在泡沫毯以下，使泡沫免受燃料蒸气的污染，因此具有很好的防复燃特性。

使用水成膜泡沫灭火剂灭火时，当将水成膜泡沫喷射到油面，泡沫便沿着油品表面向四周扩散，同时由泡沫析出的液体(主要是水)在泡沫和油品之间的界面处形成一层液膜，该液膜能隔绝燃料表面与氧气，同时对燃料表面进行冷却降温；另外，泡沫中析出的水在高温下蒸发为水蒸气，稀释了燃料上方的氧气浓度，这三种因素协同作用，达到灭火效果。

水成膜泡沫灭火剂灭火原理主要靠泡沫和水膜的双重作用，灭火作用优于蛋白泡沫灭火剂和氟蛋白泡沫灭火剂。水成膜泡沫灭火剂具有极好的铺展性、流动性，在油面堆积高度仅为蛋白泡沫的 1/3，靠泡沫和水膜双重作用灭火，灭火速度快、效力高、封闭性能强，可以高效快速地扑灭 A 类火灾及 B 类火灾中的非水溶性液体火灾。

轻水泡沫主要用于扑救各种非水溶性可燃液体与一般可燃固体火灾，其显著特点是可采用液下喷射的方法扑救储罐火灾，可与干粉联用，也可扑救设备破裂造成的流散液体火灾。

轻水泡沫的 25%析液时间短，仅为蛋白和氟蛋白泡沫的 1/2，泡沫稳定性不好；密封油面和抗烧时间短，防止复燃和隔离热油面的性能不如氟蛋白和蛋白泡沫。另外，轻水泡沫遇到灼热的罐壁时，容易被高温破坏而失去水分，形成极薄的泡沫骨架。据 LASTFIRE 试验，由于大型储罐火灾燃烧面积大、温度高等特点，轻水泡沫不适用于扑救储罐火灾，其更适合于扑救薄油层火灾。

用于扑救水溶性可燃液体火灾的泡沫灭火剂称为抗溶性泡沫灭火剂，抗溶水成膜泡沫在水成膜泡沫的基础上加入了触变性多糖，可在极性液体表面形成不溶性薄膜，因此，兼有抗溶性和水成膜泡沫的性质，能够扑灭 A 类火灾、非水溶性 B 类火灾以及极性液体 B 类火灾，其主要用于扑救醇、醛、醚、酮等水溶性可燃液体的分子极性较强的火灾。

5. A 类泡沫灭火剂

A 类泡沫由阻燃剂、发泡剂、渗透剂等多种物质组成，泡沫的加入减少了水的流失，提高了水的灭火效率，使其具有灭火快、效能高、性能稳定、凝固点低的特点。A 类泡沫能够灭火是因为 A 类泡沫所含有的"水"具有灭火作用。虽然 A 类泡沫的灭火有效组分依旧是水，但 A 类泡沫对水的灭火能力具有"增效"作用。一般来说，A 类泡沫灭火剂浓缩液的主要组分是表面活性剂，它能够使水的表面张力降低，从而提高水的润湿和渗透能力，这是 A 类泡沫比水灭火效率更高的一个主要原因。

泡沫灭火剂所形成的泡沫结构可以作为一种"散热器"，吸收燃烧过程中产生的热量，再通过水的蒸发带走热量。垂直表面往往很难被水润湿，即使其有一定的吸水能力，但是如果水以泡沫形式存在，则会使很大一部分水保持在可燃物表面，尤其是垂直表面，对表面提供一种"润湿"作用，吸收并散发燃烧产生的热量。此外，A类泡沫所形成的泡沫结构，对于水的灭火能力提高及水流失的减少具有重要作用。当使用A类泡沫进行火灾扑救时，泡沫内部的空气因为受热而使气泡破裂，导致水溶液变成直径很小的小水滴，然后在靠近火源的地方很快蒸发。即A类泡沫能够作为一种"载体"，使粒径大小合适的液滴到达火焰/燃料交界面，确保液滴不会在"途中"蒸发。A类泡沫还可以覆盖在燃烧物表面形成一个非导热层，这种非导热层能阻止热量对可燃物的辐射，并且能够反射热量。由于这种非导热层的覆盖作用，还可以使燃料隔绝空气中的氧气，从而提高其灭火能力。用于隔热保护的A类泡沫在物理外观上一般类似于剃须膏或生奶油，与用于灭火的A类泡沫相同的是，隔热保护泡沫一般由空气、相对少量的水和A类泡沫浓缩液组成。而与易于流动的灭火泡沫不同的是，隔热保护泡沫一般具有流动性差、稳定性好、析液速率较慢等特点。

A类泡沫优点有：①比水具有更快的控制火势和灭火速度；②提高了水的使用效率和保持能力；③对建筑物等具有隔热保护作用；④火场清理快速，同时降低了由于流失水造成未燃烧建筑部分的次生灾害，达到节水的目的；⑤与压缩空气泡沫灭火系统联用时，可以减小消防水带的质量、增加射程。不同生产厂家的A类泡沫的理化性能会有所不同。A类泡沫的常用比例是0.3%~0.7%，最大可到1.0%的比例。

6. 泄漏覆盖用凝胶泡沫

凝胶泡沫是一种气体均匀分散在凝胶中的分散体系，主要组分包括凝胶剂、交联剂、发泡剂、功能助剂等。凝胶泡沫既可单独使用，也可与泡沫灭火剂溶液混合发泡喷射，发泡倍数在4~10倍之间可调。为确保抑蒸用凝胶泡沫充分铺展的同时能够减少交联之前的液体析出，其交联时间控制在1~3min内。凝胶泡沫在胶凝前具有与水成膜泡沫相当的流动性，而在发泡喷射后，其泡沫灭火剂膜中均匀分布的凝胶剂高分子与交联剂分子通过交联作用形成牢固、不易破裂的具有三维立体网状结构的固态凝胶，从而具有了较高的液膜强度与泡沫黏度。除此之外，由于表面活性剂的存在，泡沫灭火剂膜具有很强的马拉高尼效应，宏观表现为较好的液膜弹性与泡沫结构稳定性。由于以上特性，凝胶泡沫具有高稳定性，其25%析液时间至少可达到5h，远远超过普通消防泡沫。凝胶泡沫对于极性可挥发液体的抑蒸时间可达30min，对于非极性可挥发液体的抑蒸时间长达300min，是普通消防泡沫的数倍。在抑蒸期间，被抑蒸液体的挥发气体含量低于其爆炸下限的25%。

目前针对液体化学品泄漏的主要处置措施为喷射空气泡沫覆盖，空气泡沫具有易运送、易产生、易释放、易流动、质量小、覆盖范围大等优点，喷射至泄漏液体液面上能够在较短时间内保持泡沫层的完整性以及较好的抑蒸性能。但空气泡沫的覆盖稳定性差，有效覆盖时间短，覆盖效果受现场环境因素影响较大，且在面对极性液体危化品泄漏的险情下，普通水成膜泡沫灭火剂会溶解于泄漏液体中而无法起到覆盖抑蒸作用，此时需要使用抗溶灭火剂。因此，使用泡沫灭火剂进行泄漏覆盖时，需要针对泄漏液体的不同而切换灭火剂的种类。

相比于现有的空气泡沫，凝胶泡沫在胶凝前具有与水成膜泡沫相当的流动性，而在胶凝后又具有更高的泡沫黏度、液膜强度以及液膜弹性，因此具有更高的保水性能，能够达到减缓排液速率、提高泡沫稳定性、对抗现场风力等环境因素影响的效果。

针对液体化学品泄漏处置需求，目前国内对于凝胶泡沫的研究并不多，少数凝胶泡沫的研究主要集中于石油采油和煤矿防灭火方面。油田用凝胶泡沫存在发泡倍数较低、扩散速度较慢、凝胶时间久的问题；煤矿用凝胶泡沫多为三相泡沫，固相多用粉煤灰浆液，成分相对比较复杂，破胶后会残留大量固体颗粒污染物，且存在成胶时间过长或过短的问题。除此之外，以上两种凝胶泡沫均需现场调配泡沫灭火剂，耗时较长，不满足液体化学品泄漏覆盖应急处置要求。应用场景和保护对象不同，对凝胶泡沫的性能要求完全不同。

液体化学品泄漏覆盖用凝胶泡沫具有韧性高、稳定性强、泡沫性能好的特点，其主要由凝胶剂和交联剂两部分组成，其中凝胶剂含有抗溶组分，因此，凝胶泡沫对于极性、非极性泄漏液体均能起到有效抑蒸作用。由于凝胶泡沫所含成分均为水溶性，因此泡沫破损后无固体残留物，易于清理。

液体化学品泄漏覆盖用凝胶泡沫成胶时间在 $1\sim3min$ 内可调，成胶之前析出液体量极少。由于泡沫会在短时间内凝胶固化，覆盖后能够迅速对易挥发泄漏液体起到抑制蒸发作用，因此，具有更强的稳定性及抗环境干扰能力，满足泄漏液体应急处置要求。

除此之外，泄漏覆盖用凝胶泡沫能够与现有的消防系统联用，很大程度上提高了泄漏危化品应急处置的效率。在实际运用中，将凝胶剂与泡沫灭火剂按一定比例混合后，再与交联剂按照一定比例混合喷射至泄漏液体表面。凝胶泡沫对于非极性可挥发泄漏液体的稳定抑蒸时间可达 $3\sim4h$，对于极性可挥发性液体则可达 1h 以上，可见，其对液体化学品抑蒸效果远远优于现有的普通消防泡沫。

六、环保型泡沫灭火剂

含氟泡沫灭火剂，因其能在着火油面上快速铺展，抑制易燃液体挥发，达到快速灭火的目的，被证明是扑灭易燃液体火灾最常用且最有效的方法，现已被广泛应用在石油石化行业。含氟泡沫灭火剂的优良性能主要得益于其含有高性能的氟碳表面活性剂，尤其是全氟辛烷磺酸（PFOS）及其盐类。该类表面活性剂具有高表面活性、高化学稳定性、高热稳定性及憎水憎油性，是迄今为止表面活性最高的一类表面活性剂。

然而，近年来研究发现，以 PFOS 及相关盐类为代表的氟碳表面活性剂难以降解，存在严重的生态破坏力和环境污染问题。因此，世界各国制定了日益严格的环保法规来限制 PFOS 的使用。为了保护环境和履行国际公约，推行清洁、环保灭火剂及灭火技术，提高全行业的环保意识，成为全球消防行业追求的目标。作为目前 PFOS 使用最大的领域，中国的泡沫灭火剂生产受到国内外环保组织的广泛关注。从泡沫灭火剂的发展趋势来看，未来的泡沫灭火剂一定是绿色环保、环境友好型的。

开发高效无 PFOS 的环保型泡沫灭火剂具有重要的研究意义。总的来说，国外研究者制备不含 PFOS 的环保型泡沫灭火剂主要通过两种途径：短链/支链化的氟碳表面活性剂或者非氟碳表面活性剂来替代 PFOS 使用。

（1）采用短链/支链化的氟碳表面活性剂以替代 PFOS。通过缩短全氟碳链的长度，合成短氟碳链的氟碳表面活性剂（$C_4\sim C_6$），或者将全氟碳链支链化，以增加其生物降解性。目前该条途径已得到国外生产商的推广，其中杜邦、3M 以及道康宁等生产商都已推出了 C_6 和 C_4 替代品，展示出了良好的应用前景。但是随着氟碳链链长的缩短，其表面活性、灭火能力等性能也会受到影响，难以同时兼顾环保与实用性能。

（2）非氟碳表面活性剂比如有机硅表面活性剂和碳氢表面活性剂替代 PFOS。有机硅表面活性剂大多是由聚二甲基硅氧烷为疏水主链，中间位或端位连接一个或多个有机硅极性基团组成，具有优良的表面活性、耐高低温性和较好的润湿和铺展性，能显著降低水溶液表面张力，并且低毒环保，具有替代氟碳表面活性剂的可能性。碳氢表面活性剂种类丰富且多数碳氢表面活性剂对环境友好，部分碳氢表面活性剂具有良好的泡沫性能，在泡沫灭火剂中应用广泛。目前，以高表面活性的非氟碳表面活性剂为核心组分合成泡沫灭火剂产品已被证实具有替代 PFOS 应用的可行性，具有一定的开发前景。但是灭火性能、抗烧能力难以达到含氟泡沫灭火剂的性能。

目前国内外对于 PFOS 替代品的研究已有很多，但是研究多局限于实验室，距离工业化生产及市场推广应用还有很长的距离。世界各国消防领域科学家都在致力于研究更高效、更环保、更低成本的泡沫灭火剂，研制出新型泡沫灭火剂使其在经济、实际应用与可持续发展间找到平衡点。相信未来会涌现出更多的高效泡沫灭火剂产品及更高效施加泡沫灭火剂的新方法、新装备。

第二节　压缩空气泡沫的基本性能

压缩空气泡沫灭火系统最早起源于 20 世纪初的欧洲，设计之初主要用于森林火灾的扑救。20 世纪 30 年代在英国皇家军队和美国海军中使用多年，第二次世界大战期间，英国军方开发了压缩空气 B 类泡沫系统，用来保护临时搭建的浮桥。1957 年丹麦首都哥本哈根消防局开始使用压缩空气泡沫消防车。1988 年压缩空气 A 类泡沫系统首次在美国黄石公园森林大火中应用，该公园一座古老的四层建筑发生火灾后，用压缩空气泡沫系统喷出的泡沫将处在大火包围中的整座建筑覆盖起来，使该建筑物劫后余生，完整地保护了下来。压缩空气泡沫灭火系统配合森林消防车使用，可大大提高开设阻火隔离带的效率，用于保护珍贵的森林资源和建筑物。

目前，西方国家已在高大库房或机房等大空间场所普及应用压缩空气泡沫灭火技术。20 世纪 90 年代，加拿大国家研究理事会（NRCC）第一次成功研制固定管网式压缩空气泡沫系统。加拿大国家研究理事会（NRCC）与加拿大国家防御委员会（NDC）联合开展了飞机库的压缩空气泡沫灭火试验。试验证明：使用 B 类泡沫扑救汽油火灾时，压缩空气泡沫系统的灭火时间仅为吸气式泡沫灭火系统的 30%。当泡沫混合比例降低 50% 后扑救同样的火灾，压缩空气泡沫灭火系统需要将泡沫供给强度提高 67%，而吸气式泡沫系统需要提高 150%。2005 年英国将压缩空气泡沫灭火系统作为主要灭火手段推广应用。NFPA 11《低倍数、中倍数、高倍数泡沫灭火剂》（2010 版）中新增了《压缩空气泡沫系统》的内容。

随着压缩空气泡沫灭火技术不断发展，国外许多学者进行了特殊场所下压缩空气泡沫灭火有效性的应用研究。如美国火灾管理署（USFA）对压缩空气泡沫扑灭建筑火灾进行了现场试验，以衡量利用压缩空气泡沫扑灭城市火灾的可行性和有效性；德国卡尔斯鲁大学模拟了室内发生轰燃后，考察压缩空气泡沫灭火的有效性；德国卡塞尔消防队模拟了压缩空气泡沫对于集装箱类火灾的灭火试验。这些研究表明，压缩空气泡沫灭火系统不仅适用于市政建筑火灾的扑救，对于集装箱以及飞机场（库）等 A、B 类场所也具有适用性。

20 世纪 90 年代后期，压缩空气泡沫灭火技术被引进我国。1996 年原公安部上海消防研究所开展了压缩空气泡沫灭火系统研究，其研究成果开始在消防车上应用，2015 年我国发布了 GB 7956.6—2015《消防车 第 6 部分：压缩空气泡沫消防车》，国内其他相关标准也相继出台，如 CECS 394—2015《七氟丙烷泡沫灭火系统技术规程》、T/CECS 748—2020《压缩空气泡沫灭火系统技术规程》、山东省标准 DB37/T 1916—2017《压缩气体泡沫灭火系统设计、施工及验收规范》等，为压缩空气泡沫灭火技术的应用提供技术指导。

近些年，压缩空气泡沫消防车在美国、加拿大和德国等发达国家得到广泛应用，并成为主力消防车型，我国多个大中城市相继引进了一批压缩空气泡沫系统消防车。国内消防车生产企业也积极推动压缩空气泡沫消防车的国产化，这具有十分广阔的应用发展前景和重要的现实意义。

随着城镇化进程的加快以及工业持续快速发展，国内火灾形势出现了前所未有的新动向，LNG、储电等新能源的推广、大型仓库厂房与高层建筑的增多、化工园区数量激增、长距离输电设施增多等改变着国内火灾风险形势，这给压缩空气泡沫灭火技术的发展带来了新机遇，近几年已经成为国内消防领域的研究热点之一，新型压缩空气泡沫灭火装备层出不穷，国内广阔的市场将给压缩空气泡沫灭火技术带来巨大的发展空间。

一、泡沫形成过程

泡沫形成过程分成两步：第一步是气体进入泡沫溶液内，气体弥散分布在液体内部，气液相充分混合；第二步是在多种力的共同作用下将大的气泡切分出小泡沫，形成泡沫簇。

气体进入泡沫溶液的方法包括物理方法（包括机械搅拌、压力渗透等）和化学方法。气体与泡沫灭火剂溶液的接触可以分为两类，即在气流速率较高时的射流过程和气流速率比较低情况下的单个气泡离散形成的过程。泡沫形成的过程受到剪切应力、液体的表面张力以及分散相中黏性力的作用，在湍流状态下，剪切应力和液体的表面张力是决定泡沫的主要因素，而黏性力常可以忽略。

一般来说，当泡沫中液相占比较大时，会形成尺寸较小的球状，并在液面上铺展开来；当气相占比较大时，形成的气泡尺寸相对较大，气泡形状大部分会呈现出多面体结构。

消防空气泡沫是液相占比较多的泡沫流体，为了使产生的泡沫在灭火过程中有更强的灭火性能，控制好气相与液相的比例是关键，即控制泡沫状态。在纯液体中产生的泡沫稳定性很低，即便向液体中通入气体后瞬间产生了大量的气泡，这些泡沫的结构也是很不稳定的，很快会破碎离开液面，气液相分离。为了在发泡过程中产生足够多且结构稳定的泡沫，一般会在液体中加入泡沫稳定剂和表面活性剂类的发泡剂。所以，一般泡沫流体都是由空气和加入稳泡剂等物质的水溶液混合后再通过搅拌等方法产生的，这样在泡沫流体内产生的气泡尺寸较小，且形状多为不规则的多边形，存在时间长，稳定性高。

在消防领域，泡沫灭火不仅仅在水蒸发时吸收大量热量，泡沫还可以附着在燃烧物表面，有效阻隔热辐射，进一步降低周围环境温度，还能起到隔绝空气的作用，尤其是在扑灭可燃液体类火灾时，泡沫可以覆盖在可燃液体表面，并可随着可燃液体流动，有效防止可燃液体复燃。

泡沫产生方法绝大多数是吸气式发泡，传统的低倍数泡沫产生系统一般为吸气式泡沫产生系统，当泡沫混合液在一定压力下通过泡沫喷嘴或孔板时，由于通流截面的急剧缩小，液流的压力位能迅速转变为动能而使泡沫混合液成为一束高速射流，在高速射流周围形成负压区，并吸入周围的空气，射流中的流体微团呈无规则运动，与周围空气相互摩擦、碰撞、掺混，将动量传递给与射流边界接触的空气层，将这部分空气连续夹带进入混合扩散管，在大气压作用下外部空气不断进入气室，连续不断产生一定倍数的空气泡沫，因不断吸收外界空气发泡，故称为吸气式泡沫。因吸气式泡沫发泡状态不佳，影响覆盖和灭火能力，因此压缩空气泡沫被逐步应用。

二、泡沫模型

泡沫是指在液相中分布非溶性或微溶性气体的分散性系统，气体被液膜完全包围，是大量气泡堆积而成的非平衡自组织结构。泡沫内的气相称作分散相，也可称作不连续相；液体称作分散介质，也可称作连续相。

从理论上来说，气泡在液体中越分散，泡沫稳定性能就越强。受气液相密度差的影响，泡沫内存在被液膜分隔开的许多小气泡。泡沫中气体含量比较高时，会呈现出多面体结构分散；当含有的液体量相对较大时，则会以小球似的形状形成均匀分散状。

泡沫是不溶性气体分散于液体所形成的分散流体。它既具有像固体发生弹性和塑性变形的特性，也具有流体的特性。泡沫的弹性是由泡沫薄膜中的表面张力作用产生。当泡沫在所受剪切力较低时发生的是弹性形变，表现出固体的特性；当所受的切应力较大时，泡沫表现出牛顿体的特性，其剪切力与变形速率呈线性函数的关系。泡沫的表观黏度随着剪切速率增大而减小，主要原因是流体的结构发生微量的变化导致剪切的作用力减弱，流体的黏度降低。

三、泡沫的微观结构

泡沫的变化涉及泡沫渗流、液膜破裂和气泡扩散三个机制。根据拉普拉斯公式，由于表面张力的存在，弯曲液面内外的压强不等，其压强服从拉普拉斯公式，如式（3-1）所示，等号右侧对于凸液面取正，对于凹液面取负。

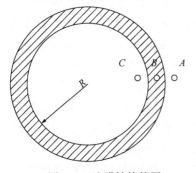

$$p_{in} - p_{out} = \pm 2\gamma / R \qquad (3-1)$$

式中　p_{in}——液面内部压强；

p_{out}——液面外部压强；

γ——液体表面张力；

R——液面的曲率半径。

将泡沫看成很薄的球形液膜，如图 3-1 所示，假设 A、B、C 三点的压强分别为 p_a、p_b 和 p_c，则液膜内外压强差值可按式（3-2）计算。

图 3-1　液膜结构简图

$$p_c - p_a = 4\gamma / R \qquad (3-2)$$

从式（3-2）可以看出，液膜内压强大于液膜外压强，其差值与半径成反比，即泡沫越小，泡沫内部压强越大。在泡沫堆中体积小的泡沫会并入体积大的泡沫中，而体积大的泡沫不稳定，最终在重力作用下破裂，因此，在演变过程中泡沫体积逐渐变大，数量逐渐变小。

四、泡沫流体性质

1. 压缩性

因为泡沫流体中存在气体，表现为可压缩性，将泡沫流体视为半压缩性的流体。

2. 稳定性

影响泡沫稳定性的因素有很多，包括表面活性剂种类、浓度、气相种类、温度、压力和表面张力、气泡直径与粒径分布等。泡沫的稳定性不仅受环境压力影响，还受到气相在液相内的分布情况影响。如果泡沫流体处于环境压力很高的情况下，那么稳定时间就将会被极大地延长。这是因为泡沫流体中的气相在高压下时的密度会增大，从而导致泡沫流体不易膨胀以及气相不会产生滑脱现象。另外，发泡效果还会受到水质的影响，发泡能力最强的是淡水，由于水的矿化度会影响发泡能力，矿化度越高，发泡能力就会越弱。因此，海水和废水的发泡效果相对较差。

泡沫流体若处于流动状态，其稳定性要好些，这是因为处于特定的流动速度时，泡沫流体内的气相不会汇集于一起，就不可能致使泡沫流体失稳。常压下，泡沫流体的密度很低，由于气-液间的密度差极大，导致气体与液体脱离的速度会非常快，因此，泡沫流体的稳定时间很短。

3. 流变性

泡沫流体是典型的非牛顿流体，在流动过程中，泡沫流体内部气液分子彼此存在摩擦力，且气-液两相界面之间分子间的阻力较单一、流体阻力大，导致了泡沫流体的黏度比单一气相和液相的黏度大。根据泡沫质量来区分泡沫流体，分为气泡分散、气泡干扰、气泡堆积和气泡破碎四个部分。

4. 滤失性

在气泡内部，气体与液膜间存在着界面张力，当泡沫流体在发生速度改变或压力变化时，泡沫形态会发生较大变化，此时需要消耗较大一部分能量来克服表面张力的变化。

5. 析液性

随着时间的推移，泡沫将析液，其结构也会随之变化，进而影响泡沫性能。影响泡沫析液时间的因素很多，包括泡沫的化学成分、膨胀比、泡沫的微观结构、泡沫的直径分布范围、气泡壁膜的厚度和气泡形状等。

析液变化涉及三个机制：

（1）在重力作用下气体与液体分离，泡沫表面的部分液体不断流到气泡的下方，达到一定重量时，液体从气泡内渗出，称为泡沫渗流；重力作用是引起泡沫析液的直接原因，泡沫的整体析液是液膜、柏拉图通道和节点共同作用的宏观体现，泡沫析液常用来评价泡沫质量和稳定性。

（2）气泡液膜间的挤压造成相邻气泡的合并，称为液膜破裂。

（3）内部压强高的小气泡向压强低的大气泡进行合并，称为气泡扩散。

五、压缩空气泡沫生成方法

压缩空气泡沫系统的英文是 Compressed Air Foam System（简称 CAFS）。国际标准 ISO

7076.5—2014《固定式压缩空气泡沫灭火设备》中，对压缩空气泡沫系统的定义为：该系统是指将水、泡沫混合液、压缩气体在一个独立混合室中混合后产生均匀带压泡沫，通过管路系统输送至末端喷射装置，经出口喷射时压力降低，空气膨胀形成常压泡沫。压缩空气泡沫系统即主动在泡沫混合液射流内注入气体发泡，通过控制注入气体的流量、压力及注入方式等调控泡沫状态。

压缩空气泡沫系统是将气体与泡沫混合液按一定比例、在一定压力下通过专用的混合装置进行强制混合与发泡，产生均匀细腻的泡沫。压缩空气泡沫灭火系统包括高压气体供给系统、泡沫灭火剂供给系统、水供给系统、泡沫混合发泡装置及控制系统等，其核心是泡沫混合发泡装置，系统组成如图3-2所示。

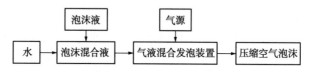

图3-2　压缩空气泡沫灭火系统组成示意图

压缩空气泡沫系统可采用空气压缩机、压缩气体钢瓶、高压气体管线或液氮罐等可供气设备向泡沫混合液中充入适量的压缩气体，并根据充气量的不同形成不同发泡倍数的灭火泡沫，如压缩空气泡沫、压缩氮气泡沫、七氟丙烷压缩空气泡沫等。从广义上讲，凡是将气体主动注入泡沫混合液并能发泡所形成的泡沫都可称为压缩空气泡沫，也称为正压泡沫。

压缩空气泡沫系统产生的泡沫状态可通过气体与泡沫混合液的混合比例及混合压力进行调节，根据灭火对象的不同选取不同的泡沫状态。泡沫性能与状态受泡沫灭火剂类型、气液混合比例、气体类型及发泡压力等因素影响。

一般而言，压缩空气泡沫系统可选用A类泡沫灭火剂、B类泡沫灭火剂、相关发泡剂等物质进行发泡，从本质上说，压缩空气泡沫技术适用于所有发泡装置。

压缩空气泡沫灭火技术是一种高效的泡沫灭火技术，已在世界多个领域广泛应用。对同一种泡沫灭火剂，改变空气泡沫产生方式就可以大大改善泡沫的覆盖与灭火性能，可见泡沫产生方式的重要性。

六、压缩空气泡沫的性能

1. 基本性能参数

用于表征压缩空气泡沫性能的指标参数包括气泡平均尺寸、发泡倍数、析液时间、抗烧性、液面覆盖性和灭火有效性等。

（1）析液时间

析液时间是衡量泡沫稳定性和持久性的指标。随着时间的推移，泡沫层破裂后泡沫会逐步析出水分。通常测量泡沫层析出质量25%和50%水的时间作为其25%和50%的析液时间。

（2）发泡倍数

发泡倍数是体现泡沫气液混合情况的指标，反映了泡沫的含气量，发泡倍数越高，含气量越大，泡沫就越轻。

（3）灭火时间

灭火时间是泡沫灭火剂灭火性能最直观的表现，是从开始喷射泡沫至火焰熄灭所用的时间。

（4）润湿性

压缩空气泡沫灭火剂的润湿剂可降低水的表面张力和界面张力，使水更容易渗透到可燃物的深层，提高阻火能力，有效防止复燃。

表面张力系数是衡量泡沫灭火剂润湿性能的重要指标。表面张力使液面沿表面收缩，使液膜趋于维持其固有的形状。因此，泡沫混合液的表面张力系数和界面张力系数应尽可能小。

（5）附壁性能

流动性是表征泡沫附壁性能的基本指标，泡沫的流动性与泡沫临界剪切应力有关，临界剪切应力越小，泡沫的流动性越好。压缩空气泡沫较长时间地附着在树叶、树干和草本植物的表面上，尤其是在树干和建筑物墙壁等直立表面上，并保持一定厚度，可实现阻火和灭火的效力。

（6）抗烧时间

抗烧时间是指一定量的压缩空气泡沫在规定燃烧面积的热辐射作用下，泡沫层被破坏失效后，泡沫层底部的燃料液面重新发生燃烧的时间。

不同的泡沫特性参数之间相互关联，比如发泡倍数和析液时间成正相关关系，发泡倍数越高则泡沫越干，析液时间相对较长，流动性越差，液面覆盖性较差，辐射防护性和抗烧性较差。气泡平均尺寸越小，整个泡沫体系的稳定性就越好。发泡倍数决定了泡沫的干湿程度，越干黏性越好，越湿则流动性越好。析液时间反映了泡沫的保水能力和火灾防护能力，热辐射防护性和抗烧性则反映了泡沫对可燃物的保护能力，液面覆盖特性反映泡沫在液体燃料表面的覆盖速度，灭火特性是泡沫质量最直观的评价指标。

发泡倍数能够准确反映出气液混合情况，而析液时间能够描述气泡的稳定性，冷喷试验常把这两个参数作为评判泡沫质量的指标。

2. 压缩空气泡沫微观结构

从泡沫层外观看，压缩空气泡沫相对黏稠，单个泡沫体积较小，泡沫细腻均匀，气泡平均直径为 $30\sim50\mu m$，最大直径一般不高于 $100\mu m$；而吸气式泡沫的气泡大小不一，局部存在较大体积的气泡，气泡尺度大多为 $200\sim300\mu m$，最大气泡直径超过 $700\mu m$，气泡尺度分布不均。

压缩空气泡沫大小分布更集中，泡沫更均匀，平均直径离散系数更小。压缩空气泡沫平均直径离散系数为 40.3%；而现有低倍泡沫平均直径离散系数为 76.3%。压缩空气泡沫灭火剂膜各处受力更为平均，泡沫渗流过程中出现泡沫粗化和液膜破裂现象更不明显，泡沫更加稳定。

因此，与吸气式泡沫相比，压缩空气泡沫具有更高的灭火效能和更好的抗烧性能。

3. 泡沫析液特性

一般情况下，形成的泡沫中，气泡大小不均匀。根据拉普拉斯公式，小气泡中的气体压力比大泡大，于是气体从高压的小气泡中透过液膜扩散到低压的大气泡中，造成小泡消失、大泡变大，以消耗小泡来增长大泡，造成气泡的重排，产生机械冲击致使液膜破裂。气透性差，则泡沫稳定性好；反之，气透性高，则泡沫稳定性差。

泡沫析液的特性参数与泡沫混合液质量分数有关，溶液质量分数的变化对泡沫析液过程影响很大。增大溶液质量分数，则50%析液时间呈指数上升趋势，质量分数提高使得气透性降低。质量分数增加使得表面活性剂分子浓度和表面黏度增大，表面吸附膜变紧密，因此，气透性降低提高了泡沫的稳定性。

析液速率最开始比较大，随着时间的增加，逐渐平缓，最后趋于0，相应析出的液体也达到最大值。随着质量分数增加，达到最大析液质量的时间也增长，析液过程更加缓慢。通常情况下，泡沫析液致使液膜变薄，到达临界点左右，相邻气泡压力存在一定差异，泡沫聚并导致泡沫的平均直径增大，泡沫大小更加均匀。随着泡沫气体百分比的提高，泡沫析液时间增长，稳定性改善。因此，在进行阻火作业如开设防火隔离带、保护可燃物和建筑物时，要求压缩空气泡沫在较长时间内起到阻火的作用，用膨胀比较大的中高倍数泡沫稳定性较好，不易发生泡沫析液现象。

七、压缩空气泡沫的主要优势

（1）因高压气体与泡沫混合液在一定压力下混合，所产生的压缩空气泡沫射流动能较大，射程远，穿透火焰的能力强。

（2）泡沫混合液与气体混合充分，泡沫气泡小、气泡直径相对均匀，泡沫层处于热力学稳定状态，泡沫层稳定性较高，能长时间覆盖在物体表面，复燃时间延长。

（3）压缩空气泡沫质量约是水的1/7，充满压缩空气泡沫的消防水带较轻，压缩空气泡沫更容易向高处输送，适合于高层建筑、高大工业装置等灭火，还可长距离输送到数千米距离，可用于森林灭火。

（4）压缩空气泡沫在扑救火灾时产生的水蒸气量明显减少，火场能见度高。

（5）由于压缩空气泡沫灭火系统所用的水量和泡沫量明显减少，灭火后需要的排水量和水处理量也随之减少，灭火后易清理，有利于保护环境。

（6）压缩空气泡沫系统不会受火场气体的影响，参与发泡的气体纯净，保证了空气泡沫的高质量。吸气式泡沫系统产生泡沫是依靠吸入火场的空气，由于火场空气中常含有烟尘、油气等杂质，且火场周围的空气温度高，导致所形成的泡沫不稳定。

第三节　压缩空气泡沫的灭火性能

泡沫是一种非牛顿流体，具有流变学特性，在外界作用力和自身重力作用下会发生"触变现象"。"触变现象"即当剪应力低于流体的屈服强度时，泡沫表现出弹性和塑性固体的性质，当应力大于屈服应力时，泡沫开始流动，表现出流体的性质。泡沫的流变学特性对直接和间接灭火能力的发挥影响显著。在泡沫灭火过程中要求泡沫层具有一定的流动性，以使其能够快速在燃料表面展开，此时泡沫具有流体的特性；而用于隔热防护时，要求泡沫黏附性好，能够较长时间停留在物体表面，此时泡沫的剪切阻力较大，很大程度上表现出塑体的性质。泡沫屈服应力明显随泡沫倍数的增加而增大；析液时间越长，屈服应力越大。

一、A 类火灾灭火

A 类火灾是指固体物质火灾，在泡沫灭火性能测试时，通常采用木垛火为代表。高阳通过木垛火灭火试验研究不同火源规格下泡沫混合比和发泡倍数等参数对系统灭火效率的影响规律，泡沫施加时间以木垛稳定燃烧为依据，预燃结束后开始喷射泡沫灭火。灭火过程可分为三个阶段，第一阶段为泡沫压制火焰阶段，泡沫与火焰相互作用，在泡沫有效吸热蒸发和较大的冲击作用下，火焰在短时间内被压制在木垛范围内；第二阶段为泡沫与木垛表面作用阶段，泡沫突破火羽流作用于木垛上表面和两个侧面，随着时间的延长，逐渐熄灭可燃物表面和两个侧面的火焰；第三阶段为泡沫深入木垛内部作用阶段，随着喷射泡沫量的增加，泡沫沿着木垛缝隙流入并对内部可燃物继续作用，进一步抑制燃烧，同时泡沫对整个木垛进行包裹，阻挡了空气与燃料的相互作用，最终使火焰完全熄灭。

以灭火时间和抗复燃时间作为泡沫灭火效率的判定标准，则泡沫的灭火结果分为三类：①高效灭火。灭火迅速、抗复燃时间>10min。②有效控制火势。灭火速度较快，抗复燃时间<10min。③灭火失败。

研究证明：高效灭火对应的混合比和发泡倍数较低，为湿泡沫；有效控制火势对应的混合比较大或者混合比较小、发泡倍数较大，为中等泡沫；灭火失败对应的发泡倍数较大，为干泡沫。

从灭火机理分析，不同参数的泡沫呈现出不同的灭火效果，对于木垛这样具有堆垛性质的固体可燃物质燃烧，木垛内部火灾的扑救是决定灭火成功的关键。采用压缩空气泡沫灭火，要求泡沫具有较强的流动性和渗透润湿性，能够有效深入木垛内部以实现灭火。湿泡沫发泡倍数小，25%析液时间短，在外力和自身重力下，具有较强的流动性。这类泡沫更容易在木垛表面展开，并快速作用于木垛内部。泡沫所达之处，其析出液体能有效渗透到燃料表层，通过吸热降温作用使木垛表层温度达到热解温度以下。

此外，压缩空气泡沫具有较大的动量，能够快速穿透火焰有效作用于木垛表面，从而实现高效灭火。干泡沫由于其具有较大的屈服应力，更易表现出弹性和塑性固体的性质。由于其黏性大、流动性差，泡沫到达木垛表面后不易渗透到木垛内部，而是堆积在木垛表层。受喷射方式的影响，在木垛灭火面背侧和木垛底层均未有泡沫覆盖，泡沫的覆盖隔绝作用难以有效发挥，使得木垛内部的火不能熄灭。此外，这类泡沫质量小、动量小，在向木垛喷射过程中泡沫流不再连续，而是似雪团状分散地喷向木垛火区域，一方面延长了泡沫灭火的作用时间，另一方面在木垛火焰周围的空气流动中分散了泡沫的作用范围，减弱了其灭火作用的能力。

中等泡沫的性质介于湿泡沫和干泡沫之间，其灭木垛火的过程为吸热冷却作用和覆盖隔绝作用的综合效果。这类泡沫具有一定的流动性和黏附性，所以其喷射到木垛表面后，在木垛表层的展开速率和渗入木垛内部的速率要慢于湿泡沫，但又不会像干泡沫那样在木垛表层形成堆积层。因此，中等泡沫灭木垛火的性能不如湿泡沫，只能实现控制火势的目的。

因此，采用压缩空气泡沫实施扑救 A 类火灾时，应采用混合比和发泡倍数较小的湿泡沫，要求泡沫具有较强的流动性和渗透润湿性。干泡沫的黏附能力和覆盖效果较强，更适合火场中对可燃物或者重要设备实施隔热防护。

随着混合比增加，混合比越大，泡沫的平均尺寸越小、细度越高，且泡沫尺寸的分布越均一。随发泡倍数的增加，发泡倍数越大，泡沫的平均尺寸越小、细度越高，且泡沫尺寸的分布越均一。

随着泡沫灭火剂混合比增大，泡沫黏性与泡沫灭火剂膜弹性增加，其抵抗外界作用力的能力增强，泡沫的 25%析液时间和 50%析液时间不断延长。随着发泡倍数的增大，泡沫析液时间总体表现出递增的趋势。当预混比为 1.0%时，其灭火能力优于预混比为 0.5%的泡沫。虽然发泡倍数较为接近，但是由于较低的预混比导致了 25%析液时间降低，泡沫稳定性变差，25%抗烧时间也相对较短。

另外，对于常见的轮胎火扑救，通常情况下轮胎火灾按照处置 A 类火灾的方式实施。然而，轮胎在燃烧产生的高温作用下，轮胎基体在短时间内即出现熔融现象，形成大面积的流淌火，增加了火灾扑救的复杂性。此外，由于轮胎主要成分为二烯烃类化合物，轮胎基体本身具有极强的拒水性，而水具有较高的表面张力，使用水作为灭火剂进行火灾扑救时，水无法停留在燃烧物表面进行持续的热交换，导致水珠和水柱接触到热量的时间很短，吸收到的热量也很少。大部分的水无法渗入轮胎内部，无法起到有效的冷却灭火作用，灭火效果不佳。

当轮胎处于半固体、半熔融状态时，压缩空气泡沫在流淌火表面边破裂边铺展，一方面进入液态燃烧物内部及时冷却降温，另一方面迅速隔绝燃烧物与空气的接触，直至熔融状态下的液体混合物冷却凝结，火势即得到了有效控制。灭火后泡沫混合液覆盖层下凝固的轮胎固化物试验结果表明压缩空气泡沫系统应用 B 类泡沫灭火剂，完全可以扑灭 A 类、B 类火灾。

压缩空气泡沫系统形成均匀的气泡结构，泡沫更为均匀、致密。该气泡结构理论上可以视为固体射流，能够在几乎没有损失的状态下输送灭火剂通过燃烧区域达到燃烧物表面，通过完全蒸发有效冷却可燃物表面。泡沫接触可燃物表面后，在气泡破裂前不断膨胀和蒸发，并在表面活性剂作用下，易燃材料表面更容易吸收水分，有效吸热降温并减少可燃物蒸气的释放，而且可以有效避免复燃现象的出现。

由于 A 类泡沫灭火剂不会在燃烧液体表面形成覆盖层，灭火过程仅仅依靠气泡结构实现，类似于一种"非水成膜泡沫灭火剂"类型的合成泡沫灭火剂。因此，通常使用 A 类泡沫灭火剂扑救固体类物质火灾。事实上，压缩空气泡沫系统具有良好的兼容性能，理论上无论何种泡沫灭火剂，只要具有产生低倍数泡沫的能力，均可适用于压缩空气泡沫系统。

二、B 类火灾灭火

压缩空气泡沫熄灭 B 类火灾的主要机理是通过水蒸发降低火场温度与液面温度、泡沫覆盖在火焰表面隔离空气。可燃易燃液体包括水溶性液体介质和非水溶性液体介质，不同的燃烧介质采用不同类型的泡沫灭火剂。

1. 灭火剂的影响

压缩空气蛋白泡沫与压缩空气氟蛋白泡沫具有优异的泡沫性能及灭火性能，灭火泡沫参数如表 3-1、表 3-2 所示。蛋白型泡沫灭火剂的发泡基一般是动物蹄角和毛的水解蛋白产物，是一类成分较为复杂的多肽混合物，这类由高分子发泡基形成的泡沫通常都具有较高的泡沫稳定性，主要原因在于其可以显著提高气泡液膜的黏度，而且不同分子量发泡剂的分子体积不同，小分子多肽容易插入到液膜上的两个大分子之间，从而使吸附层更加紧密，进而提高泡沫的稳定性。

表 3-1　不同泡沫产生方式下的泡沫性能对比

名称	泡沫产生方式	混合比/%	发泡倍数	25%析液时间
3%蛋白泡沫	压缩空气泡沫	3	16.4	51′20″
	吸气式泡沫	3	6.8	6′36″
6%氟蛋白泡沫	压缩空气泡沫	6	11.1	45′19″
	吸气式泡沫	6	6.7	6′54″

表 3-2　压缩空气蛋白泡沫灭火试验结果

名称	施加方式	混合比/%	发泡倍数	25%析液时间	灭火时间	25%抗烧时间
3%蛋白泡沫	强施加	3	23.3	59′10″	3′失败	—
3%蛋白泡沫	缓施加	3	16.4	51′20″	4′30″	44′58″
6%氟蛋白泡沫	强施加	6	13.5	41′23″	3′失败	—
6%氟蛋白泡沫	强施加	3	11.1	45′19″	3′58″	22′12″

抗溶型泡沫在施加到水溶性液体表面时，表层泡沫会在水溶性液体的脱水作用下消泡，其中所含有的高分子多糖类组分在液体表面形成胶膜托住泡沫层，避免之后施加的泡沫继续消泡，从而实现灭火。压缩空气泡沫灭火剂的泡沫结构更为均匀，在接触到水溶性液体表面时，形成的高分子胶膜更为均匀、紧密，具有更好的封闭效果，灭火效果更好。

2. 发泡倍数的影响

从抗溶泡沫灭丙酮火的灭火及抗烧时间数据可以看出，在不同发泡倍数条件下，泡沫稳定性及灭火性能的变化情况如表 3-3 所示。

表 3-3　不同发泡倍数条件下的泡沫及灭火性能数据

发泡倍数	25%析液时间/min	灭火时间/min	25%抗烧时间/min
7.4	22.50	1.25	24.50
14.3	22.00	1.22	24.20
18.9	21.37	1.30	22.85
24.3	21.37	1.17	20.62

由表 3-3 可知，发泡倍数由 7.4 倍升至 24.3 倍时，泡沫的 25%析液时间略有下降，灭火时间相差不大，这表明压缩空气泡沫具有优异的泡沫稳定性，在较宽的倍数范围内均能够取得良好的灭火效果。但随着发泡倍数的升高，25%抗烧时间降低了 15%，这是由于随着发泡倍数的提高，泡沫中所含有的气体比例增大，泡沫含水率下降，成膜组分含量降低，导致单位面积丙酮液面上泡沫析液产生的高分子凝胶膜的厚度变薄、强度降低。一是无法有效支撑泡沫层，使上层泡沫不断继续消泡，导致泡沫层不稳定；二是丙酮产生的挥发性气体易通过泡沫层逸出。这两个因素共同作用，导致高发泡倍数泡沫的抗烧效果较差。抗溶泡沫的抗烧性能随着发泡倍数的增大而降低，因此，在使用抗溶型泡沫灭火剂结合压缩空气泡沫灭火系统灭水溶性液体火时，发泡倍数选择在 7~15 倍为宜。

抗溶型泡沫灭火剂在压缩空气泡沫灭火系统对不同水溶性液体燃料火的灭火性能差异，灭火试验数据见表3-4。

表3-4　抗溶泡沫灭丙酮和乙醇火试验数据

燃料	发泡倍数	25%析液时间/min	灭火时间/min	25%抗烧时间/min
丙酮	14.3	22.00	1.22	24.20
	18.9	21.37	1.32	22.85
乙醇	14.0	22.02	1.03	27.08
	19.2	20.47	1.03	24.83

由试验数据可以看出，在选定的2个发泡倍数条件下(14倍和19倍)，丙酮火的灭火时间均长于乙醇火，而25%抗烧时间则低于乙醇火，表明丙酮火比乙醇火更难以扑灭。造成该现象的原因除了二者的燃烧规模差异之外，还与水溶性液体的极性大小以及饱和蒸气压高低有关。施加抗溶泡沫时，极性较大的丙酮对泡沫的破坏力更强，且更易挥发出蒸气并散逸出泡沫层，故灭火难度更大。

丙酮火的燃烧剧烈程度大于乙醇火，灭火难度也高于乙醇火，这与丙酮的极性和饱和蒸气压较高有关。不同类型水溶性液体火的灭火难度差异较大，在选择泡沫灭火剂时应开展针对性的产品性能评估。

3. 气体类型对压缩空气泡沫灭火效果的影响

从压缩空气泡沫系统的工作原理看，空气、氮气、七氟丙烷等气体均可与泡沫混合液混合形成压缩空气泡沫。不同气体所形成的泡沫在破裂后释放出气体以及气体对泡沫的稳定性影响决定着压缩空气泡沫的灭火能力。

在泡沫混合液流量和气液比相同的情况下，压缩空气泡沫和压缩氮气泡沫发泡倍数相近，25%析液时间也基本相同，这说明空气和氮气两种气源发泡性能相差不大。采用相同的3%AFFF泡沫灭火剂，低倍泡沫标准管枪所产生的泡沫发泡倍数为7倍，25%析液时间为2.7min，这说明压缩空气泡沫和压缩氮气泡沫的稳定性明显优于低倍泡沫。

笔者研究团队利用直径1200mm的立式储罐在不同液位、不同燃料及不同开口面积条件下开展了压缩空气泡沫与压缩氮气泡沫的灭火试验，在相同试验条件的情况下，压缩氮气泡沫的灭火时间比压缩空气泡沫分别缩短了5~9s，压缩氮气泡沫与压缩空气泡沫的灭火降温趋势基本一致，但压缩氮气泡沫灭火、降温速度稍快，氮气的窒息灭火作用稍有体现。

图3-3　环氧丙烷储罐灭火试验

在相同的试验条件下，考察了压缩空气泡沫和压缩氮气泡沫对环氧丙烷火灾的灭火性能。采用正压泡沫灭火系统及环氧丙烷专用泡沫灭火剂在直径3600mm储罐上进行了环氧丙烷工程尺度储罐的灭火试验，灭火时间低于3min，泡沫混合液供给强度达14L/(min·m²)，如图3-3所示。

环氧丙烷沸点低，饱和蒸气压大，挥发性强，在泡沫灭火试验过程中，由于石油醚不断挥发、鼓泡、破坏泡沫层，泡沫覆盖难度大，尤其是在贴近盘壁附近容易形成较难扑灭的边缘火。即使在油盘内充满很厚的泡沫，这种边缘火也需很长时间才能被扑灭，但是采用氮气作为气源的压缩氮气泡沫可以在一定限度内提升灭火速度，改善抗烧性能。

在抗烧阶段，压缩氮气泡沫的温升曲线要滞后于压缩空气泡沫，这说明压缩氮气泡沫抗烧性能要优于压缩空气泡沫。对于低沸点易挥发液体火灾，在相同条件下，压缩氮气泡沫的控灭火性能和抗烧性能均优于压缩空气泡沫。

可见，对于环氧丙烷等低沸点易挥发性燃料火灾扑救较困难，且易发生复燃，对于泡沫灭火和抗复燃性能要求较高，普通空气泡沫很难满足需求。压缩氮气泡沫能够更快速有效扑灭低沸点易挥发性燃料火灾，比压缩空气泡沫的控灭火性能和抗烧性能有明显提高。

因此，低沸点易燃液体罐区配置压缩空气泡沫灭火系统时，建议采用压缩氮气作为气源，有氮气源的场所可直接采用已有供氮气设备，无氮气源的场所建议采用高压氮气瓶、制氮机或专用液氮罐等作为供气设备。

4. 泡沫混合液供给强度对灭火的影响

压缩空气泡沫灭火能力比吸气式泡沫能力高，对相同的燃烧面积，压缩空气泡沫的供给强度要低，这是压缩空气泡沫的技术优势。国内外的相关标准规范里也体现出压缩空气泡沫供给强度低的优势。

在气液比相同的条件下，灭火时间和灭火剂用量随泡沫灭火剂体积流量增大而减小，这主要是因为水成膜泡沫灭火剂体积流量的增大会抵消蔓延过程中的泡沫与油面间的剪切力作用，增大了泡沫的流动性及覆盖效果，进而有效提高了泡沫灭火剂的窒息作用而使火焰迅速熄灭。

在喷射压力对泡沫灭火性能的影响方面，随系统压力增加，泡沫灭火剂的灭火时间明显缩短，灭火性能显著增强。系统压力升高可以改善泡沫的发泡性能，并增加泡沫的初始势能，以显著降低灭火时间和灭火剂用量，进而表现出优异的灭火效能。值得注意的是，系统压力的增加虽有利于增强泡沫灭火剂的灭火性能，但过高的系统压力易使泡沫混合液被气流分散成更小部分，导致产生的泡沫更加细小，增大了泡沫在喷射过程中的空气阻力。因此，提高系统工作压力可以增强泡沫的灭火性能，但是当系统工作压力超过某一临界值后，气泡的动量将会因气泡尺度的减小以及空气的阻力而受到限制。

笔者研究团队建立压缩空气泡沫试验装置，考察了气、液压力对发泡性能的影响。从试验结果可知：

（1）供液与供气压力在0.1~0.6MPa之间，不管发泡倍数大小，产生的泡沫都均匀、细腻，泡沫中未夹杂大泡。

（2）在相同的气体压力和液体压力下，压缩空气泡沫发泡倍数随气体流量增加而增大；达到临界值后，发泡倍数几乎不变。

（3）在相同的液体压力和气体流量下，发泡倍数随气体压力增加而增大。

（4）在相同的气体压力和气体流量下，发泡倍数随液体压力增加而减小。

压缩气体在泡沫发生器与泡沫混合液混合时，由于气液混合室的管径比气体管路的管径增加很多，所以气体的压力减小，体积膨胀。在一定的混合室体积下，气体的压力、流速随气体流量的增加而增加，当流度达到临界值后，必然会产生湍流，气液混合不充分，从而影响泡沫性能。

笔者研究团队利用大型空气压缩机、泡沫混合液储罐和自主研发的气液混合装置组建了压缩空气泡沫喷射装置，在直径11m（相当于1000m³储罐）油池进行了压缩空气泡沫灭火试验，以验证压缩空气泡沫的灭火能力，对比吸气式泡沫和压缩空气泡沫的灭火差别，分析泡沫供给强度对灭火的影响。

图3-4　直径11m油池的泡沫灭火试验

试验条件如下：

燃烧油料：1600L柴油与200L汽油（油层厚度约21mm）；

预燃时间：2~3min；

泡沫类型：6%型水成膜泡沫灭火剂（IA级）；

泡沫混合液喷射压力：0.8~0.9MPa；

喷射方式：2只泡沫喷射器（高于油面1.5m），采用强施加（泡沫直接落入油面上）方式。

将泡沫枪与压缩空气泡沫喷射器分别置于油池边缘进行强施加喷射泡沫灭火，灭火试验数据如表3-5所示，灭火试验如图3-4所示。

表3-5　油盘泡沫灭火试验数据

灭火方式	泡沫供给强度/[L/(min·m²)]	流量/(L/min)	灭火时间/s	消耗泡沫量/L
压缩空气泡沫	1.2	118	257	505
压缩空气泡沫	1.7	161	169	454
压缩空气泡沫	2.4	228	125	475
压缩空气泡沫	5.0	474	61	482
压缩空气泡沫	6.2	592	36	355
PQ4泡沫枪	2.5	240	失败	连续喷射5min，毫无控火趋势
PQ8泡沫枪	4.1	390	128	832

从试验数据看，在泡沫混合液流量228L/min时，泡沫供给强度是2.4L/(min·m²)，吸气式泡沫枪无法控火，无法在油面形成稳定的泡沫层；而压缩空气泡沫灭火装置可完成灭火，可在着火液面形成持久的泡沫层。可见，压缩空气泡沫可在较小的供给强度下完成灭火，对于大型油罐灭火，泡沫混合液的供给强度较吸气式泡沫低，换言之，在相同的泡沫混合液供给强度下，压缩空气泡沫灭火更快，泡沫消耗量更低。

将泡沫混合液流量提高至474L/min后，吸气式泡沫系统的供给强度满足GB 50151—2021《泡沫灭火系统技术标准》的最低要求，在95s内完成灭火，与压缩空气泡沫灭火装置相比，吸气式泡沫系统的灭火时间和泡沫混合液消耗量均是压缩空气泡沫灭火装置的1.56倍，该结果也证明了压缩空气泡沫的灭火能力优于吸气式泡沫。

从上述压缩空气泡沫灭火结果看，油罐灭火时，从低供给强度到高供给强度，泡沫混合液供给强度存在两个拐点，在泡沫流量偏低时，泡沫在穿越火焰过程即挥发，无法落至液面，液面上将永远无法形成泡沫层；在泡沫混合液流量较高时，落至液面上的泡沫量会增加，液面燃烧时间会缩短，燃烧面积也将减少，这会降低火焰的热辐射强度，从而降低了泡沫在火焰中的损失量，泡沫总消耗量较低；在泡沫供给强度适中范围内，随着该区域的泡沫供给强度提高，灭火时间会缩短，但是泡沫消耗量基本保持不变。可见，储罐灭火应尽量采用高泡沫供给强度，可有效缩短灭火时间。

从泡沫灭火原理看，由于泡沫层主要成分是水，温度超过100℃后即蒸发，所以泡沫落至着火液面后将持续蒸发，蒸发过程即油面降温过程。随着持续补充泡沫，液面温度逐渐降低。只有当液面温度降低至100℃以下，泡沫层将停止蒸发，气泡破裂速度减慢，泡沫层在液面上形成，油面油气挥发停止，完成灭火。可见，所喷出的泡沫多数都用于油面降温，泡沫量越大，降温速度越快，泡沫消耗量越低。假如继续提高泡沫混合液流量，压缩空气泡沫灭火系统可大大降低灭火时间。

为进一步验证压缩空气泡沫的灭火能力，笔者研究团队又扩大试验规模，在直径21m油池（相当于5000m³油罐）上开展压缩空气泡沫的灭火试验，如图3-5所示，进一步验证压缩空气泡沫的灭火能力。

图3-5 直径21m油池的压缩空气泡沫灭火试验

试验条件如下：

油池：直径21m，油池面积347m²；

油料：12m³柴油+1m³汽油（油层厚度约38mm）；

预燃时间：3min；

泡沫类型：3%水成膜泡沫灭火剂（IA级）；

泡沫喷射方式：强施加。

在第一次灭火试验时，泡沫混合液流量21L/s，泡沫混合液供给强度约3.6L/(min·m²)，喷射压力0.82~1.0MPa，喷射109s后，油面毫无控火迹象，燃烧油面未形成泡沫层，确认灭火失败，终止灭火试验。

在第二次灭火试验时，泡沫混合液流量提高至33L/s，泡沫混合液供给强度约5.7L/(min·m²)，喷射压力0.75~0.82MPa，喷射75s后完成灭火，共消耗泡沫混合液约3300L。

从直径11m油池灭火试验结果看，随着泡沫混合液供给强度提高，灭火所需泡沫混合液量逐渐降低，灭火时间逐渐减小。在1.2L/(min·m²)和5.0L/(min·m²)之间的低供给强度范围内，该油池灭火所需泡沫混合液数量基本相同，差别很小，约450~500L，而供给强度提高至6.2L/(min·m²)后，泡沫混合液消耗量降低了约30%。从直径11m和直径21m油池的灭火情况看，直径11m油池的最低泡沫供给强度约1.2L/(min·m²)，直径21m油池的最低泡沫供给强度介于3.6L/(min·m²)和5.7L/(min·m²)之间。可见，随着油池直径增大，最低泡沫供给强度增大。对于更大直径的储罐灭火所需最低供给强度需要通过更多试验和模拟计算进行确定。

5. 泡沫喷射方式对油罐灭火的影响

笔者研究团队在模拟油池1(直径11m，模拟1000m³储罐)、模拟油池2(直径21m，模拟5000m³储罐)上，注入150~200mm的水垫底，用水替代油测定泡沫在液面上的流动性。将泡沫喷射管放置在油池的不同位置，测试泡沫喷射方式、泡沫落点等因素对泡沫流淌性的影响。采用不同的泡沫流量进行了大流量压缩空气泡沫喷射试验。

通过测定泡沫合拢时间、池内液面泡沫层高度，考察泡沫流动状态，研究泡沫喷射参数对泡沫性能的影响。在压缩空气泡沫的喷射压力为1.0~1.25MPa，泡沫喷射管水平放置情况下，调节空气进入量使发泡倍数在5~7之间进行泡沫喷射试验。

(1) 泡沫喷射方式对泡沫在液面上流动性的影响

在泡沫混合液流量为28L/s时，泡沫喷射管管径分别取 $DN80$、$DN100$、$DN125$ 和 $2\times DN80$，泡沫喷射的最远距离分别为17m、13m、9m和12m，因此在泡沫流动性试验时，泡沫喷射管管径选择 $DN100$ 和 $2\times DN80$ 两种出口。

在油池1上，将泡沫喷射管放置在正对储罐圆心(即垂直罐壁)方向和对着四分之一直径(即与罐壁成60°切角)方向，观察泡沫合拢时间，比较泡沫的流动性能，如图3-6、图3-7所示。

图3-6　垂直罐壁的喷射试验　　　　图3-7　与罐壁成60°切角的喷射

当泡沫出口垂直罐壁喷射时，在整个喷射过程中，泡沫喷射管面对储罐罐壁，泡沫撞击罐壁，顺落点向两侧缓缓流淌，泡沫合拢时间为25s。落点处泡沫四处飞溅，不断撞击液面。在实际灭火战斗中，上下翻腾的泡沫搅动油层可使泡沫带油，将不利于储罐灭火。

泡沫喷射管对着罐壁切向喷射时，泡沫顺着罐壁切线方向快速流动，泡沫动能损失小。与罐壁成60°切角的喷射，泡沫在19s内即可布满罐内液面，比垂直喷射的合拢时间减小25%。

在油池2上，增大泡沫流量进行泡沫喷射试验。试验采用 $DN150$ 泡沫喷射管、泡沫流量为69.5L/s。在此试验条件下，与罐壁成60°切角的喷射，泡沫在17s内即可完全合拢，而垂直喷射的泡沫合拢时间为26s，合拢时间减小35%以上。

从上述两种喷射方式可看出，泡沫切向喷射比垂直喷射更有优势，泡沫合拢时间短，泡沫不易带油、效果好。这是因为，对于垂直罐壁的喷射，由于泡沫正面撞击罐壁，泡沫的动能被罐壁吸收，使得泡沫的动能减小。

(2) 泡沫喷射方式对油池灭火性能的影响

笔者研究团队在面积为4.52m²的燃烧圆盘上，采用不同的发泡倍数和灭火方式进行了压缩空气泡沫灭火试验，考察了影响灭火性能的因素，试验结果见表 3-6，泡沫流动如图 3-8 和图 3-9 所示。

表 3-6　影响灭火剂灭火性能的因素

序号	1	2	3	4	5	6
泡沫流量/（L/min）	45	90	90	90	90	90
发泡倍数	5.7	5.7	4.6	7.5	7.5	7.5
泡沫流速/（m/s）	1.2	2.4	2.4	2.4	1.9	1.9
泡沫流与挡板的切角	90°	90°	90°	90°	90°	60°
控火时间/s	25	26	25	25	18	16
灭火时间/s	65	43	89	46	32	29

图 3-8　泡沫射流垂直于挡板

图 3-9　泡沫射流与挡板切向相交

比较试验 1、试验 2 可得出：泡沫流量越大，灭火速度越快。比较试验 2~试验 4 可得出：灭火剂的发泡倍数对灭火性能影响较大，发泡倍数越小，控火灭火时间越长，灭火性能越差；发泡倍数一般不能小于 5。

比较试验 4、试验 5 可得出：在相同的泡沫流量下，泡沫喷射速度，即泡沫流速影响灭火性能，流速降低 20%，而灭火速度可提高 44%，这是因为泡沫喷射速度越低，泡沫撞击油面的力度越小，所以泡沫喷射速度不能太大。

比较试验 5、试验 6 可得出：泡沫喷射方式影响灭火性能，泡沫射流与罐壁要有一定的角度，与垂直于挡板的泡沫喷射方式相比，灭火时间减小 14% 以上。这是因为，只要泡沫流与罐壁切向喷射时，泡沫流撞击罐壁就会产生切向力，使泡沫沿罐壁快速流动，加快泡沫合拢时间，使不断产生的新鲜泡沫能够迅速冷却罐壁，提高了泡沫的灭火速度。

（3）泡沫落点对泡沫流动性的影响

在 21m 直径的油池上进行喷射试验，通过改变泡沫喷射管的大小和泡沫灭火剂储罐的推动压力，改变泡沫的喷射距离。在一定范围内，管径越大，喷射距离越短，对泡沫性能的影响越小。但如果泡沫喷射管管径过小，泡沫性能则会变差，直至不能形成泡沫。这是因为在相同的流量下，泡沫喷射管直径越小，泡沫流速越大，泡沫间的冲击力也相应增大，泡沫之间相互摩擦也越来越大，从而使越来越多的泡沫破裂，泡沫性能变差。

逐渐降低泡沫混合液的喷射压力，使泡沫喷射距离逐渐缩短。试验采用 DN150 泡沫喷射管，泡沫喷射管离油池液面 0.5m。在此试验条件下，泡沫混合液平均流量为 69.5L/s。

随着压力降低，泡沫撞击液面的激烈程度逐渐降低。在 10～17m 范围内，即泡沫落点在 0.5～0.75 倍储罐直径范围内，泡沫撞击剧烈程度较低，处于可接受范围内。这与威廉姆斯公司的"足迹"理论相吻合。

增大泡沫流量，或加高泡沫喷射管，仍得到相同的结论。在泡沫灭火剂储罐上，并联 3 个 DN65 泡沫灭火剂出口，分别连接 20m DN100 的消防水带，消防水带另一端连接 DN100 的泡沫喷射管，泡沫喷射至油池中，泡沫喷射管离液面 1.2m。在此试验条件下，泡沫平均流量为 91.3L/s。

从改变泡沫喷射距离试验看，泡沫落在池面上 10～17m，即 0.5～0.75 倍储罐直径范围内，泡沫喷射状态最好，不易带油，且扩散速度快。

增大泡沫流量并减小泡沫喷射速度继续进行泡沫喷射试验，采用 DN200 消防水带组合，进行泡沫切向喷射试验，使用 250mm×200mm 的泡沫喷射管，泡沫喷射管在 1/4 直径处（即与罐壁约成 60°角），其最前端离模拟储罐的池边约 1m。本次喷射试验的平均泡沫流量为 183.5L/s，最大喷射距离远大于 21m（喷射初期，泡沫在罐壁剧烈翻腾，"浪花"四溅）。

试验再次证明：泡沫喷射距离在 10～17m 范围内，泡沫喷射效果最佳，泡沫撞击力度适中，泡沫扩散速度快。

从上述试验可得出如下结论：泡沫最佳水平喷射距离为 0.5～0.75 倍储罐直径。泡沫落点应集中在 0.5～0.75 倍储罐直径范围内，泡沫撞击液面的力度适中，泡沫翻腾幅度小，如图 3-10 所示的阴影区域。

从图 3-10 还可以看出，在泡沫落点 C 的切向力要比落点 A 的切向力大，泡沫沿罐壁流动的速度更大，泡沫合拢时间更快。所以，在泡沫能够落在储罐中的前提下，泡沫喷射管的方向与罐壁的切角越小越好。

可见，泡沫喷射管与罐壁切向喷射比垂直罐壁喷射更有优势，泡沫不易带油，扩散速度快；并且在泡沫能够落在储罐中的前提下，泡沫射流与罐壁的切角越小越好。与罐壁成 60°切角比垂

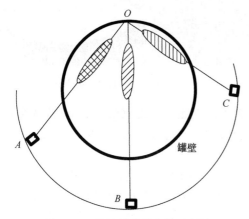

图 3-10　泡沫最佳落点的示意图

注：A、B、C 为泡沫喷射管放置的位置，O 为泡沫喷射管对准罐壁的位置，阴影区为泡沫落点范围

直罐壁喷射，泡沫合拢时间缩短 25%～35%，灭火时间缩短 14% 以上。泡沫最佳落点集中在 0.5～0.75 倍储罐直径范围内，泡沫撞击液面的力度适中，泡沫翻腾幅度小，泡沫合拢速度快。泡沫的流速、发泡倍数与喷射方式直接影响泡沫的灭火性能，泡沫流速不能过快，发泡倍数不能小于 5，呈切线方向喷射泡沫灭火效果更好。

另外，笔者研究团队还采用液氮泡沫在直径 26m 油池上开展了两次实体火灭火试验，采用高喷消防车俯冲喷射方式，两次试验的区别在于第一次试验将泡沫大角度喷至液面（喷射口与液面夹角约 50°～60°），第二次试验将泡沫斜向喷射至液面（喷射口与液面夹角约 25°～30°）。第三次试验采用吸气式泡沫消防车进行喷射灭火对比，试验结果如表 3-7 所示。

表 3-7 泡沫灭火结果对比（直径 26m 油池）

泡沫混合液流量/（L/s）	泡沫混合液供给强度/[L/（min·m²）]	泡沫类型	灭火时间/s	泡沫消耗量/L
76	8.6	正压泡沫	81	6156
76	8.6	正压泡沫	61	4636
51	5.7	吸气式泡沫	215	10750

从试验结果看，泡沫喷射口以大角度向液面喷射时，泡沫射流与燃烧液面剧烈碰撞，泡沫射流直冲入油层内，泡沫射流动能损耗大，泡沫射流在水平方面的动能矢量较小，泡沫层在液面流动性差，覆盖液面时间长；当泡沫喷射口以小角度向液面喷射时，泡沫射流切向冲击液面，泡沫在水平方向上的动能矢量大，泡沫层沿液面快速向前方扩散，泡沫覆盖液面时间短，因此，灭火时间相对较小，可见，相同泡沫流量下，增大泡沫射流的动能可明显提升灭火能力，缩短灭火时间。

三、油槽火灭火性能

为了研究压缩空气泡沫层在油面上的流动状态，笔者研究团队进行了泡沫流动性测试。所采用的压缩空气泡沫灭火试验装置由泡沫混合液储罐、缓冲罐、空压机、气液混合器及泡沫管线等组成，采用 3% 的水成膜泡沫灭火剂进行泡沫喷射。

在地面油槽（长度 12m，宽度 1m，深度 300mm，油池壁厚 50mm，水泥材质）内注入适量水垫层和 360L 汽油。将泡沫喷射管口置于油槽一端，管口喷射方向指向油槽壁内壁底部，保证所喷出的泡沫全部落入油面上。

因喷射口置于油槽内，按 GB 50151—2021《泡沫灭火系统技术标准》，固定式低倍数泡沫灭火系统水成膜泡沫供给强度为 5.0L/（min·m²）（即 60L/min）。调整试验装置得到泡沫混合液流量分别为 38.4L/min 和 49.3L/min，其泡沫供给强度分别是 3.2L/（min·m²）和 4.1L/（min·m²），分别进行冷态喷射和泡沫灭火试验，在灭火试验时，点燃汽油预燃 60s 后启动泡沫灭火装置向油槽内注入泡沫，直到灭火为止，如表 3-8 所示。

表 3-8 泡沫层在油池液面上的流动数据

泡沫流动距离/m		5	6	7	8	9	10	11	12	平均流速/（m/s）	泡沫供给强度/[L/（min·m²）]
流量 38.4L/min	冷喷/s	33	49	68	83	104	126	168	未流到	0.065	3.2
	着火/s	—	62	—	78	134	170	308	未灭火	0.036	
流量 49.3L/min	冷喷/s	20	28	41	48	59	80	109	130	0.092	4.1
	着火/s	21	32	40	52	78	126	182	230	0.052	

从冷态喷射结果看，在泡沫混合液流量为 38.4L/min 时，泡沫层在液面上的流动速度是 0.065m/s，即使延长喷射时间，泡沫层也无法完全覆盖整个油槽，这说明在该流量条件下，泡沫层流动 11m 后，新喷出泡沫的动力与泡沫层在液面上流动的阻力达到平衡，新泡沫无法推动最前端的泡沫层前进，如图 3-11 所示。

将流量增大至 49.3L/min 后，泡沫层在液面上的平均流动速度是 0.092m/s，可完全覆盖整个油槽，新泡沫可持续推动泡沫层前进，这说明泡沫流量增大后，喷出的泡沫惯性增大，其泡沫层的推动力增大，可延长泡沫层的流动距离。

图 3-11 油槽泡沫灭火

从燃烧状态看，在流量为 38.4L/min 时，泡沫层的流动速度是 0.036m/s，其为冷喷时流动速度的 55%；在流量为 49.3L/min 时，泡沫层的流动速度是 0.052m/s，其为冷喷时流动速度的 57%。结果表明：在相同喷射压力下，适当提高泡沫流量可有效提高泡沫层在液面上的流动距离；流量增大 28% 后，在冷态喷射情况下，泡沫层在液面上的流动速度增大了 64%，灭火时间缩短了 40%。

可见，对扑救大型储罐全面积火灾，增大流量是加快泡沫层覆盖油面的关键之一，也是增大泡沫层覆盖距离的重要手段；在燃烧状态下，泡沫层在液面上的流动速度增大了 44%。而在相同流量下，着火状态下的泡沫流动速度为冷态喷射状态下流动速度的 55%～56%，着火状态下泡沫消耗量是冷态喷射状态下泡沫消耗量的 1.77～1.83 倍，可见，燃烧可损耗所喷出泡沫灭火剂量的 50%。

四、流淌火灭火性能

笔者研究团队建立了流淌火燃烧试验模拟装置，采用不同类型的灭火器和压缩空气泡沫灭火装置开展了在不同泄油速率下的燃烧和灭火试验，研究了流淌火燃烧火焰扩散速率、火焰温度和灭火方式。

从流淌形态上，流淌火可分为限制边界的油槽流淌火和非限制边界的地面流淌火，一般认为，油槽中流淌火火焰形态较为稳定，而地面流淌火因火焰震荡现象，导致火势形态不一。

1. 试验设计

（1）油槽流淌火试验

调节压缩空气泡沫灭火装置泡沫发生器的液体喷嘴尺寸，使装置的泡沫灭火剂流量为 15L/min，吸气式泡沫灭火装置泡沫灭火剂流量设定为 15L/min。

油槽流淌火灭火试验装置：12m×1m×0.3m 的油槽，水泥混凝土材质，槽内预加入 2～3cm 的水。

灭火试验步骤：车用汽油通过油料计量泵从埋地管线中注入油槽中，汽油供给速率通过计量泵和控制系统调节，预设汽油燃烧释放泄漏时间为 60s。当火焰从油槽的喷射口流淌到 12m 和 6m 时，开始用不同灭火装置从火焰前锋逆向灭火，直至全部熄灭。灭火过程中记录汽油泄漏速率、火焰扩散速率、火焰燃烧温度、控火时间、灭火时间等参数。

（2）地面流淌火试验

在 10m×10m 平整水泥地面上，标定有 1m×1m 的方格线，采用油品定容装置，以 30L/min 的速率释放出一定体积的车用汽油，用点火器点燃，观察火焰燃烧状态。采用不同灭火装置进行灭火性能对比试验，记录泄漏的汽油用量、汽油流淌燃烧面积、泡沫灭火面积、控火时间和灭火时间等参数。

2. 结果分析

（1）不同泡沫产生方式对灭油槽流淌火的影响

试验结果见表 3-9。压缩空气泡沫灭火装置的控火时间为 87s，灭火时间为 138s，是吸气式泡沫灭火装置控火和灭火时间的 72% 和 58%。并且灭火后油面状态也不同，压缩空气泡沫灭火装置灭火后，油面布满厚实泡沫层；而吸气式泡沫灭火装置灭火后，油面只剩稀薄泡沫。因此，压缩空气泡沫灭火装置不仅控火时间短、灭火速度快，且灭火后泡沫覆盖性能强，不易复燃。

表 3-9   不同灭火装置熄灭油槽流淌火

项 目	压缩空气泡沫灭火装置	吸气式泡沫灭火装置
汽油泄漏时间/s	180	180
火焰流淌速率/(m/s)	0.136	0.137
控火时间/s	87	120
灭火试验/s	138	240

（2）泄漏速率对流淌火灭火的影响

采用压缩空气泡沫灭火装置调节气液比，发泡倍数为 8.0。泡沫灭火剂流量为 15L/min，工作压力为 0.35MPa。当点燃的车用汽油分别以 30L/min、40L/min、50L/min、60L/min 和 70L/min 的泄漏速率在油槽中流淌，预设汽油燃烧释放泄漏时间为 60s。当流淌到着火距离为 6m 时，开始灭火。试验结果见图 3-12。

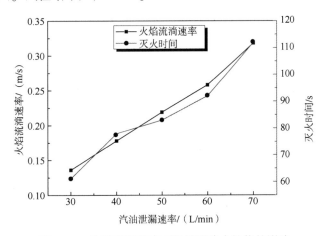

图 3-12   汽油泄漏速率对油槽流淌火性能的影响

从图 3-12 看出：汽油泄漏速率与火焰流淌速率呈直线关系，从而求得线性方程：

$$y = 0.266x - 0.012$$

由此可知：当汽油以某一定量的泄漏速率流淌时，可计算出火焰流淌的速率。

当汽油泄漏速率增大时，火焰扩散速率加快，灭火时间加长。油槽流淌火的火焰燃烧温度范围为 850~920℃，最高火焰温度达 920℃，火焰燃烧形态相对稳定、集中，稳定燃烧火焰高度在 3~4m 之间。

（3）地面流淌火的燃烧特性

由于地面流淌火燃烧面积大而油层较薄，易造成大面积、无规则流淌，燃烧火焰温度不均匀，也易集聚在低洼处燃烧，影响流淌火灭火时间的判定。为了使试验的重复性好，数据准确，需要首先确定流淌火的预燃时间。燃料被点燃后，随着燃烧时间的延长，其燃烧温度升高，火势逐渐增大；当燃烧至某时间段后，火势和燃烧温度不再增大，这一时刻被确定为地面流淌火灭火试验的预燃时间。

采用汽油自由流淌模式和定容装置，将5L和20L的定量汽油，以30L/min的泄漏速率释放。测定达到最大火焰燃烧形态和最高温度时的时间，取平均值为流淌火预燃时间。试验结果见表3-10和表3-11。

表3-10　5L汽油自由燃烧试验

汽油流淌面积/m²	6	5	5	5	5	6
泡沫灭火面积/m²	7	6	6	6	6	6.5
火焰燃烧时间/s	68	59	70	80	128	122
最高平均温度/℃	1140	1240	1200	1200	1150	1100
达到最高温度时间/s	12	11	10	10	9	9

表3-11　20L汽油自由燃烧试验

汽油流淌面积/m²	15	12	11	10	12	13
泡沫灭火面积/m²	17	16	14	17	18	18
火焰燃烧时间/s	138	120	132	142	125	145
最高平均温度/℃	1250	1300	1320	1200	1230	1200
到达最高温度时间/s	11	12	10	9	10	9

分析结果发现，5L和20L汽油自由燃烧达到最高温度时，所用时间基本相同，到达最高温度时间范围同样是9~12s，流淌火最高温度可达到1100~1320℃。

五、压缩空气泡沫在大尺度油面上的流动性能

LASTFIRE组织在欧洲开展了大尺度泡沫层在燃烧液面上的流动测试试验。由ACAF公司提供压缩空气泡沫灭火装置，采用3%无PFAS泡沫和3%水成膜泡沫，泡沫层在300m²的油池（宽6m、长50m）内流动，油池内注入汽油作为燃料，油层厚度为100mm。采用缓施加方式的喷射泡沫，对比吸气式泡沫与压缩空气泡沫的流动灭火性能。

吸气式泡沫的流量是1250L/min，供给强度是4L/(min·m²)，压缩空气泡沫的流量是757L/min，供给强度是2.3L/(min·m²)。试验数据如表3-12所示。

表3-12　吸气式泡沫与压缩空气泡沫的测试数据

泡沫类型	喷射方式	泡沫层达到45m处的时间/s	基本灭火时间/s	完全灭火时间/s
水成膜泡沫	吸气式发泡	336	444	756
水成膜泡沫	压缩空气泡沫	165	225	365
无PFAS泡沫	吸气式发泡	319	407	未完成灭火
无PFAS泡沫	压缩空气泡沫	210	281	380

注：基本灭火时间是指液面除了边缘处少量残火存在外，其他液面完成灭火。

从试验结果看，采用相同的泡沫液，与吸气式泡沫相比，压缩空气泡沫的泡沫层动能高，流动速度快，灭火能力强，再次验证了压缩空气泡沫扑救油料火灾的优势。

第四节 压缩空气泡沫的热防护性能

在理想状态下，压缩空气泡沫覆盖层表现出各向均匀的特性。在热作用下，泡沫层内温度变化形成稳态温度分布，覆盖层发生消融现象，即泡沫层内液体蒸发、气泡破损、释放气体，层厚不断减小。而随着泡沫层厚不断减小，温度场不断向内平移。依据能量守恒定律，泡沫覆盖层受热传导、热对流、热辐射的作用，不断蒸发，最终动态能量平衡，并形成稳态的温度分布。

压缩空气泡沫较吸气式泡沫的突出特点之一是泡沫稳定性强，具有良好的隔热效果。在灭油池火过程中，火焰向灭火泡沫传输大量的热量，导致泡沫的温度升高，并对泡沫的稳定性和流变性产生影响。

温度高不利于泡沫稳定的原因：一是大气泡破碎成小气泡，小气泡在泡沫中会缓慢扩散上升；二是气泡的饱和压力升高，导致相变速率升高；三是液膜黏度随着温度升高而下降，导致液膜变薄，析液速率增快。另外，环境温度升高还会导致泡沫的气液界面张力减小。

笔者研究团队采用压缩空气发泡方法制备不同发泡倍数的压缩空气泡沫，研究发泡倍数对泡沫稳定性的影响，其中发泡倍数在4~30范围变化。由于发泡倍数大于8的泡沫的密度较低且流动性较差，采用广口容器(容积10L、口径200mm)测量泡沫的发泡倍数，并采用广口析液量筒(容积15L、直径200mm)测量泡沫25%和50%析液时间，测试结果如图3-13所示。

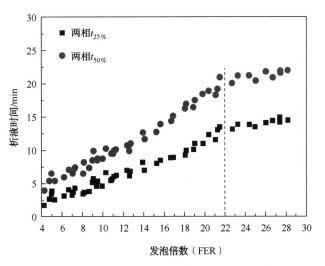

图3-13 发泡倍数对泡沫析液时间的影响

对于压缩空气泡沫，发泡倍数越大，泡沫中液相含率越低，柏拉图通道越细，液膜越薄。随着发泡倍数不断增大，泡沫层的稳定时间首先快速增长，后缓慢增长，且变化速率接近于线性，转折点发生在发泡倍数为22的位置。

当泡沫的发泡倍数较低时，柏拉图通道直径和液膜厚度相对较大，析液较快，随着液相含率变化较快；而当发泡倍数较高时，柏拉图通道已经较细，液膜已经较薄，此时气液界面张力起主导作用，而界面张力有助于维持液相结构稳定，减缓析液，故泡沫稳定时间随液相含率变化较慢。

随着环境温度不断升高，压缩空气泡沫发泡性不断增大，而稳定时间即泡沫寿命却逐步缩短。温度升高导致泡沫的液相黏度和气液界面张力降低，有助于发泡，但加速了析液和歧化过程等泡沫不稳定过程，从而不利于泡沫稳定。

就泡沫稳定性随温升的下降速度而言，压缩空气泡沫稳定性随温升的下降速率变化不大。另外，辐射热对泡沫层不断输入能量，造成泡沫层温度逐步升高。温度升高使得泡沫层内气体受热膨胀，且层内液相蒸发产生水蒸气，也造成泡沫层体积膨胀。

随着加热持续进行，泡沫层内液相不断析出和蒸发，液膜变薄，膨胀后的气泡不断发生破碎；在加热后期，析液和蒸发导致泡沫层内液相大幅度减少，泡沫层厚度迅速降低，即泡沫层发生塌陷，泡沫层最终被加热蒸干。在整个加热过程中，泡沫层状态的演变呈现出三个不同阶段：膨胀阶段、平衡阶段和塌陷阶段。

膨胀阶段是加热的初始阶段，泡沫中气体受热膨胀和液相蒸发产生水蒸气，共同作用导致气泡体积增大，泡沫层体积膨胀，层厚逐步增大。在泡沫层接收辐射热过程中，热辐射垂直投射到泡沫层的上表面，然后向下传输。由于泡沫层内的吸热效应，温度和热流从上到下逐步降低。泡沫层内温升曲线大致呈现 S 形，尤其是泡沫层中间深度区域。加热开始后，泡沫上层的温度快速升高；达到 80℃ 后，温升速率明显降低；之后，温度变化平缓，保持相对稳定。在泡沫层内较深位置，热流传递到该位置之前，温升速率较慢；随着加热进行，热流达到该位置后，温升较快。泡沫层析液导致下层的液相含率大于上层，而气相的热扩散率远大于液相，从而泡沫上层的热扩散率大于下层，故随着层内深度增大，局部位置的最大升温速率逐步降低。

在泡沫层接收辐射热的膨胀阶段（即初始阶段），泡沫上层的温升速率先快后慢，温度最大值仍低于液相的沸点。在膨胀阶段的前期（加热开始时），泡沫层内液相蒸发缓慢，泡沫层膨胀主要是由层内气体受热膨胀导致的；在膨胀阶段的后期，上层温度超过了 80℃，液相蒸发速率增大，水蒸气对泡沫层膨胀的贡献增大。由于泡沫层内液相显热和汽化相变焓所导致的吸热效应，热流密度越往泡沫层深处越低，温度梯度的上升速率和最大值、升温速率等都随着层深增加而降低。在泡沫层内某一位置，热流到达后，首先是温度梯度升高，然后是温度升高，之后是液相蒸发和体积膨胀。

在平衡阶段，平衡性至少体现在两个方面：泡沫层厚度逐步达到最大值，并在附近位置维持平衡；液相蒸发产生的水蒸气不断扩散溢出，即泡沫层内压力维持平衡。由于热力学性能的不稳定性，泡沫层中气泡膨胀后发生破裂，内部的气体（主要是水蒸气）不断释放出来；释放的气体穿透上层泡沫溢出，造成泡沫上层发生翻滚。在这个阶段，泡沫层上层温度接近沸点并维持平衡，泡沫层吸收的热量全部用于液相蒸发。泡沫层膨胀后的厚度最大值接近初始泡沫层厚度的两倍。泡沫上层温度维持平衡是泡沫层在平衡阶段的第三个重要表现特征，前两个分别是泡沫层厚度维持在最大值附近和泡沫层内气体压力维持平衡。在平衡阶段，泡沫上层温度较高、蒸发相变明显、蒸汽溢出导致上层发生翻滚。由于泡沫层的隔热性，泡沫下层的温度梯度相继达到最大值，温度从室温逐步升高，液相蒸发速率也逐步增大。

在塌陷阶段，泡沫下层温度也逐步上升到汽化温度附近，泡沫层整体处于较高温度。液相蒸发和析液过程导致层内液相不断减少，气泡破碎，内部气体溢出，泡沫层厚度迅速降低。泡沫层的塌陷速度大于初始阶段的膨胀速度，塌陷阶段主要是由于泡沫的含液率大幅减少，不足以维持泡沫层的结构而造成的。总体上在此阶段，泡沫层的隔热性能随着加热持续进行而不断降低，最后消失。

随着发泡倍数增大，相同厚度泡沫层的隔热性能和寿命都下降，原因主要有三个：一是气相的热扩散系数远大于液相，故发泡倍数越大，泡沫层的表观热扩散系数越大，从而传热越快，隔热性越差；二是泡沫中液相结构对热辐射的吸收和散射作用远大于气相，发泡倍数越大，液相含率越低，泡沫层吸收和散射热辐射的能力越低，即泡沫层辐射热阻越低；三是液相有蒸发吸热的作用，发泡倍数越大，泡沫层中用于蒸发吸热的液相越少，泡沫层的吸热能力越低。当发泡倍数小于 12 时，泡沫层含液率较高，发泡倍数对泡沫层隔热性的影响较小。

在压缩空气泡沫扑救油火和防护工程应用中，需要综合考虑泡沫的发泡性、稳定性、流动性和隔热性。结合发泡倍数对泡沫稳定性影响的试验结果可认为，对于气液两相泡沫，适用发泡倍数为 6~10。

泡沫覆盖厚度越大，隔热防护效果越好。在实际火场中，覆盖于未燃物表面的压缩空气泡沫会受到火焰、热空气的热辐射和热对流的双重作用。在同一发泡倍数下，热强度增大，泡沫层内温度分布基本不变，因泡沫的析液时间受温度影响明显，泡沫消融速率会增大；在同一热强度下，发泡倍数越大，沿泡沫层厚度方向上的温度梯度越小，表明发泡倍数越高的泡沫降温作用越差。

在泡沫覆盖层的保护下，垂直物体表面温升得以延缓，初始泡沫层厚度越大，温升越慢，对应的泡沫隔热防护性能越好。但发泡倍数过低，泡沫因黏附性较差无法形成覆盖层，无法达到隔热保护效果。

在较高热辐射强度下，泡沫层消失后，物体垂直表面温度迅速升高。对比分析热强度、泡沫层厚度和混合比对物体垂直表面温升的影响，存在类似的温度变化过程。在较低热强度下，随着混合比的增加，泡沫厚度增大，压缩空气泡沫对垂直固体表面的隔热防护时间延长。在火场中，用压缩空气泡沫的隔热防护性能保护未燃物时，应有一个失效温度。混合比越大、泡沫层厚度越大、辐射热强度越小，物体表面温升速率越慢，泡沫的隔热防护性能越好。

辐射热强度增大，对泡沫层内的温度分布影响不大，但消融速率会相应增加，温度分布向泡沫内层平移的速率增大。发泡倍数增大，沿泡沫层厚度方向上的温度梯度减小，泡沫降温作用越差。泡沫层厚度越大、辐射热强度越小、发泡倍数越小，物质表面的温升越慢，对应的泡沫隔热防护性能越好。混合比越大、泡沫层厚度越大、辐射热强度越小，物体表面温升速率越慢，泡沫的隔热防护性能越好。

压缩空气泡沫具有隔热防护作用，主要是因为泡沫中含有的大量空气是热的不良导体，在升温初期，对样品板具有一定的隔热作用。随着时间延长，温度进一步升高，泡沫逐渐破裂直至消失。之后，起冷却作用的则由泡沫变为水，水对样品板的温升滞后同样也具有一定作用。泡沫覆盖厚度越大，隔热防护效果越好。而这一点在相对较低的热辐射强度条件下体现得更为明显。

从压缩空气泡沫的实际使用状况来看，要求压缩空气泡沫具有一定的泡沫滞留时间，即压缩空气泡沫需要在被保护建筑物上滞留一段时间之后，仍需保持一定的隔热防护能力，这样才有实际应用价值。

因此，用于隔热防护的压缩空气泡沫的发泡倍数应大于或等于 30 倍，而且发泡倍数越高，泡沫越"轻"，越容易附着在被保护建筑物的表面，在质量相同的情况下，可以提高泡沫覆盖的厚度及泡沫的隔热防护能力。但是越"轻"的泡沫，越容易受风力等外界条件影响，易被吹走。

在实际火场应用过程中，泡沫厚度受制于实际火场工况条件，不能无限增大。因此，综合考虑被保护对象的泡沫附着能力、火焰蔓延速度、消防用水的供应能力、压缩空气泡沫的性能及储备量等实际火场条件，来确定适宜的泡沫覆盖厚度。

第五节 压缩空气泡沫的抑蒸性能

蒸发是液体温度低于沸点时发生在液体表面的汽化过程。蒸发在任何温度下都能发生，影响蒸发速度的因素有温度、湿度、液体的表面积、液体表面的空气流动速度等，一般温度越高、湿度越小、风速越大、气压越低，则蒸发量就越大；反之，蒸发量就越小。泡沫覆盖相当于在油面上铺上一层"毯子"，这个"毯子"材质不同、质量不同，其抑蒸效果必然不同。

压缩空气泡沫的高稳定性是其突出特点之一，泡沫层稳定时间长，采用压缩空气泡沫覆盖未燃烧的燃料表面，以抑制液面油气挥发，避免液面形成油气空间；还可覆盖毒性大的易挥发液体保护，可避免应急人员在事故现场中毒，为应急处置提供安全的作业环境。

笔者研究团队采用压缩空气泡沫和吸气式泡沫对比分析了 4 种常用泡沫灭火剂对正戊烷等 5 种非水溶性有机液体和异丙醇等 4 种水溶性有机液体的抑蒸性能。

以正戊烷、正己烷、正庚烷、92#车用汽油、橡胶工业溶剂油五种沸点低、易挥发的非水溶性有机液体和无水乙醇、异丙醇、环氧丙烷三种水溶性有机液体作为考察对象，将水成膜、抗溶水成膜、氟蛋白、抗溶氟蛋白等泡沫灭火剂，分别充装至压缩空气泡沫灭火器、吸气式泡沫灭火器中；将产生的泡沫覆盖在燃料上方，持续测试在不同时间下挥发性有机物的浓度，分析各种泡沫灭火剂的抑蒸性能。

一、压缩空气泡沫对非水溶性燃料抑蒸性能的比较

采用 AFFF、FR 等 5 种泡沫灭火剂，以压缩空气泡沫和吸气式泡沫方式，对正戊烷等 5 种沸点低、易挥发的非水溶性有机液体进行覆盖，测试其覆盖后的试验盘上方的油气浓度。

以时间为横坐标、试验盘中央的油气浓度为纵坐标作抑蒸曲线图，对比压缩空气与吸气式两种不同发泡型式的泡沫抑蒸能力，见图 3-14~图 3-18。

从图 3-14 可看出，压缩空气泡沫的抑蒸效果明显高于吸气式泡沫，燃料的挥发性越大，两者差距就越大，并且随着燃料碳数的减小、挥发性增加，压缩空气泡沫与吸气式泡沫的抑蒸效果相差更大，特别是对于正戊烷，吸气式泡沫基本无抑蒸能力。

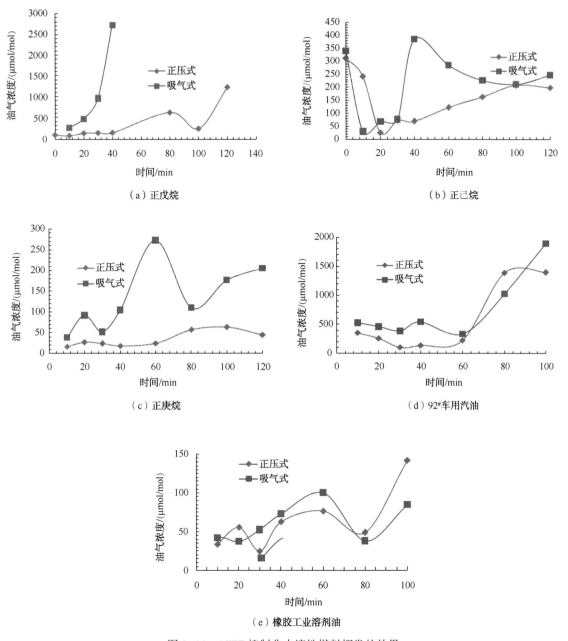

（a）正戊烷　　　　　　　　　　　（b）正己烷

（c）正庚烷　　　　　　　　　　　（d）92#车用汽油

（e）橡胶工业溶剂油

图 3-14　AFFF 抑制非水溶性燃料挥发的效果

从图 3-15 可看出，对于抗醇水成膜泡沫灭火剂，压缩空气泡沫、吸气式泡沫的抑蒸效果相差不大。并且随着燃料碳数的减小、挥发性增加，压缩空气泡沫、吸气式泡沫的抑蒸效果相差越大。不管是水溶性易燃燃料，还是非水溶性易燃燃料，环氧丙烷专用灭火剂的压缩空气泡沫、吸气式泡沫的抑蒸效果基本一致，这是因为环氧丙烷专用灭火剂的泡沫性能非常好，吸气式泡沫也非常细腻、均匀。

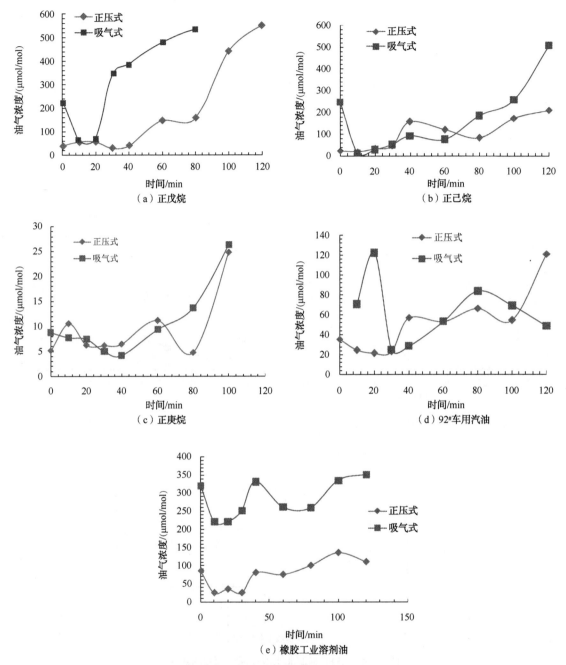

图 3-15　AFFF/AR 抑制燃料挥发的效果

从图 3-16 可看出，不管是水溶性易燃燃料，还是非水溶性易燃燃料，蛋白类泡沫灭火剂的抑蒸效果都不好，主要原因是泡沫成膜性差，无法抑制油料分子蒸发。

将泡沫抑蒸曲线上的开始上行时的拐点可看作是泡沫失去抑蒸性能的临界点，将此拐点的时间称为泡沫抑蒸时间，油气浓度称为泡沫抑蒸浓度。泡沫抑蒸浓度越大，其抑蒸性能越差，抑蒸时间如表 3-13 所示。

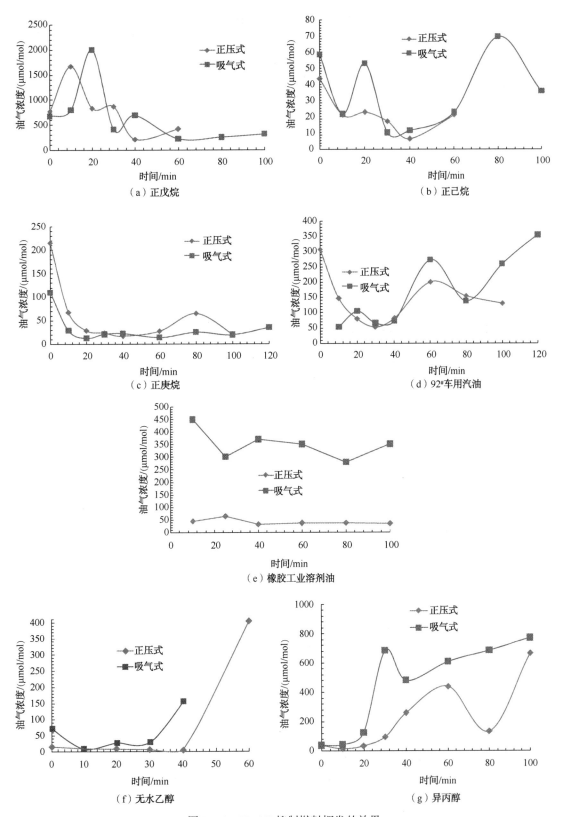

图 3-16 FP/AR 抑制燃料挥发的效果

表 3-13　不同灭火剂对非水溶性燃料的抑蒸时间

燃料	抑蒸时间/min	正戊烷	正己烷	正庚烷	92#车用汽油	橡胶工业溶剂油
AFFF	压缩空气	10	20	60	60	30
	吸气式	<10*	10	10	60	20
AFFF/AR	压缩空气	30	80	80	30	30
	吸气式	20	60	40	30	20
环氧丙烷专用	压缩空气	40	60	60	30	120
	吸气式	80	80	60	35	120
FP/AR	压缩空气	<10*	40	60	40	>100**
	吸气式	<10*	40	100	40	80
FP	压缩空气	<10*	80	100	60	80

表注：* <10，表示曲线中无法取得抑蒸时间（10min 是第一个测试时间）；

* * >100，表示 100min 的测定时间内未出现拐点。

二、压缩空气泡沫对水溶性燃料抑蒸性能的比较

对于压缩空气泡沫，随着烷烃的碳数增加，泡沫抑蒸时间也随之增加；对于吸气式泡沫，随着烷烃碳数的增加，泡沫抑蒸时间几乎无变化，如图 3-17、图 3-18 及表 3-14 所示。

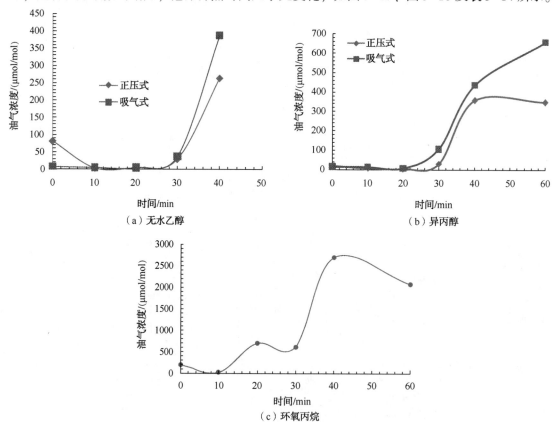

（a）无水乙醇　（b）异丙醇　（c）环氧丙烷

图 3-17　AFFF/AR 抑制水溶性燃料挥发的效果

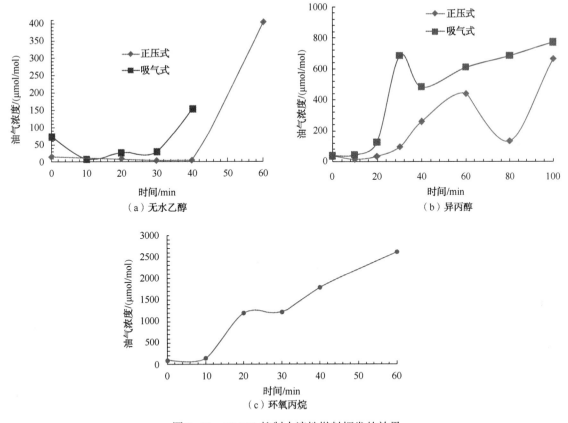

图 3-18　FP/AR 抑制水溶性燃料挥发的效果

表 3-14　抗溶性灭火剂对水溶性燃料的抑蒸性能

燃料 \ 抑蒸时间/min	AFFF/AR		FP/AR	
	正压	吸气	正压	吸气
无水乙醇	25	20	40	10
异丙醇	25	20	20	10
环氧丙烷	10	—	10	—

三、不同泡沫灭火剂的抑蒸效果

比较了不同灭火剂对于不同燃料的抑蒸性能，结果表明水成膜泡沫灭火剂抑蒸性能最差，氟蛋白泡沫次之，而研制的环氧丙烷专用灭火剂抑制效果最好。

泡沫灭火剂的抑蒸能力不管是压缩空气泡沫，还是吸气式泡沫，由小到大顺序依次为：抗溶氟蛋白<氟蛋白<水成膜<抗溶水成膜<环氧丙烷专用灭火剂；蛋白类泡沫不适合用于泡沫抑蒸；泡沫性能越好，压缩空气泡沫与吸气式泡沫的抑蒸性能差别越小。对于压缩空气泡沫，随着烷烃的碳数增加，泡沫抑蒸时间也随之增加；对于吸气式泡沫，随着烷烃的碳数增加，泡沫抑蒸时间几乎无变化。

第四章

压缩空气泡沫灭火装备

第一节　压缩空气泡沫产生装置

　　压缩空气泡沫系统包括泡沫灭火剂储罐、储水设施、高压气源、泡沫比例混合装置、气液混合发泡装置、喷射装置、控制装置及相关管路阀门等。气液混合发泡装置一端入口为水和泡沫灭火剂的混合液，一端入口为压缩气体，泡沫混合液和压缩气体在气液混合发泡装置内充分混合，气体混入液体中，在两相压力差的驱动下，气体在泡沫灭火剂内膨胀，随后流体逐渐膨胀、聚并和破碎，形成压缩空气泡沫。

一、气液混合发泡装置

　　压缩空气泡沫装置的核心部件是气液混合发泡装置，其一般包括混合腔、气体入口、泡沫混合液入口、扰流装置、泡沫出口，是压缩空气泡沫产生的重要场所，压缩空气泡沫发泡质量的高低直接影响着泡沫灭火能力。

　　气液混合装置通过设置内部结构件来改变流体的流速和方向，以实现一定体积的压缩空气和泡沫混合液在相遇的瞬间充分均匀混合，产生气泡尺寸均匀的泡沫。气液混合发泡装置的内部结构决定了气、液混合效果，而扰流装置决定了泡沫的发泡效果，因此，两者的优化组合是产生高效能压缩空气泡沫的关键。

　　目前，国内外关于气液混合发泡装置的设计没有统一标准，也没有针对性的分类标准和评价指标，气液混合发泡装置的影响因素较多，包括液体流量、液体压力、发泡装置内径以及进气口的流量、气体管路管径、气体压力、气体类型、气液流体的混合方向、气液混合扰流方式等。

　　扰流装置的选择也取决于气液流体的流量，在低流量条件下，气液混合更容易达到均匀的程度，甚至在很小的流量下，即使没有扰流器也能达到均匀混合的程度，但在较高流量条件下，气液的混合尤为重要，不仅实现高度均匀混合，还要尽最大可能地降低阻力损失，保证泡沫射流的高动能，这是发泡质量高低的关键。因此，各企业制作的泡沫混合发泡装置各有不同，也是本技术研究的重点。

　　压缩空气泡沫系统的气液混合发泡装置一般有静态混合器和动态混合器之分。静态混合器内部元件是静止的，以介质流动的动能为动力来实现气液混合；动态混合器是指内部包含运动元件的混合器。目前压缩空气泡沫系统一般采用静态混合器。

1. 垂直混合室

（1）T 型混合室

T 型混合室是目前压缩空气泡沫系统中最常见的发泡结构，其简便、易加工，但这种结构存在明显不足。首先，压缩空气垂直注入与泡沫混合液混合时，易出现气流和液流由于流量或压力控制不当造成两者比较大的冲击，特别是气相容易对液相造成撞击，使气液两相形成比较大的脉动，使气液两相混合不充分；其次，T 型结构无法产生良好的搅拌和混合效果，使系统产生的泡沫稳定性差。

在 T 型结构中，较大的压缩空气流直接从垂直于泡沫混合液流动的方向射向泡沫混合液，泡沫混合液在流动过程中受到强烈冲击，致使气液两相的流态发生变化，流速不稳定，减弱了气液两相传质的有效性，导致泡沫不均匀、成泡性差，降低了泡沫的灭火性能。

压缩气体分布装置的方式多种多样，如压缩空气进气管竖直插入到混合液管道中，浸入混合液管道中的空气管路四周开有均匀的进气孔，出气孔与混合液流向相对；压缩空气管口和混合液入口在混合室中存有夹角，且夹角间的角度、距离可调节；还可采用旋流气液混合装置使液体产生旋流场，并与压缩空气混合其中；泡沫混合液还可从侧边管进入壳体中空气管路，空气管路中的锥形管上开有圆形孔用于泡沫灭火剂流入，利用缩径、扩径以及增加孔板的方式来提升混合效果，实现了多级混合，能够产生高效的压缩空气泡沫。

（2）气内液外混合室

气内液外混合室是指压缩空气管道位于泡沫混合液管道的内部，并在压缩空气管道上均匀开一些小孔，压缩空气管道末端密封。压缩空气从管道壁上的小孔注入泡沫混合液中，增大气液两相的接触面积。

相比 T 型混合室，气内液外混合室的优点是：增加了气液两相的接触面积，减小了大量压缩空气注入时对液体的冲击力，并提高了气液混合的效率。如某气液混合器装置的气路进口管路采用喷嘴结构，并使用分隔板平均分隔混合通道，泡沫混合液经由混合通道进入发泡管路，在发泡管路内部安装有若干个发泡网，每个发泡网间采用隔套均匀间隔。该装置利用上述结构达到压缩空气和泡沫混合液均匀混合的效果，并可产生大小适宜且离散系数小的均匀泡沫，从而实现压缩空气泡沫的稳定、高效。

（3）气外液内混合室

气外液内混合室是指部分泡沫混合液管道在压缩空气管道内部经过，通过在泡沫混合液管道上均匀开一些小孔，压缩空气在外层以小气流形式注入泡沫混合液中。相比 T 型混合室，气外液内混合室的优点和气内液外混合室相同。

2. 同轴混合室

同轴混合室是指压缩气体和泡沫混合液以喷嘴形式同轴同向喷出混合，此时气液两相不改变方向，接触面积较大，混合更充分。同轴结构可使气液两相为同轴分道互不干扰的流动状态，而在气液两相向前流动过程中混合，减少了气液两相间的相互作用和对流体流动特性的影响，增加了两相传质的有效性，稳定了气液两相的混合作用。

混合室中泡沫混合液和压缩空气流入方向一致，在混合腔中有利于压缩空气与泡沫混合液的充分混合，并能够形成相对稳定的两相流，配合增加的隔板和散射环更能提升气液的混合效果，从而形成高质量的压缩空气泡沫。

3. 气液混合发泡装置结构对泡沫性能的影响

压缩空气泡沫的气液接触泡沫生成的过程需要在接触面积大、压力大致平衡、气液流量较大且稳定安全的条件下进行，T 型射流方式是最简单射流结构，气体对液体的冲击较大；同轴射流可减弱这种冲击，但其混合接触面较小；同轴小孔射流方式能够增大气液混合面积，混合过程温和，但由于气路前段封闭，高压气体只能通过管壁小孔与液体混合，不适合大流量气液混合，且压损较大，小孔会锈蚀堵塞，可靠性不高。

有专家通过泡沫稳定性测试对比分析了 T 型和同轴混合腔发泡效果，在相同的气液混合比和气液压差下进行泡沫稳定性试验，记录泡沫发泡倍数、25% 析液时间、50% 析液时间、泡沫直径比值和泡沫平均直径等参数。测试数据如表 4-1 所示。

表 4-1   同轴型和 T 型混合腔参数对比

发泡倍数	25% 析液时间/s		50% 析液时间/s		泡沫直径比		平均直径/mm	
	T 型	同轴	T 型	同轴	T 型	同轴	T 型	同轴
6.2	32	48	68	100	14.0	4.0	2.0	2.0
6.9	50	52	102	110	8.0	3.5	2.5	2.5
7.6	58	60	112	124	5.0	2.5	3.6	3.0
8.0	63	68	130	141	2.0	2.0	4.0	4.5
9.0	67	72	146	162	2.1	1.6	4.2	5.0

由表 4-1 可知，在相同试验条件下，同轴混合腔形成的泡沫性能参数优于 T 型混合腔，通过测量泡沫平均直径发现，同轴混合腔产生的泡沫直径变化更趋于均匀，可以判定同轴混合腔产生的泡沫稳定性优于 T 型混合腔。

T 型混合腔结构无法进行充分的混合和搅拌，从而导致泡沫扩张率不稳定、气泡尺寸过大且分布不均匀，因此发泡质量不好。同轴混合腔虽然可以有效地避免气体压力过大造成的泡沫灭火剂混合不均匀，但是在使用过程中发现这种混合结构气、液混合面积接触较小，延长了混合腔体长度，增加了气液接触面积，存在安装不方便的问题。

在混合点压力、空气和混合液流量相同的情况下，插入式空气管路结构产生的泡沫稳定性更好，不易发生析液的现象，能较长时间发挥阻火的效能。

为了研究混合腔结构对其灭火性能的影响，用 T 型和同轴型混合腔前端结构进行了对比试验，结果表明，使用同轴型混合腔的压缩空气泡沫比使用 T 型混合腔的系统具有更好的灭火性能，类似的试验结果也出现在木垛火的灭火试验中。

对于 T 型混合腔前端结构，压缩空气从侧面垂直射向混合腔中的泡沫混合液，致使泡沫混合液的流态不对称。空气对泡沫混合液流动的冲击，导致泡沫混合液的流量和速度不稳定、泡沫混合液与空气的混合不均匀，这都将使得压缩空气泡沫的成泡性和均匀性变差。此外，泡沫混合液的流动特性、泡沫混合液与空气的比率、泡沫混合液与空气混合的均匀性以及混合腔内流体的稳定性等，都对压缩空气流与泡沫混合液流之间压力平衡产生影响。如果压缩空气流的压力比平衡条件略大，则气液流量比增大，从而产生干泡沫；如果泡沫混合液流的压力比平衡条件稍大，则气液流量比减小，泡沫混合液的成泡性变差。但对同轴型混合腔前端结构来说，混合腔内气液两相同向流动的设计有利于泡沫混合液与压缩空气的均匀混合，且可大大减小气液两相压力平衡波动的影响，从而易于形成相对稳定的两相流。

（1）扰流器类型

气体与泡沫混合液在混合装置内接触混合后即与扰流器碰撞，加剧气液混合。扰流器具有产泡过程缓和、不会大量撕裂泡沫结构、易安装维修等优势。

扰流分为壁面碰撞扰流、环形空间扰流和螺旋扰流三种形式。壁面碰撞扰流是通过壁面与流动体碰撞的形式强制改变流体的方向，实现气液混合。该种方式压力损失较大，对混合室的磨损较大，混合过程震动较强，可靠性差，不适合压缩空气泡沫高动能气液混合过程。环形空间扰流可分为球形颗粒型、筛网型、滤层型等，同轴射流加球形颗粒空隙扰流方式对气液流动的压力阻力大，泡沫产生于混合装置的后端，对扰流长度和气液压力控制要求高。筛网型相比于球形颗粒扰流压损小，空隙均匀，产泡效果好。

① 壁面碰撞扰流器。壁面碰撞扰流器是流动流体与挡板碰撞改变流体的运动方向，能使气液混合充分。如利用文丘里管原理设计挡板位置，全程气液两相以蛇形经过挡板混合产生比较均匀的泡沫。挡板作为扰流器具有设计简单、易加工等优点；但挡板扰流器造成的压力损失较大，影响泡沫的喷射距离，并且对气液混合装置结构破坏性较大，因此，该扰流器运用于压缩空气泡沫灭火技术中不建议作为首选。

② 丝网扰流器。气液混合装置里的丝网扰流器一般为无序化缠绕成团的细钢丝，气液混合溶液流经无序化缠绕成团的细钢丝沿着不同角度和方向与气体混合生成泡沫。用丝网扰流器的弊端与挡板扰流器相同，同样会影响压缩空气泡沫的喷射距离。

③ 锥形扰流器。气液混合装置里常见的锥形扰流器，可保证高速进入的气液流体在改变运行方向后动能损失最小，使泡沫喷射距离远，且流体与壁面碰撞时动能大，雾化效果好，气液混合均匀，从而产生均匀泡沫。该装置避免了挡板、丝网扰流器使泡沫喷射距离比较近的弊端。经过对扰流器类型的归纳和评价，锥形扰流器效果最好，而挡板、丝网扰流器在压缩空气泡沫系统中可行，但不是最优选择。

另外，还可选用静态混合器作为泡沫发生器泡沫优化扰流结构。混合液通过混合器时，高速流动的混合液被混合单元分割，并围绕中心轴作湍流运动，由于混合单元左右螺旋不断变换，造成混合液流体极其不规则运动，这种不规则运动正是混合液的层流运动转化为湍流运动过程，运动改变的过程有效地保证气液充分混合，从而产生稳定细腻的泡沫。发泡效果良好，混合结构的复杂程度将增加泡沫射流的压力损失。通过对装有静态混合器的压缩空气泡沫系统参数匹配及泡沫性能研究，与 T 型管相比，壁面碰撞混合器在所有压力与速度范围内产生的泡沫的析液时间与发泡倍数均有提升，这说明流体的运动得到改善。混合的流体受到涡旋作用，流场内部产生相对运动，使流体间的运动进一步混合，增强混合效果。

复合式泡沫发生器是采用多种扰流型式的发生器，如采用丝网和介质充填式泡沫发生器，两端由多孔发泡板封口，内部充填粒径为 4~5mm 的玻璃滚珠，随着气体流量、液体流量的增加，泡沫产生量逐渐增加，增加至一定程度后不再增加，发泡倍率逐渐减小，这是由于气体与液体的混合界面已达到极限，泡沫产生量达到最大，超过该界限后，新增的气体和液体会破坏已形成的泡沫，导致发泡降低。在混合器体积一定的条件下，气体与混合液发泡存在一个最大值，即气液接触界面存在最大值。

④ 二次气液混合结构。考虑到气液相经过第一个扰流器后会形成不均匀的泡沫，主要原因是一次扰流的接触时间短，为了使气体与泡沫混合液多元射流充分接触，在一次扰流器后面增设了二次气液融合结构，目的是将初次形成的泡沫在该结构作用下进一步匀化。笔者研究团队研制的压缩空气泡沫试验装置中泡沫发生器的二次扰流器采用孔板、多元翅片、金属丝网进行了性能测试。

从试验结果看，多元翅片的扰流效果不佳，其扰流作用微弱。尽管其可改变泡沫的流向，但是未发生扰流的作用，气液混合效果未得到二次加强。孔板和金属丝网的扰流效果良好，但是金属丝网在管道内的阻力较大，喷射距离有限，流量降低。

笔者研究团队还考察了消防管线长度对发泡性能的影响。泡沫在消防管线输送过程中继续混合，消防管线越长，泡沫越均匀、细腻。当无混合管线时，泡沫性能不好，泡沫不均匀，有较多大泡；随着气体流量的增加，泡沫性能更差；当管线长度为5m时，泡沫细、均匀，泡沫粒径也很小，无大泡；当管线长度为10m时，泡沫更均匀。

可见，气液混合装置后续若连接消防水带，其泡沫的发泡效果得到了强化，这充分证明了泡沫在泡沫管道内流动过程中起到了多次气液混合的作用。若用于远距离的泡沫输送，二次扰流器可去除，依靠长距离的泡沫输送进行二次混合，起到强化扰流的作用。泡沫在输送过程中会因泡沫壁破裂、挤压等作用方式消泡，然而其他与破裂的泡沫产生的泡沫混合液进行二次混合发泡。

为强化混合，在气液混合腔后端增设二次扰流装置，进一步实现泡沫匀化。对于气液混合腔出口连接多条泡沫管线的情况，可去除该二次扰流装置，减少管路阻力。

（2）泡沫发生器混合腔管径影响分析

混合腔的管径对泡沫性能影响较大，主要原因是混合腔的体积决定着泡沫混合液与高压气体的初次接触发泡。

泡沫混合液喷出后与气体在混合腔前端进行初次接触，部分泡沫混合液开始发泡，体积膨胀。假如混合腔体积偏小，泡沫混合液与气体接触后因膨胀空间太小而不能充分发泡，气体会从泡沫混合液中逸出，沿管道逸出管道外面，无法参与发泡，导致泡沫发泡质量不高。

4. 气源供给与气液比影响分析

对于压缩空气泡沫灭火技术，气源类型是决定泡沫性能的主要因素。目前，国内外在压缩空气泡沫灭火系统中有两种气源供给方式：一是高压气体供给，高压气体包括压缩空气、氮气、二氧化碳、七氟丙烷等；二是液化介质气化产气供给，液化介质为液氮、液态二氧化碳等气体中的至少一种气化后供气。目前国内外主要采用高压气体供给方式。

压缩气体作为气源供给方式时，会使产生的泡沫含有氧气等助燃成分，且不容易实现泡沫大流量供给的需求。以液化介质为气源的泡沫系统节省了供气设备的面积、降低了供气难度、减小了消防水带的质量并杜绝了压缩空气泡沫系统中氧气助燃的现象。

泡沫的干湿程度主要取决于泡沫混合液和空气的比例，一般情况下系统的空气流量不变，当泡沫混合液流量加大时，泡沫就相对变湿，反之亦然。另外，当泡沫混合液流量不变时，空气流量加大或减小，泡沫就变干或变湿。国外将该类泡沫分为五级，分别是：

第一级，极干型。其空气和泡沫混合液的比例是44:1。这种泡沫使用时如一层棉毯，极易附着在物体的垂直表面上，其析液时间较长，但受风力影响明显。

第二级，干型。其空气和泡沫混合液的比例是 22:1。这种泡沫使用时如剃须泡沫膏，较易攀附在物体的垂直表面上，其析液时间比第一级要快。

第三级，中度型。其空气和泡沫混合液的比例是 15:1。这种泡沫不易攀附在物体的垂直表面上，但这种类型的泡沫适用于大多数火情。

第四级，中度湿型。其空气和泡沫混合液的比例是 11:1。这种泡沫使用时如稠米浆一般，能很快渗透到固体保护对象中，在液面上流动性较好。

第五级，湿型。其空气和泡沫混合液的比例是 8:1。这种泡沫在物体的垂直表面无法停留，但能很快渗透到固体保护对象中，在液面上流动性良好。

GB 7956.6—2015《消防车 第 6 部分：压缩空气泡沫消防车》对干、湿泡沫做了如下规定：

（1）干泡沫指的是发泡倍数不低于 10、泡沫混合比不大于 1%、并能在一段时间附着在垂直面的泡沫。

（2）湿泡沫指的是发泡倍数低于 10 倍、混合比不小于 0.2%、且具有较好流淌性的泡沫。

对压缩空气泡沫而言，随气液比增加，气液两相混合得更加均匀，并更加致密。当气液流量比较低时，气液两相混合不均匀，泡沫的流动性增加，泡沫易于在油面扩散和流动；但泡沫的流动性过高使泡沫易于流散，不利于泡沫以稳定状态长时间停留于油面之上，减弱了覆盖隔离效果，不能长时间起到灭火作用。当气体流量增大时，虽增强了泡沫的稳定性，使得泡沫可以在油面形成一层隔绝氧气的泡沫层，但减轻了泡沫的质量，导致大量泡沫在火焰上方易被上升气流或温度较高的外焰破坏而无法到达火焰底部，降低了泡沫的覆盖作用。同时，发泡倍数较大时，泡沫因过于黏稠、稳定而使泡沫的流动性降低，使其无法快速有效地在油面扩散覆盖，降低了泡沫的覆盖冷却作用。

笔者研究团队建立压缩空气泡沫灭火试验装置，考察了气液比对泡沫性能的影响。气液混合器采用外置式供气，气液混合器设置在泡沫混合液罐外，气体通过管路注入气液混合器内，通过调节气液流量调节泡沫状态。试验数据如表 4-2 所示。

表 4-2　气液混合发泡状态数据

液相流量/（m³/h）	气液相压力/MPa	气相流量/（m³/h）	发泡倍数	气液比
17.92	0.663	130	10	7.3
17.46	0.635	98	6.8	5.6
17.93	0.58	115	7.1	6.4
30.83	0.68	207	7.8	6.7
38.47	0.57	251	7.3	6.5
134	0.8~0.9	890	6.6	6.6
129	0.8~0.9	675	6.2	5.3
132	0.8~0.9	460	4.2	3.5
162	0.9~1.0	1189	6.7	7.4

试验数据显示：

（1）气液比的合理范围为 6~7，所形成的泡沫发泡倍数在 7~8 之间。

（2）实测发泡倍数比气液比偏高 0.7~1.2，这与理论值相当，说明注入的气体基本参与了发泡，气体利用率高，气液混合装置设置合理高效。

（3）设计稳压大流量压缩空气泡沫喷射灭火装置时，泡沫混合液与气体的体积比不能低于6，能保证发泡倍数为7左右。

陈现涛等设计了一款能控制进气量和液体流量的泡沫枪，使泡沫灭火剂与气体能够以各种比例充分混合，将泡沫储液罐压力调到0.7MPa，通过喷射泡沫和调节进气阀使压力稳定在0.7MPa，该试验泡沫灭火剂流量为2.9L/min。按照比较好的发泡性能调整泡沫枪中发泡网的级数和目数并固定，测定水成膜泡沫灭火剂在不同进气量的发泡倍数和25%析液时间，测试结果如表4-3所示。

表4-3　气液比对发泡倍数与25%析液时间的影响

液体流量/(L/min)	气体流量/(L/min)	气液比	发泡倍数	25%析液时间/s
2.9	7.3	2.5	3.78	203
2.9	14.5	5.0	6.87	348
2.9	21.7	7.5	9.59	327
2.9	29.0	10.0	11.83	313
2.9	36.3	12.5	13.88	319
2.9	43.5	15.0	16.82	397
2.9	50.8	17.5	17.58	417
2.9	58.0	20.0	17.87	422
2.9	65.3	22.5	17.69	425

气液比对发泡倍数的影响：气液比在2.5~15.0范围内，泡沫的发泡倍数随气液比的增加基本呈等比例增大，在气液比超过15.0后，发泡倍数增加速率迅速减小，并逐渐趋于恒定值18.0倍左右。这表明，气液比小于15.0时，对于同等流量的泡沫灭火剂而言，气体进气量越大，则气液比也越大，液体越容易被气体分散成细小液滴，则对应的接触面积增大，气液两相传质效果更好；随着气体流量的增加，气体压力越大，气液两相的滑移速度越来越大，使液体射流柱越来越明显，加大了液体流速，残留在管道底部的残液减少，泡沫灭火剂整体发泡效果随之提升，泡沫的发泡倍数就会明显变大。当气液比增大到15.0以上时，随着气液比的增大，单个泡沫的液膜壁变薄，泡沫的含气率增加，在输送过程中造成的泡沫破碎量和气液比增大产生的泡沫增加量相互抵消，最终导致此情况下泡沫发泡倍数无法继续增加而稳定在固定值。

气液比对25%析液时间的影响：气液比在2.5~15.0范围内，25%析液时间随气液比的增加迅速增大，混合比在5.0~10.0范围内，25%析液时间逐渐减小，混合比在10.0~22.5范围内，25%析液时间又逐渐增大并最后趋于稳定值。

可见，当气液比较小（≤5.0）时，泡沫发泡倍数较低，泡沫内未发泡的残留泡沫灭火剂较多，随着进气量的增大残留泡沫灭火剂继续发泡，使得25%析液时间迅速增大；随着气液比的增大（5.0<x≤12.5），泡沫中的残留液继续减少，泡沫发泡倍数继续增大，但很多泡沫的壁厚减小，易于破碎，使得残留液的减少速度无法大于泡沫因壁厚减小破碎的速度，所以泡沫25%析液时间有所降低；当气液比继续增大（12.5<x≤17.5）时，泡沫灭火剂发泡倍数继续增加，残留液继续减少，且残留液的减少速度逐渐大于泡沫因壁厚减小破碎的速度，

所以泡沫的 25%析液时间又开始逐渐增大；随着气液比继续增大(>17.5)时，泡沫的发泡倍数增大的速度逐渐降低，并最后稳定在恒定值，而此时液泡内含有的液相基也基本稳定并不再发生变化，所以泡沫的 25%析液时间趋于平稳。

二、供气设备

压缩空气泡沫灭火系统采用一般高压气源供气，为了保证良好的发泡效果，供气压力一般不应低于泡沫混合液的输入压力。理论上来说，任何气体都可参与泡沫发泡，气体与泡沫掺混都会产生一定的气泡，但是作为灭火用途的空气泡沫，压缩空气泡沫灭火系统所选气体应是空气、氮气、七氟丙烷等不溶于泡沫液且不影响泡沫发泡的惰性气体，笔者研究团队曾研究了二氧化碳、液氮参与泡沫混合液发泡的专用泡沫灭火技术，具有良好的发泡及灭火效果，详见后文。

常见的供气方式包括高压气瓶供气、空压机供气和高压气体管线供气三种形式。

1. 高压气瓶供气

移动式压缩空气泡沫灭火装置、橇装式压缩空气泡沫灭火装置等中小型泡沫灭火装置泡沫流量低，所需气体流量小，喷射时间短，一般采用空气或氮气钢瓶供气，气瓶的容积和压力取决于该泡沫灭火器的灭火能力。高压气瓶可选择金属钢瓶、碳纤维制钢瓶，钢瓶瓶口设置减压阀。

气瓶是高压容器，一般用无缝钢管制成圆柱形容器，壁厚 50~80mm。按设计压力分为高压气瓶和中低压气瓶。设计压力大于或等于 12.3MPa 为高压气瓶，设计压力小于 12.3MPa 为中低压气瓶。

由于气瓶的充气和用气不是同时进行，所以只有一个接口管，既作进气口，又作出气口。它的接口管一般是锥形的内螺纹，用来装配钢瓶开关阀。瓶阀是控制气体出入的装置，一般是用黄铜或钢制造。瓶阀的外面有钢瓶帽。瓶帽是瓶阀的保护装置，它可以避免气瓶在搬运过程中因碰撞而损坏瓶阀，保护出气口螺纹不被损坏，防止灰尘、水分或油脂等杂物落入瓶内。使用中的气瓶应防止其受热温升，发生爆炸危险。不要把气瓶放在烈日下暴晒，也不要将气瓶靠近火炉或其他高温热源。氧气瓶、可燃气瓶与明火距离应不小于 10m，不能达到时，应有可靠的隔热防护措施，并不得小于 5m。

在气体钢瓶的维护方面，应做好如下几点：

（1）日常维护。气瓶在使用过程中，要经常检查气瓶各个部件是否完好，发现问题及时维修，确保安全使用。气瓶外壁上的防护漆即是防护层，可以保护瓶体免遭腐蚀，同时也是识别标记，表明瓶内所装介质的类别，必须经常保持完好。

（2）定期检验。气体钢瓶内的物质处于高压状态，当钢瓶倾倒、遇热、遇不规范的操作时都可能会引发爆炸等危险。为了保证气瓶的安全使用，除加强日常维护和检查外，每隔一定年限，还必须对气瓶进行一次全面的技术检验，测定气瓶的性能状况，使不能安全使用的气瓶降压使用或判废。

2. 空压机供气

各种类型的压缩空气泡沫消防车、固定式压缩空气泡沫灭火装置等大型泡沫灭火装备一般采用空气压缩机供气，其泡沫混合液流量一般为 20~40L/s，空压机的吸气量一般为 19~

$24m^3/min$，出口压力为 $0.8 \sim 1.2MPa$。空压机多数选择螺杆式空压机。

螺杆式空压机作为一种先进的空气动力设备，具有运转可靠、寿命长、效率高、气量不受排气压力影响、运转平稳不发生喘振等特点，已成为空气压缩机发展的新主流。螺杆式空气压缩机的优势在于可靠性能优良，振动小，噪声低，操作方便，易损件少。

空压机是一种工作容积做回转运动的容积式气体压缩机械，由主机、电动机、油气分离器、冷却器和电气控制等零部件组成，包括吸气系统、排气系统、冷却、润滑系统和控制系统，其主机由一对相互啮合的阴阳转子和壳体组成，工作循环可分为吸气、封闭、压缩、排气四个过程，其中吸气、压缩和排气三个过程最为关键。随着转子旋转，每对相互啮合的齿相继完成相同的工作循环。

螺杆式空气压缩机分为单螺杆式和双螺杆式两种，采用高效带轮传动，带动主机转动进行空气压缩，通过喷油对主机内的压缩空气进行冷却，同时对转子进行润滑，主机排出的空气和油混合气体经过油气分离装置，将压缩空气中的油分离出来，最后得到洁净的压缩空气。其中双螺杆式空压机采用主副两个转子互相配合加压，适用于 $40m^3/min$ 以下的工艺环境。

影响空压机运转稳定性的主要因素包括：

（1）进气温度。空压机进入空气压缩过程，受到环境温度影响会很大，随温度升高而减少排气量，通常每增加 3℃ 会导致设备功能损耗约为 1%，夏季严重时会受温度影响而频繁停车或报警。在火灾现场，环境空气温度较高，因此，压缩空气泡沫消防车所用空气压缩机应配置冷却系统，降低吸气空气的温度。

（2）机头效率。空压机机头是螺杆式空压机主要部件之一，是设备直接进行空气压缩的部件，除去设备本身安装时间隙问题，大部分情况机头主、副转子间可能会产生相互磨损，导致的间隙过大，从而引起空压机进行空气压缩的效率降低。而效率降低会进一步造成排气的压力和温度升高。

（3）空压机温度。空压机本身各部分温度应维持在一个恒定状态才能保证设备的正常效能，而由于设备温度易发生异常的部分主要有四类，即机油、轴承、电机、排气温度。而温度异常一般会影响设备正常运转，即使不会直接造成故障停车，也会加大设备损耗，减少设备本身及其构配件的寿命。

（4）冷却器状态。螺杆式空压机的冷却分为水冷型和风冷型，风冷型螺杆式空压机冷却受到环境温度影响很大，而水冷型会受到冷却水温度的影响，冷却效果也不会理想，设备高温会加大部件的磨损、变形，导致润滑油变质等问题。

（5）润滑油状态。润滑油是螺杆式空压机的主要工作介质，会直接影响设备运转状态，润滑油油质变化、含杂质、油位过高或过低都对设备运行造成严重的影响。而配套的过滤器、各类回路控制阀一旦出现故障也应及时更换。

螺杆式空压机受上述各类影响因素的影响，可能导致的主要故障类型有设备突然停车、机头异常抱死、冷却水缺水、排气温度异常跳车、设备启动电流过大跳车、电机过载停车、气路、油路压力异常、电源控制器故障、进气阀无法正常进气等。

在空压机的维护保养方面，以两年为一个周期检验传气管路与储气罐的运行状态，安全阀与压力表在过程中应每年进行一次或多次检验。螺栓空压机启动过程中要求处于无载荷的状态下，在完成正常运转之后，使其逐渐进入到载荷的运转之中。在送气阀启动之前，应确保充分连接好输气管道，使输气管道能够处于比较畅通的状态下。储气罐的存放环境要求通风，不能进行高温烘烤或在日光下暴晒等。储气罐的压力值应符合铭牌的规定，确保安全阀处于半灵敏的状态之下。轴承、进气阀、排气阀等各个部位不能出现异响现象或是过热情况。一旦运行状态中出现漏气、漏水以及冷却水等现象；电流表、压力表与温度表等指标超过规定的数值等；安全阀与排气阀难以正常运行，导致排气压力较高；器械中存在异响以及电机的电刷出现强烈的火花等不同的异常现象过程中，应当及时停机进行检查，找出其中发生的原因并进行解决后再正常运行。在螺杆式空气压缩机的运行过程中，因为缺水原因导致出现汽缸过热等现象时，不能立即进行加水，而应等待汽缸体中的温度自然降到60℃的情况下才能进行加水。

因此，应加强日常对设备的巡查、定期进行各关键部件的检查和更换。空气压缩机的稳定性和可靠性是压缩空气泡沫灭火系统持久作战的关键，空气压缩机结构复杂，运行条件要求高，是压缩空气泡沫灭火系统维护保养的重要部分。在石化企业固定管网式压缩空气泡沫灭火系统工程应用时，需要考虑空压机的备用，备用空压机与主空压机型号、运行参数相同，备用空压机应选柴油机驱动，其重要程度与消防泵相同，以保障运行的可靠性。

3. 高压气体管线供气

在石化企业应用的压缩空气泡沫灭火系统可利用企业自有的高压气体管线进行供气，企业空分装置的产气能力为$8000\sim10000m^3/h$，高压气体充足，取用方便，是压缩空气泡沫灭火系统的选择之一。

需要指出的是，由于石化企业的高压气体管线线路长，可能经过多个装置区，需要考虑高压气体管线的安全防护问题，避免高压气体管线受外界第三方破坏或在事故状态下被破坏，另外，需要考虑高压气体管线的持续供气能力，当供气设备处于检维修期间时，气体供给可能停止，需要有空压机或高压气瓶等备用供气方式，以保证在停止供气期间发生火灾时压缩空气泡沫灭火系统能可靠启动灭火。

第二节　泡沫比例混合装置

泡沫比例混合装置是泡沫灭火系统的关键部件，无论何种类型的泡沫灭火系统都需要将泡沫灭火剂和水按一定比例进行混合，而混合比的准确度将直接影响泡沫发泡倍数和析液时间，从而影响灭火效果。

目前企业固定式泡沫灭火系统常用的泡沫比例混合装置有压力式泡沫比例混合装置、平衡压力式泡沫比例混合装置、机械泵入式泡沫比例混合装置和计量注入式泡沫比例混合装置。

一、压力式泡沫比例混合装置

压力式泡沫比例混合装置分为无囊式和囊式压力比例混合装置两种。由于无囊式压力比例混合装置工作时，储罐内泡沫灭火剂直接与水接触，装置一旦使用，即使泡沫灭火剂有剩余也不能再用，因其不便于调试及日常维护等，该装置逐渐退出应用。而囊式泡沫比例混合装置在泡沫灭火剂储存装置中，增加了柔性胶囊，克服了无囊式装置的缺陷。

泡沫灭火剂储存在钢制压力储罐内的柔性胶囊内,当系统启动时,消防水泵输送压力水流经泡沫比例混合装置的主管道,在减压孔板前,一小部分高压水流从进水管进入压力储罐与柔性胶囊的夹层,挤压和置换出等体积的泡沫灭火剂。大部分压力水流经减压孔板,在减压孔板后形成一个低压区,挤压置换出的泡沫灭火剂通过泡沫出液管在减压孔板后的低压区

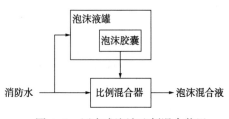

图 4-1 压力式泡沫比例混合装置
原理示意图

处,由于吸和压的双重作用进入泡沫比例混合器的主管道,与压力水混合形成一定比例的泡沫混合液,工作原理如图4-1所示。压力式泡沫比例混装置是工厂生产的由比例混合器与泡沫灭火剂储罐组成一体的独立装置,安装时不需要再调整其混合比等。它适用于高压或稳高压消防水的石油化工企业,尤其适用于分散设置独立泡沫站的石油化工生产装置区。

压力式泡沫比例混合装置具有结构紧凑、安装使用方便、维护简单、占地面积小、泡沫灭火剂可多次使用、便于系统调试和日常试验等优点,但因胶囊用橡胶制成,易老化,使用寿命有限,且橡胶黏合成型,单面承受压力和拉力强度差,若操作不当,易造成胶囊撕裂破损,导致系统瘫痪。泡沫灭火剂储罐的内部材料或防腐介质如与所储存的泡沫灭火剂不适宜,会导致储罐损坏和(或)泡沫灭火剂的变质。

另外,该混合装置在灭火时无法实时加注泡沫灭火剂,不能连续提供泡沫灭火剂,不适合用于大中型灭火系统的连续灭火,特别是不适合用于石油化工企业、大型油库、机场、码头及海上钻井平台等重要的泡沫灭火工程。

二、平衡压力式泡沫比例混合装置

平衡压力式泡沫比例混合装置通常由泡沫灭火剂泵、混合器、平衡压力流量控制阀及管道等组成。平衡压力流量控制阀的作用为通过控制泡沫灭火剂的回流量达到控制泡沫混合液混合比,它由隔膜腔、阀杆和节流阀组成,隔膜腔下部通过导管与泡沫灭火剂泵出口管道相连,上部通过导管与水管道相通,当水压升高时,说明系统供水量增大,泡沫灭火剂供给量也应增大,所以隔膜带动阀杆向下,节流阀的节流口减小,泡沫灭火剂回流量减小而供系统的量增大,反之亦然。

工作时泡沫灭火剂泵将泡沫灭火剂加压后送入平衡阀,平衡阀根据消防水的压力和流量变化调节泡沫灭火剂的流量和压力,泡沫灭火剂一部分进入泡沫与消防水的混合器,另一部分经平衡压力流量控制阀回流到泡沫灭火剂储罐。当消防水的压力和流量变化时,平衡阀均能动态调节注入混合器的泡沫灭火剂量,从而保证装置在运行过程中源源不断地配制出较为精确混合比的泡沫混合液,工作原理如图4-2所示。

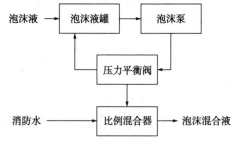

图 4-2 平衡压力式泡沫比例混合装置
原理示意图

该灭火系统泡沫灭火剂储罐为常压储罐,工作压力和流量适应范围较大,在一定压力和流量下混合比相当稳定,易于实现自控;混合比会随着流量增大而变小,但设备结构较复

杂，除了有能量损失外，还存在平衡阀失效导致系统无法运行的风险。

泡沫灭火剂泵、平衡阀是平衡式比例混合装置的关键部件。泡沫灭火剂泵将泡沫灭火剂以一定的压力从泡沫罐输送到系统管路中，是系统一个重要部件。它首先要适合泡沫灭火剂的输送(即适合泡沫浓缩液的黏度、耐腐蚀、对泡沫浓缩液无搅动、无剪切、能自吸等)；其次要能提供系统所需的压力和流量；第三，从系统设备本身安全出发，泡沫灭火剂泵必须能够空载运行。根据以上要求，泡沫灭火剂泵最好选择容积式泵，离心泵适合低黏度介质，而且要达到系统要求压力，工作转速很高，会对泡沫灭火剂产生很大的搅动，影响泡沫灭火剂性能。泡沫灭火剂泵有多种驱动方式，如水轮机、电机、柴油机等，可根据不同场合要求采用不同的方式。

平衡阀由隔膜腔、阀杆和节流阀组成。隔膜腔被平衡膜板(带有托盘的波纹膜片或橡胶膜片)分为上下两部分，各设一个导压管接口。平衡阀的作用是通过平衡膜板的上下运动带动阀杆、阀芯运动，改变节流阀的流通面积，调节泡沫灭火剂流量，保持泡沫灭火剂压力与消防水压力之间的平衡，并使泡沫灭火剂按规定的压力输入比例混合器中。平衡阀的工作原理如下：泡沫浓缩液从泡沫泵输出后，一部分通过比例混合器进入主水管路，混合成灭火用泡沫混合液；另外，多余的泡沫浓缩液通过平衡阀返回泡沫罐。平衡阀的主要作用是平衡主水管路压力与比例混合器进口泡沫浓缩液的压力，只有当这两个压力保持平衡时，比例混合器的工作准确度才能保证。

平衡式泡沫比例混合装置的主要优点：

(1)通过平衡阀动态调节进入泡沫比例混合器的泡沫量，保证其在一定流量下有精确的混合比。

(2)泄压/持压阀泄压回流，能保证装置额定工作压力的稳定。

(3)适用于目前任何泡沫灭火剂。

(4)泡沫灭火剂罐是常压储罐，在灭火过程中可以随时向储罐内添加泡沫灭火剂，适合用于大中型泡沫灭火系统，特别是石油化工企业、大型油库、机场、码头及海上钻井平台等重要场所。

该装置的缺点：系统管路复杂、必须配备单独的测量与控制设备；采用的齿轮泵造价高、维护成本高；不适宜小型灭火场所；对电源有依赖性，有可能在火场无法工作。

三、机械泵入式泡沫比例混合装置

机械泵入式泡沫比例混合装置由水轮机与柱塞式或滑片式从动泵及变速机构等构成，水轮机安装在系统供水管道上，从动泵连接在系统泡沫灭火剂供给管道上。工作时，水轮机在泡沫系统供水管道内压力水的驱动下，带动柱塞式或滑片式从动泵运转，并向供水管道注入泡沫灭火剂，调整水轮机与从动泵间的转速比，可使泡沫混合液达到理想的混合比。消防水管内径恒定条件下，水压越高、水流量越大、水轮机转速越快、泡沫灭火剂注入量也就越大，反之亦然，即其混合比自动调节。把泡沫原液加压后注入水轮机内，源源不断地配制出精确混合比的泡沫混合液，供给泡沫灭火设备进行有效的灭火作业，如图4-3所示。

此装置无额外供电的需求，相当于在消防供水管道中加入了一个特殊的阀门，系统可靠性大大增强，结构复杂程度大大减少。由于常用泡沫灭火时的混合比通常在0.1%~6%之间，需要注入消防水的泡沫灭火剂流量很小，因此水轮机需要输出给泡沫泵的功率也会很

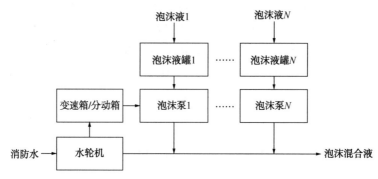

图 4-3　机械泵入式泡沫比例混合装置原理示意图

小，所以水轮机对消防水的压力损失相应也会很小。而且由于泡沫泵是容积泵，泡沫灭火剂可直接注入消防水管道，无需任何比例混合器，从而也不存在比例混合器产生的额外压力损失。水轮机和泡沫泵之间使用变速箱连接时，可通过调节传动比方便调节泡沫混合比。使用分动箱连接时，还可同时混合多种介质。

由于水轮机和泡沫泵都是容积式结构，容积式水轮机每旋转一圈所流过的消防水是一定的，根据混合比所配的容积式泡沫泵被其驱动旋转一圈所输出的泡沫原液的容量也是固定的，这样流过水轮机的消防水和注入其中的泡沫原液就形成了精确混合比的泡沫混合液，充分保证了泡沫混合液的灭火效能。

机械泵入式泡沫比例混合装置的核心在于一种特殊的水轮机，有别于现有的常规水轮机，泡沫装置要求水轮机的输出转速跟水流量成正比，而且有足够的输出扭矩以驱动泡沫泵。机械泵入式泡沫比例混合装置在调试、使用之后，要及时冲洗泵体内残存的泡沫原液。否则会因泡沫原液黏度较大，长时间存放于泡沫泵内而沉淀结垢，致使泡沫泵螺杆黏结而无法盘车。

机械泵入式泡沫比例混合装置具有以下优点：

（1）泡沫灭火剂的混合比精确。水轮机和泡沫泵都属于容积式，由水轮机带动泡沫原液泵同轴转动，形成了精确的混合比。

（2）节省能源。水轮机驱动力为系统的消防水，不需要电力系统或柴油机系统提供动力，且驱动水轮机的压力水不向外排放，节约了 10%~20% 的水资源。

（3）结构简单，操作方便。与传统平衡式泡沫比例混合装置比较，不需用平衡阀、安全阀、比例混合器等，并缩短了泡沫灭火剂管路。尤其是不再需要复杂的柴油机点火系统，操作界面简单，便于生产运行人员和维护人员操作和维护。

（4）装置适用于任何泡沫灭火剂，在灭火过程中可以随时添加泡沫灭火剂，能更好地满足现代大型泡沫灭火消防工程的需要。

四、计量注入式比例混合装置

计量注入式比例混合装置主要由常压泡沫灭火剂储罐、泡沫比例混合器、泡沫灭火剂泵组、流量计、控制盘等组成，由流量计与控制盘等联动控制泡沫灭火剂泵组向泡沫灭火系统中按设定比例注入泡沫灭火剂。

当消防主管线有消防用水时，控制盘根据流量计传输来的流量数据发出指令并控制泡沫灭火剂泵按比例输送泡沫灭火剂，控制器按照设定的泡沫混合比和消防水流量计算出所需的泡沫灭火剂流量，并通过控制变频器、变频电机、容积泵将需要的泡沫灭火剂从泡沫灭火剂罐中抽出注入消防水管道，与消防水混合形成泡沫混合液。输送的泡沫灭火剂流量准确率在99.5%以上，工作原理如图4-4所示。

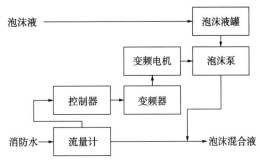

图4-4　计量注入式泡沫比例混合装置
原理示意图

　　该装置在运行过程中，可确保混合液以精确的比例供给泡沫产生装置，不仅使泡沫产生装置产生的泡沫处于最佳状态，而且节约泡沫灭火剂，以达到最佳有效的灭火作业。该泡沫比例混合装置能同时满足高、中、低倍数的消防设备使用(需根据要求选配不同的泡沫灭火剂)，有效解决高、中、低倍数泡沫比例混合装置只能单独使用的问题。

　　常用的计量注入式比例混合装置结构原理主要有两种：一种是以控制泡沫灭火剂泵转速大小来控制混合比的结构，即调整泡沫灭火剂泵(一般为定容积泵)的转速，泵按装在比例混合器出口的流量计反馈回来的流量大小自动调整供给泡沫灭火剂的多少，在各个流量范围内保证精确的混合比例；另一种是以控制泡沫灭火剂阀门开度大小来控制混合比的结构，即将泡沫灭火剂泵的出口压力自动调为恒定，再按不同的工作流量大小来调整装在泡沫灭火剂泵出口上的比例控制阀的开度大小，从而在各个流量范围内保证精确的混合比例。

　　该装置流量大且范围广，并可以精确地设定混合比。可广泛应用于石油化工、大型油库、海上平台、钢厂、电厂、机场、机库及港口码头等场所。

　　计量注入式比例混合装置主要特点：

　　(1)流量大且范围广，可达300L/s以上，能更好地满足大型泡沫灭火系统的需求。

　　(2)混合比例能在较广的流量范围内保证准确度，极大地节约了泡沫灭火剂。

　　(3)使用常压泡沫灭火剂储罐，泡沫灭火剂储存量大，使用过程中能及时添加泡沫灭火剂。

　　(4)与平衡式比例混合装置相比，能很好地解决灭火过程中泡沫灭火剂与水压不平衡而影响混合比的问题。

　　(5)可在线设定精确的混合比，并能在 $0\sim x$ 进行无级可调(x 为预定的任意混合比值)。

第三节　压缩空气泡沫集成模块

　　压缩空气泡沫集成模块通过调整压缩空气、水和泡沫灭火剂的混合流量和混合精度的方式实现泡沫混合高效发泡的功能，压缩空气泡沫灭火系统一般由消防水泵、水罐、泡沫罐、泡沫泵、泡沫比例混合装置、高压气源、压缩空气泡沫产生装置、控制管路与阀门、电路及操作系统、喷射器等组成，其中，消防泵、泡沫泵、高压气源、压缩空气泡沫产生装置、泡沫比例混合装置、控制与操作系统是压缩空气泡沫集成模块，是压缩空气泡沫灭火系统的核心部分。

　　压缩空气泡沫灭火系统工作原理是消防水泵从水罐或水池中吸取消防水注入到压缩空气

泡沫产生装置中，此时经过水流量的检测，控制电动泡沫泵根据水流量大小以一定的比例从泡沫罐中吸取泡沫灭火剂，并将其注入到发泡装置中，同时通过控制器的计算，控制高压气源将一定比例的压缩空气也注入发泡装置中，泡沫灭火剂与纯水在压缩空气的作用下充分发泡。泡沫混合比例主要影响泡沫的灭火效果，空气与混合液的混合比例决定所产生泡沫的干湿程度，分别适用于不同工况下的灭火作业。

压缩空气泡沫集成模块的具体要求是：

（1）消防水泵为离心式水泵，是消防系统的动力输出设备。水经过离心水泵被加压到0.8MPa左右，使水流获得了较大的动能，可以获得较远射程，为灭火提供了基础条件。真空泵主要作用是吸引水，产生一定的真空度，吸取外部水源。在水罐无水时，可防止消防水泵的空转，为消防水泵提供初始的水源，达到外部取水的效果。

（2）泡沫比例混合装置是提供泡沫精确混合比率的核心部件，其混合比率的调节范围在0.1%~6.0%之间，由控制系统根据需要自动或手动调节，保证产生系统所需的混合液。

（3）高压气源通常使用螺杆式空压机，其具有高可靠性、结构简单、体积紧凑、产生气量大以及工作效率高的特点。为泡沫系统提供混合气体，同时为消防系统中的各个气动阀门供给压缩空气。

（4）控制部分是一个复杂、精确、自动化的系统，它把几部分设备有机地结合在一起，完成水、泡沫、压缩空气的精确混合，产生理想的空气泡沫。

（5）泡沫泵为抽取泡沫灭火剂的设备，一般采用柱塞泵和齿轮泵两种形式，满足准确、高精度且易控的要求。

（6）气动阀门对各个管路开启和闭合起控制作用，控制各个管路中是否有介质流通，是控制系统编程的主要控制部分，主要实现逻辑控制。

压缩空气泡沫系统是一种"高能量"的系统，它的压力来源除了消防水泵的压力外，还有空气压缩机的压力，其所推动的物质是含有水分的气泡，所以在一般相同条件的情况下，它所喷射出的泡沫比传统的水，或是传统的泡沫混合液都要高、要远。压缩空气泡沫集成模块可应用于压缩空气泡沫消防车、固定管网式压缩空气泡沫灭火系统、橇装式压缩空气泡沫灭火装置等。

国外最早应用的是A类压缩空气泡沫消防车，空压机供气能力有限，一般产生的压缩空气泡沫流量较低，泡沫混合液流量仅为3~18L/s，只能维持在700~800L/min的范围内，只能用于建筑类一般规模的火灾扑救，无法保证工业级别（泡沫混合液流量至少10000L/min）的应用。

随着我国经济结构的调整以及工业化、信息化、城镇化的深入发展，各类高层、地下、石油、化工等易造成群死群伤重大灾害事故的发生概率明显增大，消防队伍已逐步成为执行各种灭火救援任务的主力军和尖兵力量，新的形势和任务迫切需要全面提高各类灾害事故的应对处置能力。压缩空气泡沫灭火系统适用性广、灭火效率高，是近年来消防救援队伍应及时学习掌握的技术。

第四节 大流量液氮泡沫灭火装备

目前消防车及固定式泡沫灭火系统在扑救石油化工企业重大火灾时，水、泡沫灭火剂用量极大，泡沫稳定性差，吸气式泡沫灭火效率一般，二次污染严重，往往采用"车海战、人海战、持久战"，很多火灾是以储罐燃尽结束。如福建漳州古雷腾龙芳烃"4·6"爆炸着火事故，现场 269 辆消防车参与处置，消耗泡沫原液超过 1400t，灭火时间达 56h；大连"7·16"输油管道爆炸泄漏特别重大事故，260 辆消防车参与处置，消耗泡沫原液超过 1000t，灭火时间将近 80h。

对待油罐火灾只有两种办法，即：让其自行烧尽并熄灭，或者用泡沫将其扑灭。到目前为止，人类能够控制大型油罐火灾并将其成功扑灭的概率很小。长期以来，在人类能够成功扑救的油罐火灾事故中，油罐直径一般局限在 40~50m 的范围内。对于现在直径更大的油罐发生全面积火灾或发生群罐火灾后能否将其控制并成功扑灭，仍然是消防界一个值得争论和探讨的问题。

从目前扑救大型储罐全面积火灾的成功案例看，绝大多数依靠移动式消防设备，如泡沫运输车、泡沫消防车、消防水罐车、高喷车、移动式消防炮等。目前世界上成功扑救全面积火灾的最大储罐直径达 82.4m，其成功的关键是采用了两台大流量泡沫炮，泡沫混合液总流量超过 40000L/min，这对现场的供水与供泡沫灭火剂提出了巨大挑战，能否采用更高效的泡沫灭火技术去处置大型储罐火灾，是当今人们一直在探索的方向。

压缩空气泡沫灭火系统是将空气注入到泡沫混合液中，而不是吸入火灾现场污染的高温空气，所以能够产生高质量的泡沫。压缩空气和泡沫灭火剂注入时具有较高的动力，输出的压缩空气泡沫喷射量大，覆盖范围大，能够穿透火羽流到达着火部位，起到较好的灭火效果。压缩空气泡沫系统产生的泡沫尺度小、气泡直径分布范围较窄，压缩空气泡沫的稳定性强，还可调节泡沫混合液和压缩空气的流动速率来改变压缩空气泡沫的膨胀比率，而且压缩空气泡沫抗复燃能力强，压缩空气泡沫消防车在灭火时泡沫、水用量少，灭火效率高，泡沫灭火剂的用量仅是常用空气泡沫系统中用量的一半，因此，人们普遍认为大流量压缩空气泡沫消防车在石油石化火灾处置方面具有明显的技术优势。

压缩空气泡沫消防车是当今国内外消防企业的主攻目标之一，由于其具有单车灭火效率高、灭火强度大、用水量少、水渍损失小及供液垂直距离高等特点，受到国内消防救援队伍的欢迎。

现在生产压缩空气泡沫消防车的公司主要有美国希尔、德国施密茨、奥地利卢森宝亚、美国大力、西格那、德国一七、德国迈凯以及我国徐工消防、上海格拉曼国际消防装备有限公司、四川川消消防公司等。目前国内压缩空气泡沫消防车制造企业主要采用进口压缩空气泡沫系统+国产底盘（或进口底盘）和上装结构的生产方式，核心的压缩空气泡沫系统仍然依靠进口的系统。

国内外压缩空气泡沫消防车一般应用于 A 类火灾场景，尤其适用于扑救建筑类、森林及灌木丛、草场、轮胎等 A 类固体物质火灾以及运输工具内部火灾等。同时利用泡沫轻盈、含水量少的特点，可节省灭火人员体力，利于长时间灭火作业，同时由于泡沫轻，可以输送至更高的高度，适用于高层建筑灭火。

A 类泡沫灭火剂在压缩空气泡沫系统中使用时，控制发泡倍数在 15~25 倍之间时，灭 B 类火灾效果较好。不同发泡倍数状态下，泡沫射程范围在 25~30m 之间分布。发泡倍数越高，射程越短。这主要是因为发泡倍数较高时，同体积下的泡沫质量较轻，即使射流速度相同，泡沫动量也相应较小，所以导致射程较短，并且当发泡倍数较高时，泡沫射流更为分散，风阻相对较大，所以同样会对射程有一定影响。

近些年，欧洲已经开始采用压缩空气泡沫消防车进行油罐火灾扑救的探索和应用。压缩空气泡沫系统无论是移动式还是固定式泡沫系统都受制于空压机的排气量，无法满足石化行业重大火灾大流量泡沫喷射灭火需求，尤其是处置大型储罐全面积火灾、群罐火灾、多灾种耦合的石化装置区火灾所需的灭火剂量更大。

当前石化行业不断提升吸气式泡沫灭火系统流量，采用大流量泡沫炮扑救火灾，单台消防炮泡沫混合液流量已经达到20000～30000L/min，这大大增加了供水系统、泡沫供液系统的供给难度。企业固定式消防管网供给能力往往不能满足供给要求，只有依靠远程供水系统、供泡沫灭火剂系统提供支援。

利用压缩空气泡沫技术的高效灭火优势，将超大流量压缩空气泡沫系统应用于 B 类火灾扑救，是我国石化消防研究领域的一项重大课题。

对此，笔者研究团队研究了液氮泡沫产生技术，探讨了工程应用方案，旨在实现大型储罐快速灭火的目标。

一、液氮泡沫产生原理

液氮泡沫灭火系统的工作原理是利用液氮代替大型空压机、气瓶等供气设备，液氮与泡沫混合液按一定比例在一定流量和压力下直接注入专用气液混合器中，经过充分换热、气化及扰流混合，通过改变两相流体流场，形成致密稳定的泡沫。液氮与泡沫混合液经过专用的混合器接触后能够迅速气化，该混合器可有效避免液氮导致的泡沫混合液结冰问题，同时，产生的气体能够快速与泡沫混合液混合，瞬间形成巨大的微气泡团。

由于液氮储存温度约-196℃，其气化至常压后体积膨胀约700倍，即1体积的液氮通常可以提供约700体积的常压氮气，由液氮产生的气体体积与液氮本身体积相比大大增加，而常规压缩空气的压缩比不超过20，因此，在获得相同量气体的情况下，液氮供气的方式可大大减少气体源的体积，为实现大流量供气提供了技术条件。

根据泡沫灭火系统的持续供给时间及泡沫混合液的流量，即可计算确定液氮的储存量及供给流量。

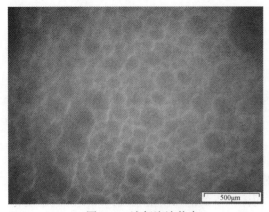

图4-5　液氮泡沫状态

二、液氮泡沫性能

1. 微观状态

采用电子显微镜观察液氮泡沫，泡沫图像如图4-5所示。气体与泡沫混合液混合方式改变了泡沫状态，液氮泡沫微观状态平均直径20～50μm，液氮泡沫的气泡直径小、气泡均匀，液氮泡沫的气泡层稳定性提升。液氮泡沫是液氮在泡沫混合液内由内而外的发泡过程，液氮进入泡沫混合液内后立即吸热气化，液氮剧烈膨胀，气体膨胀过程是气体与液体充分混合和发泡的过程。

2. 泡沫喷射性能

在发泡倍数方面，控制液氮的注入量可调节液氮泡沫的发泡倍数。试验结果显示利用水成膜、氟蛋白等泡沫产生的液氮泡沫，最大发泡倍数一般控制在12左右，即使增大液氮的注入量也无法呈线性增大发泡倍数，发泡倍数反而降低，这是因为液氮量增大后，气体产生量增加，剧烈气化的液氮会破坏已产生的泡沫，导致泡沫层破碎，降低了发泡倍数，多余的氮气从气泡间逸出而未参与发泡。

在25%析液时间方面，采用水成膜泡沫灭火剂，液氮泡沫析液时间一般可达3~5min，甚至更长。喷出的液氮泡沫层在无风情况下能稳定存在十多个小时。从气泡的热力学稳定角度分析，液氮泡沫气泡小，且气泡直径均匀，相邻气泡的边界受力相对均衡，泡沫层的整体稳定性提升。

3. 泡沫灭火性能

分别在模拟罐上以车用柴油为燃料，采用水成膜泡沫灭火剂开展了多尺度油盘的液氮泡沫灭火试验与对比测试。测试结果如表4-4所示，试验过程如图4-6所示。

表4-4　泡沫灭火试验结果

储罐直径/mm	泡沫供给强度/[L/(min·m²)]	泡沫类型	灭火时间/s	泡沫混合液消耗量/L
1100	2	压缩空气泡沫	123	4.1
1100	2	液氮泡沫	83	2.7
1100	3	液氮泡沫	43	2.2
1100	3	压缩空气泡沫	72	3.6
3600	3.1	液氮泡沫	153	78
3600	3.1	压缩空气泡沫	234	119
26000	8.6	液氮泡沫	61	4636
26000	5.7	吸气式泡沫	215	10750

图4-6　直径3600mm与直径26m油盘全面积火灾液氮泡沫系统灭火试验

液氮泡沫的灭火能力较压缩空气泡沫高，喷射流量相同时，液氮泡沫灭火装置的灭火剂消耗量仅为压缩空气泡沫灭火装置的60%~66%，而液氮泡沫比吸气式泡沫具有更强的灭火能力，其灭火剂消耗量仅为吸气式泡沫的40%，可见，三者的灭火能力由大到小分别是液氮泡沫、压缩空气泡沫、吸气式泡沫，灭火效能的比值约为5:3:2。

从泡沫产生方式看，液氮泡沫与压缩空气泡沫相比，液氮气化膨胀过程是液氮自泡沫混合液射流内部开始的源位发泡过程，因液氮较泡沫混合液体积少得多，液氮可充分与泡沫混合液射流换热，并在射流内部膨胀，增强了氮气与泡沫混合液的混合发泡效应，同时，液氮气化膨胀也增加了泡沫射流的动能。

从发泡的角度看，液氮气化膨胀效应可简化传统的压缩空气泡沫灭火系统内的气液混合器扰流装置，降低扰流装置的输送阻力，这是液氮泡沫系统的独特优势，需要注意的是，液氮在泡沫混合液射流内部气化发泡，为实现大流量喷射液氮泡沫提供了技术条件，该气化发泡过程提升了大股流体内部的发泡效果。

液氮泡沫与吸气式泡沫相比，吸气式泡沫是由泡沫混合液高速射流形成的射流周围的负压区吸入空气，空气被动与泡沫混合液由外及里地掺混发泡，空气首先与射流外围的泡沫混合液混合，进而随着射流的前进及扰动，少量空气进入泡沫混合液射流内部发泡，在大流量喷射情况下，泡沫混合液射流直径大，外围的空气很难进入射流内部发泡，因此，这种发泡方式形成的泡沫气泡不均匀，泡沫混合液发泡不充分，所产生的泡沫层不稳定，导致该泡沫灭火性能低。

从参与发泡的气体来说，液氮泡沫所产生的气泡内储存的是低温氮气，液氮与泡沫混合液在混合换热后，泡沫混合液降温约 $1 \sim 2\,^\circ\mathrm{C}$，气泡内氮气温度约 $5 \sim 15\,^\circ\mathrm{C}$，气泡在火焰内破裂后释放出大量氮气，起到局部抑制燃烧的作用。而压缩空气泡沫的气泡内储存的是空气，气泡在火焰内破裂后释放出空气，是助燃气体，从油罐灭火过程可观察到，在压缩空气泡沫射流初始进入火焰体内时，火焰明亮度增加，这是火焰内瞬时补充了新鲜空气加剧燃烧的原因，而液氮泡沫射流初始进入火焰体内后，射入泡沫的位置火焰颜色明显变暗，说明液氮泡沫在火焰内破裂后释放出氮气团，在火焰局部起到了窒息作用。而吸气式泡沫则是由泡沫混合液射流吸入了火场内高温空气，空气温度一般在 $50\,^\circ\mathrm{C}$ 以上，所产生的泡沫温度偏高，且气泡不稳定，灭火效能低。对于压缩空气泡沫消防车而言，其空压机长时间工作后，空压机所输出的压缩空气温度也较高，通常也在 $40\,^\circ\mathrm{C}$ 以上，高温气体不利于气泡的稳定。无论是气体类型还是气体温度，液氮泡沫的灭火优势明显。

4. 液氮泡沫远程输送性能

泡沫静置的过程会伴随着析液和聚并现象。泡沫在流动过程中，管道始终保持一定的静压，泡沫内部气相一直处于一定的压缩状态，且管道中泡沫具有一定的流速，不仅导致液相不易析出，还会使泡沫沿柏拉图通道（由三个气泡聚集在一起形成的凹三角形柱状通道）析出的少量液相迅速重新混合，保持着发泡-破裂-再发泡的循环过程，从而使泡沫一直保持一个较为均匀的状态，不会持续发生两相分离现象。

气液混合形成的流体流型与气液比有关，在室温条件下，在经由泡沫系统的气液混合器后，泡沫流动完全发展，气液两相流动速度相等。实际泡沫流体在被压缩的过程中，有两部分阻碍泡沫体积减小的力，即气体分子间的斥力以及气泡液膜表面吸附的表面活性剂的双电层离子间产生的斥力。液膜表面分子间的斥力导致泡沫与气液两相分离混合物压缩性能存在差异。

泡沫按照气量由少到多的顺序，根据管内流体的外观形状，将在水平管道中的流体分为泡状流、塞状流、层状流、波状流、弹状流及环状流。

气液比、混合比和流速等多种因素均会影响泡沫的形态，在不同的条件下，泡沫会呈现出不同的流型特征：泡状流的气相含量比较低，气体以离散的小气泡形式分散在连续的液相内，气泡趋向于沿管道顶部流动。随着气体含量的增加，部分小气泡合并成大气泡，形成栓塞状，而且此时在大气泡中间仍然存在小气泡，分布于连续的液相内，气泡趋向于沿管道顶部流动，此时流型为塞状流。

在气液两相流速都比较低时，两个相的流动存在明显的分界面，由于液相的密度及所受重力大于气相，液相在管道下部流动，气相在管道上部流动，此时为层状流。

气体含量进一步增加并提高气体流速，在原本较为光滑的气液分界面上掀起了扰动的波浪，此时为波状流。

随着气体流速的进一步增加，分界面处的波浪被激起与管道上部管壁接触，形成弹块状并以高速沿管道向前推进，此时为弹状流。

当气体流速进一步增大时，管内会形成气核，环绕管周会形成一层液膜，液膜连续均匀地环绕整个管周，且管道下部液膜较厚，而气核中夹带有液滴，此时为环状流。

在长 1000m 的消防管路末端检测泡沫性能，泡沫倍数约 7~8，泡沫 25% 析液时间为 3~4min，与液氮泡沫装置出口的泡沫状态相同。在泡沫管路上每隔 100m 设置了玻璃管，观察管道内泡沫的流动状态。从泡沫输送情况看，泡沫中途未出现析液现象，满足长距离输送条件。

三、大流量液氮泡沫消防车

中石化安全工程研究院有限公司研发了液氮泡沫系统（LNFS）技术，开发了液氮泡沫消防车，泡沫混合液流量可实现 240L/s 以上。液氮泡沫灭火系统可有效解决压缩空气泡沫系统无法大流量供气的问题。液氮泡沫系统可使用 B 类泡沫灭火剂，通过液氮比例调控实现泡沫干湿程度的调节，满足不同使用需求。

1. 车辆配置

整车由主要底盘、器材箱、外供泡沫混合液管路、液氮罐及自增压系统、液氮泡沫灭火装置、液氮泡沫产生装置、液氮管路及各类阀门、控制系统和电气系统等组成，如图 4-7 所示。

液氮罐容积 12m³，最大工作压力 1.5MPa，持续供液时间 1.5~6h。氮气输出量：100~400Nm³/min（输出压力 0.4~1.2MPa）。该液氮罐的自增压系统采用定制，可直接向外输出大流量高压氮气，用于灭火现场的氮气惰化等消防保护。

图 4-7　大流量液氮泡沫消防车

2. 应用方式

该大流量液氮泡沫消防车的主要作用是产生高质量的液氮泡沫，该消防车包括液氮罐与泡沫发生装置及控制系统，泡沫混合液由外接的泡沫消防车提供，所产生的液氮泡沫需要由外接的泡沫炮、泡沫枪等喷射装置进行喷射。因此，该大流量液氮泡沫消防车可与石化企业现有的泡沫消防车、高喷车、消防炮等组合使用，形成灭火编组。

该大流量液氮泡沫消防车主要用于扑救罐区及装置区的地面池火与地面流淌火、罐内火灾、群罐火灾，还可用于快速覆盖未燃烧的泄漏液体，起到抑制蒸发、消除可燃气的作用。

该大流量液氮泡沫消防车的输出口可与高喷车、移动式消防炮、车载消防炮、消防机器人、泡沫枪及罐壁固定式泡沫系统等喷射设备连接喷射，应用方式灵活，适用于多种事故场景，主要应用方式如图4-8所示。

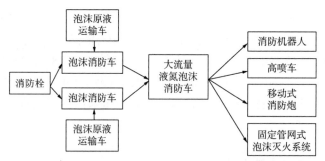

图4-8　大流量液氮泡沫消防车编组应用示意图

四、技术优势

通过大尺度油盘的灭火对比测试，以液氮气化发泡为核心技术的大流量液氮泡沫灭火装置，与国内外现有泡沫灭火装置相比，具有如下优势：

1. 液氮泡沫层稳定性高，抗复燃能力强

液氮泡沫的发泡倍数一般控制在6~8，液氮泡沫层的稳定时间可达240min以上。在大尺度油盘的灭火试验中，液氮泡沫覆盖的着火区域未发生复燃，而吸气式泡沫覆盖的区域因其周边持续燃烧，造成泡沫层破裂，发生了局部油面复燃，主要原因是液氮泡沫气泡小且均匀，耐热膨胀能力高，不易被高温破坏。

2. 氮气窒息与泡沫双重灭火作用

液氮泡沫喷入着火油面后，泡沫落入的区域燃烧抑制明显，火势明显变小，主要原因是液氮泡沫破裂后释放出氮气，随着液氮泡沫的持续喷入，释放的氮气在火焰内形成了局部阻燃区。而吸气式泡沫喷入燃烧油面后，火焰瞬间明显增强，燃烧加剧，该现象归因于泡沫层破裂后释放出空气，在火焰内起到助燃作用。

3. 液氮泡沫温度低，冷却效果好

液氮在泡沫混合液内气化发泡时会大量吸热，使得泡沫灭火剂温度降低1~2℃，泡沫层的吸热效果增强，提升了灭火作用。而吸气式泡沫设备吸收灭火现场的高温空气后发泡，泡沫层的温度远高于常温泡沫，所形成的泡沫层冷却效果相对较差。

4. 实现了液氮泡沫的大流量喷射

因液氮气化比高达700，少量的液氮气化即可产生大量的氮气。该技术实现了压缩空气泡沫系统的大流量高压持续供气，从而使得压缩空气泡沫系统可进行大流量喷射。

5. 供气设备成本低，操作简单

目前，液氮采用液氮罐储存与输出，技术成熟，无动设备，系统的故障率低，相对于欧美国家压缩空气泡沫灭火设备制造商采用的空压机供气方式，采用液氮气化供气方式可大大降低供气设备的成本与操作难度，提高设备运行的可靠性，可实现供气设备的长时间运行。

五、液氮泡沫灭火装备的工程应用

大流量液氮泡沫灭火系统的最终目标是解决传统压缩空气泡沫灭火系统流量低的难题，实现大流量压缩空气泡沫的喷射，替代吸气式泡沫喷射，提高灭火效率，用于重大火灾扑救。

对于化工园区来说，园区内有多个化工企业，保护对象包括生产装置、储罐、装卸栈台、大型厂房、危化品仓库等区域。液氮泡沫灭火系统可采用移动式与固定式相结合的方式。

1. 固定管网式液氮泡沫灭火系统

在生产区内设置固定管网式液氮泡沫灭火系统，取代现有的吸气式泡沫灭火系统。实施方式是在企业的各个泡沫站或消防泵站设置一定容积的液氮罐，通过液氮罐自增压系统向泡沫混合液发泡装置内注入液氮，产生的液氮泡沫通过固定管网向各个生产区输送。

对于生产区已有的泡沫灭火系统进行升级，原有的泡沫灭火系统及泡沫管网保持不变，在泡沫站或消防泵站内增设一台液氮罐，按现有的泡沫消防泵流量匹配液氮泡沫混合发泡装置，将吸气式泡沫灭火系统升级为液氮泡沫灭火系统，其灭火能力提升 2 倍以上。

以大型石化企业某泡沫消防站的泡沫混合液总流量 150L/s、持续供给 60min 计算，发泡倍数设为 7~8，则所需氮气的流量是 1200L/s，按液氮膨胀倍数 700 倍计算，则需要液氮的流量是 1.71L/s，60min 的需求量是 6156L，考虑喷射过程中 10% 的损耗量，液氮罐的充装率取 95%，则所需液氮储存量是 7200L。因此，每个泡沫消防站配置一台 8m³ 的液氮罐即可满足消防灭火要求，考虑到液氮罐的日常损耗率在 5‰ 左右，每个泡沫站设一台 10~12m³ 的液氮罐，当液氮储存量低于 7200L 时即补充液氮，这样在储存过程液氮的实际持续供给时间将大于 60min，增加了灭火系统的灭火能力。

在泡沫消防站的泡沫混合液出口总管上增设一台液氮泡沫发泡装置、液氮流量计、泡沫混合液流量计、控制阀门及控制箱等，实现液氮泡沫系统的自动控制，所生成的液氮泡沫通过固定管网输送至灭火对象实施灭火。

从成本角度考虑，液氮批量采购的价格约 1000~2000 元/吨，液氮罐（10m³）的成本约 12 万~18 万/台，再加上控制系统、阀门、流量计、发泡装置等设备，整套液氮泡沫灭火装置的材料成本约 28 万~35 万/套，相比于现有固定式泡沫系统灭火能力的成倍提升，从事故减灾减损角度看，该投资具有明显的经济效益和社会效益。

对于新建企业的消防系统，由于液氮泡沫的灭火能力远优于吸气式泡沫，因此，泡沫灭火剂储罐容积可降低，泡沫灭火剂储量可减少，消防泵的流量或台数可减少，管网的管径变小，这在保证灭火效能的前提下可大大降低消防装备投资。以 5000m³ 内浮顶储罐为例计算液氮泡沫灭火系统的配置，并与原有的吸气式泡沫系统对比。储罐直径 21m，按全面积火灾保护储罐，储罐面积是 347m²，消防系统配置情况如表 4-5 所示。

在实际工程应用时，可围绕液氮泡沫的产生原理根据企业的需求及实际情况进行个性化的详细设计，保证泡沫灭火系统的可靠性。

表4-5　固定管网式泡沫系统配置对比表

灭火系统类别	泡沫混合液供给强度/[L/(min·m²)]	泡沫混合液流量/(m³/h)	持续供给时间/min	消防泵数量/台	泡沫原液储存量(3%AFFF)/m³	液氮罐容积/L
液氮泡沫系统	2.5	53	30	1	0.795	331(80%充装量)
吸气式泡沫系统	6.0	124	60	2~3	3.720	—

2. 移动式液氮泡沫灭火装备

以扑救$10×10^4 m^3$浮顶储罐全面积火灾为例，对比分析吸气式泡沫、液氮泡沫所需配置情况。对于吸气式泡沫装备，基于国外灭火案例以及日本、API、LASTFIRE等国际标准与研究组织的推荐值，如表4-6和表4-7所示。

表4-6　美国及欧盟全液面火灾泡沫供给强度推荐值　　　　　　L/(min·m²)

储罐直径/m	不同标准中的泡沫供给强度			
	NFPA和API标准	欧盟标准(2009)	威廉姆斯公司标准	BP公司消防标准
<45	6.5	10	6.5	10.4~12.9
45~60	6.5	11	7.3	10.4~12.9
60~75	6.5	12	8.2	10.4~12.9
75~90	6.5	12	9.0	10.4~12.9
90~105	6.5	12	10.2	10.4~12.9
105~120	6.5	12	12.3	10.4~12.9
>120	6.5	12	12.9	10.4~12.9

表4-7　日本消防厅2005年消防炮流量标准

储罐直径/m	FDMA-日本(2005)	FDMA-日本(2005)换算后
	消防炮流量/(L/min)	泡沫混合液供给强度/[L/(min·m²)]
34~45	10000	6.5
45~60	20000	7.3
60~75	40000	8.2
75~90	50000	9.0
90~100	60000	10.2
>100	80000	<12.9

对于$10×10^4 m^3$浮顶储罐全面积火灾的扑救，泡沫混合液的供给强度至少需9.0L/(min·m²)，泡沫混合液流量至少45216L/min，持续供给时间为60min。对于液氮泡沫灭火系统，试验数据表明压缩空气泡沫灭火系统所需泡沫供给强度为吸气式泡沫灭火系统的1/4，因$10×10^4 m^3$浮顶储罐全面积火灾的燃烧面积大，根据大尺度油盘灭火试验数据，其泡沫混合液供给强度宜取5.4L/(min·m²)，则泡沫混合液流量是27130L/min。发泡倍数取7，供气量应是190m³/min，考虑损失量，供气量不低于200m³/min，在60min持续供给时间内泡沫混合液消耗量是1627m³，用水量较吸气式泡沫系统减少了近1000m³。所需供气量为12000m³，所需液氮量是17m³。此时只需派遣一辆液氮槽车进行配合灭火即可，一台

液氮罐车槽的容积一般是 25m³，该液氮槽车满载液氮后，持续供给时间可达 80min。对比情况如表 4-8 所示。

表 4-8　10×10⁴m³ 浮顶储罐灭火方式对比表

供气方式	供给时间/min	泡沫混合液消耗量/m³	供气设备数量/台	供气设备占地面积/m²	现场布置难易程度
吸气式发泡	60	2712	无	无	泡沫原液运输车和远程供水装置与泡沫炮连接，占地面积较小
压缩机供气	60	1627	7~10	35~70	（1）现场一般无法布置如此多的空压机，且输气管路复杂； （2）输气管也占用灭火现场的场地面积，7~10根高压输气管线将严重影响其他消防车辆和人员的通行。因此理论上可行，现场应用价值极小
液氮供气	60	1627	1	10	（1）现场方便布置，仅一台液氮罐车，仅一根液氮管线； （2）实际可供给时间是 88min； （3）采用氮气发泡，泡沫破裂后析出的氮气也有助于灭火，属于双重灭火作用，优于压缩空气泡沫系统

在化工园区及企业专职消防队配置大流量液氮泡沫消防车，该消防车上配置液氮罐、液氮与泡沫混合液的混合发泡装置及控制系统。该消防车与现有的泡沫消防车联合作业向外输出液氮泡沫。该液氮泡沫消防车可将 240L/s 的泡沫混合液变为液氮泡沫，因此，其可与 2~3 辆普通的泡沫消防车并联工作，通过移动式泡沫炮、高喷车、消防机器人、泡沫枪等进行喷射，由多个消防设备组成一个灭火单元。

液氮泡沫可输送 1000m 以上的距离，在罐区灭火时，液氮泡沫消防车可作为一个移动式泡沫站部署在距离着火罐较远的安全位置，形成"一托多"的消防装备配置模式，通过消防水带向灭火前线的多台喷射装备输送泡沫，既可以保障消防装备的安全，减少罐区灭火前线消防车辆的数量，避免"车海战术"，方便灭火一线消防车的进出，又可以提高灭火一线消防装备配置的灵活性，提升灭火效率。

大型储罐全面积火灾发生概率低，但后果极其严重，远超出我国风险接受范围。我国作为储罐数量多、单罐罐容大且储罐密集布置的石化大国，具备处置这类重大火灾的能力是大势所趋。对于大型浮顶储罐全面积火灾扑救，压缩气体泡沫灭火系统相对于吸气式泡沫设备具有明显技术优势，液氮与泡沫混合液在专用混合器内在适宜的工艺条件下直接混合发泡，能产生大流量液氮泡沫，这从根本上解决了压缩气体泡沫系统难以大量供气的问题，液氮在泡沫混合液内气化供气可代替多台大型空压机，使得大流量供气具备工程应用可行性，相对于空压机供气方式，液氮罐能替代多台大型空压机，可大大降低设备成本，简化设备操作，提高消防效率。

在大型罐区应用液氮泡沫灭火系统的技术路线科学、可行，这为我国提升大型储罐全面积火灾的灭火能力提供了技术保障。需要注意的是，液氮参与泡沫发泡形成氮气泡沫，氮气与泡沫具有双重灭火作用，尤其在大流量喷射条件下，泡沫破裂后释放出大量氮气，在火焰内局部形成低氧空间，有利于抑制燃烧，降低火焰热辐射，有利于泡沫在着火油面内逐步形成稳定的泡沫层，起到强化灭火的作用，液氮泡沫在封闭和半封闭空间内具有更好的灭火效果。

国内液氮成本低，低温设备与技术应用成熟，安全性高，在各行业应用广泛，使得液氮泡沫系统极具工程应用前景。近些年，远程供水系统及大流量泡沫消防车在国内发展迅速，单套远程供水系统的输水能力一般在 200L/s 以上，输送距离可达数公里；国内最大泡沫消防车的流量超过 10000L/min，泡沫原液运输车的配置也已越来越广泛。因此，在多台消防设备联用条件下，成套大型消防设备的供水能力、泡沫供液能力能满足扑救大型浮顶储罐全面积火灾的流量要求，在与大流量液氮泡沫消防车联用后可实现大流量液氮泡沫喷射灭火。

与欧美企业配置大流量泡沫炮相比，采用组合式配置大流量液氮泡沫消防系统的方式更适合我国国情，成套编组的消防装备移动灵活，组合方便，相互匹配性强。这种配置方式可大大提高单台消防设备的利用率，这些消防设备不仅可参与灭火编组，具备扑救大型储罐火灾的能力，还可单独作战，参与扑救一般规模火灾处置。

从经济性和安全性的平衡来看，我国大型浮顶储罐绝大多数位于大型石化企业、石化园区和港口码头。为降低投资成本，同时又具备灭火能力，当前阶段，采用移动式成套泡沫输送设备与半固定式罐壁喷射系统结合的方式更适合我国国情。

各省根据石化企业分布情况选取周边大型石化企业或化工园区建立区域化大型消防救援基地，集中配置远程供水系统、大吨位泡沫原液运输车及大流量液氮泡沫消防车，组建具备喷射大流量液氮泡沫的大型成套消防装备，以该基地为中心向周围辐射 200~300km，形成区域保护圈。在辖区内大型储罐发生全面积火灾后，成套大型消防装备可在 3h 之内到达事故现场，并迅速形成灭火战斗编组。

第五节　压缩空气泡沫喷射装备

一、压缩空气泡沫的喷射性能

压缩空气泡沫是一种气泡结构多变、体积可压缩的气液两相流，压缩空气泡沫在空中的射流轨迹与水的射流轨迹不同。压缩空气泡沫的密度是水的 10%~14%，射程比水短，射流轨迹呈明显抛物线。

在泡沫喷射过程中，泡沫射流轨迹变化主要受到自身重力、空气阻力及火焰热辐射的影响，射流喷射速度越快，泡沫射流的边界层因与空气剧烈摩擦，边界层脱离越明显，在泡沫射流顺风喷射时，泡沫射流的相对速度略有减小，有助于提升射程。

笔者研究团队利用液氮泡沫消防车与压缩空气泡沫炮连接，分别采用地面移动式消防炮及高喷车进行仰射与俯射喷射测试，考察泡沫射流状态变化，如图4-9~图4-11所示。从喷射情况看，从地面进行仰射时，泡沫射流的直流段相对较短，在喷射路径上存在泡沫射流边界层脱离现象，距离喷射口越远，泡沫散落越严重，在射流末端，泡沫射流完全散开形成泡沫幕状，泡沫射流的指向性差，不

图4-9　压缩空气泡沫消防炮的喷射

利于泡沫射流注入到火焰体内灭火。而采用泡沫炮俯射时，泡沫射流的直流段较长，泡沫射流的指向性很强，有利于将泡沫射流施加到燃烧区中心区域。可见，压缩空气泡沫的喷射方式对泡沫灭火能力影响较大。

图 4-10　正压泡沫炮喷射测试

图 4-11　高喷车正压泡沫炮俯射

从压缩空气泡沫的喷射研究看，泡沫射流在前半程具有良好的直线性，在射流达到最高点时，泡沫在水平方向的动能几乎降低为零，此时泡沫射流开始发散，在降落过程射流完全分散，主要原因是泡沫射流在最高点失去动能后，因泡沫射流的密度小，其势能较低，下降的速度慢，泡沫的浮力较大，飘散现象突出。

压缩空气泡沫炮口对准燃烧区域时，必须调整炮口的俯仰角使得泡沫落点与燃烧区域中心重合。泡沫落入火焰区的量越大，灭火效果越好。

在喷射速度方面，研究人员使用 TOF（Time of Flight）流速测试方法对压缩空气泡沫和水的喷射速度进行了实测。使用高速摄像机对喷射的水和压缩空气泡沫进行连续拍摄，由此算出流体单位时间内的移动距离。测试结果表明压缩空气泡沫在喷嘴出口处的速度较低，随后逐渐加速，约在距离水枪喷嘴 0.5m 处达到最大值。表 4-9 显示了距离水枪喷嘴 0.2m 和 0.5m 处的水和泡沫射流的速度。

虽然泡沫射流在飞行中的空气阻力远大于水，但由于压缩空气泡沫射流的喷射速度远大于水，所以它的有效射程及射高都不逊于水。从喷嘴至墙壁的距离和射高的关系还可以看出，压缩空气泡沫的喷射具有良好的直线性。

表 4-9　喷射速度的实测值　　　　　　　　　　　　　　　　　　m/s

喷射压力/MPa	水至喷嘴的距离		压缩空气泡沫（气液比 5:1）至喷嘴的距离				压缩空气泡沫（气液比 10:1）至喷嘴的距离			
	0.2m	0.5m	0.2m	0.5m	5m	10m	0.2m	0.5m	5m	10m
0.2	—	20.6	—	—	—	—	—	45	—	—
0.4	—	—	38.9	44.2	42.5	27.0	36.1	55.8	45.8	32.4
0.52	—	32.5	—	—	—	—	—	—	—	—

相对于一定的喷射速度，射程与喷射角度及流量等测试条件有关。采用某压缩空气泡沫消防车进行了泡沫射程测试。射程测试时的水枪喷射角度分别定为 5° 和 45°，而喷嘴至地面的高度均为 1.5m。测试数据如表 4-10 所示。

表 4-10　压缩空气泡沫与水的有效射程数据

气液比	泡沫混合液流量/(L/min)	喷嘴压力/MPa	发泡倍数	有效射程/m
6	300	0.46	8~9	28~29
11	300	0.22	11~12	28~30
17	187.5	0.12	16~17	22~23
21	150	0.10	20~21	20~21
水	295	0.57	—	24~25

　　压缩空气泡沫在管线内是充压状态，泡沫内的气泡压力大于大气压，泡沫流体处于压缩状态，压缩空气泡沫在离开喷嘴后膨胀加速。压缩空气泡沫通过输送管道和喷射器向着火区域喷射灭火，与吸气式泡沫相比，从消防装备到喷射器之间的管线内输送的是压缩空气泡沫，而非泡沫混合液，压缩空气泡沫是可压缩的多相流体，该流体进入大气时，泡沫射流膨胀，在喷射出口处流速加快，泡沫射流动能增加，射程明显提升。

　　目前，我国最大的原油浮顶储罐已达 $15×10^4m^3$（直径为 100m），一旦发生储罐全面积火灾，燃烧面积达 $7850m^2$，应用最多的大型浮顶储罐是 $10×10^4m^3$（直径为 80m），这些储罐间距为 0.4 倍储罐直径，多数罐群布置，储罐数量多，总库容超过 $500×10^4m^3$，单个储罐全面积火灾扑救难度非常大，如无法灭火，终将引发原油储罐沸溢，群罐火灾将难以避免，整个罐区可能会被烧毁。

　　国内外消防队扑救大型油罐火灾一般采用大型泡沫炮喷射泡沫的灭火方法。考虑到火灾危险性和人员安全，对泡沫炮射程和灭火效能的要求越来越高。国内外大流量泡沫炮流量为 20000~50000L/min，射程达 110~120m，在国家重点研发计划的支持下，具有自增压功能的大流量泡沫炮已实现了国产化。此类泡沫炮产品采用从泡沫炮出口的吸气口吸气发泡或直接喷射泡沫混合液，即非吸气喷射，泡沫混合液高速射流在空气中与空气碰撞混合发泡，形成低倍数泡沫，因泡沫混合液射流体积大、飞行时间短，泡沫射流与空气混合不充分，产生的泡沫析液时间短，灭火效能低，抗复燃能力较差。

　　目前，市场上鲜见大流量压缩空气泡沫炮，主要是压缩空气泡沫消防车的车载泡沫炮和泡沫枪。泡沫（发泡倍数为 6~8 倍）流量最大仅为 10~20L/s，喷射距离不超过 40m，远不能满足扑救大型石化火灾的需求。

　　压缩空气泡沫炮与普通泡沫炮最大的区别是炮内输送的是已经发泡的泡沫。因此，在相同泡沫混合液流量下，压缩空气泡沫炮的管径应更大，无需吸气口，且泡沫炮内不能存在破坏泡沫的内构件。国内研发人员初步设计出压缩空气泡沫炮样机，制作了 4 种规格的炮口，炮口内径分别为 96mm、70mm、60mm、40mm。参照 GB 19156—2019《消防炮》对压缩空气泡沫炮射程和泡沫性能进行测定。见表 4-11。

表 4-11　不同工况下压缩空气泡沫消防炮的流量与射程

炮口规格/mm	气液比	泡沫混合液流量/(L/min)	射程/m
96	15	1920	65
	10	1950	53
	7	2000	50

炮口规格/mm	气液比	泡沫混合液流量/（L/min）	射程/m
70	15	1760	78
	10	1920	72
	7	2000	65
	5	2280	65
60	10	1930	50
	7	2000	60
	5	2000	60
	3	2170	45
40	12	1100	38
	6	1500	53
	3	1670	45

压缩空气泡沫炮射程的影响因素分析：

（1）泡沫炮的射程最远能够达到78m，较压缩空气泡沫消防车上的消防炮射程提高了近1倍，基本满足小型石化火灾扑救的射程要求。因此，提高泡沫混合液流量，可以达到提高压缩空气泡沫炮射程的目的。

（2）压缩空气泡沫是一种气液两相流，影响压缩空气泡沫炮射程的因素很多。试验发现在相同的泡沫混合液流量下，影响射程最大的因素是炮口内径尺寸。开始阶段，随着炮口内径尺寸的增大射程也随之增大，40mm炮口射程最远仅有53m，60mm炮口射程最远提高到60m，70mm炮口的射程最远达78m，而96mm炮口的射程又开始降低，这是因为随着炮口内径尺寸的增加，流量不变，炮口出口压力变小，泡沫动能减小，射程开始降低。由此可知，对于某一泡沫混合液流量，存在最适宜的炮口规格，2000L/min泡沫混合液流量对应的最适宜炮口内径尺寸是70mm。

以70mm炮口的数据分析气液比对于射程的影响。射程随着气液比的提高而增加，从62m提高到78m。这是因为随着气液比的提高，泡沫流量增加，炮口出口压力增大，泡沫动能增加，射程随之提高。

表征泡沫性能最重要的参数是发泡倍数和25%析液时间。以70mm炮口的数据来分析泡沫性能的影响因素，以96mm炮口的泡沫性能作为补充。随着气液比的提高，发泡倍数和25%析液时间也随之增加；在5:1～15:1的气液比范围内，发泡倍数为6～11倍，25%析液时间为6～7min。

在泡沫喷射过程中，有一部分空气没有参与发泡，而是在泡沫破碎重新组合的过程中逸散出去，同时，泡沫在碰撞过程中也会卷吸进一部分空气进行发泡。经试验数据分析发现，实际发泡倍数与理论发泡倍数具有一定的偏差。随着气液比的升高，发泡倍数的负偏离度越来越大，气液比为15:1时，发泡倍数偏离度为-31.88%，说明有相当一部分空气逸散出去没有参与发泡。因此，如果取±30%的偏离度为可接受范围，压缩空气泡沫炮适宜的气液比为5:1～10:1，发泡倍数范围为6～11倍。

可见，对于大流量压缩空气泡沫装备来说，气液充分混合发泡是关键技术，从气液混合器的流场分布及两相流流动方面进一步优化气液混合过程，从流场优化、两相混合及边界层流态等方面研究提升气体与泡沫混合液的搅混过程，促进充分发泡，提高高压气体的利用率。

第六节　移动式压缩空气泡沫灭火装置

扑灭初期火灾是减少火灾损失、避免事故扩大的最重要环节。初期火灾一般指发生火灾初期 5min 之内的火灾，在火灾的初期阶段，可燃物质燃烧面积小，火焰不高，辐射热不强，火势发展比较缓慢。这个阶段是灭火的最好时机，如果发现及时、方法得当、用较少的人力加上有效的灭火器材就能迅扑灭初期火灾，符合"打早打小"的灭火原则。

移动式压缩空气泡沫灭火装置主要包括泡沫液罐、泡沫发生器、高压气瓶、阀门、泡沫管线、泡沫喷射器等关键部件，通常采用手提式灭火器、推车式灭火器、橇装式泡沫灭火器等方式。

推车式泡沫灭火器包括储能式灭火器、储压式灭火器。储能式泡沫灭火器是配置高压气瓶，泡沫喷射时向泡沫发生器内持续补充高压气体，保持恒压喷射；而储压式灭火器是泡沫液罐内预先储存了一定压力气体，在泡沫喷射时只依靠罐内压力气体推动泡沫喷射和发泡，在喷射过程中，罐内压力将逐渐降低，属于降压喷射，如图 4-12 和图 4-13 所示。

图 4-12　推车式压缩空气泡沫灭火器(储压式)　　图 4-13　推车式压缩空气泡沫灭火器(储能式)

橇装式泡沫灭火器的泡沫液罐体积一般较大，持续喷射较长，是移动式压缩空气泡沫灭火装置内最大容量的灭火设备，该设备一般置于固定位置不动，通过移动泡沫枪对周围区域实施保护。

笔者研究团队使用自主研发的手提、推车压缩空气泡沫灭火器，与市购的推车吸气式泡沫灭火器和手提干粉灭火器分别开展了地面流淌火灭火性能对比试验。

其中对 5L 车用汽油流淌火，采用 6L 手提压缩空气泡沫灭火器、吸气式泡沫灭火器和 8kg 干粉灭火器进行灭火试验；对 20L 车用汽油流淌火，采用 25L 压缩空气泡沫灭火器、45L 吸气式推车泡沫灭火器和 50kg 推车式干粉灭火器进行灭火试验，试验结果见表 4-12 和表 4-13，试验场景见图 4-14、图 4-15。

表 4-12　5L 汽油灭火试验

灭火器类型(手提)	压缩空气泡沫	吸气式泡沫	干粉
灭火剂量	6L	6L	8kg
预燃时间/s	10	10	10
燃烧面积/m²	6	6	6
灭火面积/m²	8	11	10
控火时间/s	8	13	不能控火
灭火时间/s	22	32	不灭火

表 4-13　20L 汽油灭火试验

灭火器类型(推车)	压缩空气泡沫	吸气式泡沫	干粉
灭火剂量	25L	45L	50kg
预燃时间/s	10	10	10
燃烧面积/m²	18	18	17
灭火面积/m²	21	22	25
控火时间/s	12	30	不能控火
灭火时间/s	45	68	不灭火

图 4-14　手提式压缩空气泡沫灭火器灭火

图 4-15　推车式压缩空气泡沫灭火器灭火

　　从试验结果可以看出：采用不同的灭火器，扑灭流淌火的时间不同。只有当灭火剂铺展面积大于燃烧面积时，才能控火和灭火。其中压缩空气灭火器灭火效果最好、灭火时间最短、灭火速度最快；吸气式灭火器次之；而干粉灭火器不能有效控火和灭火。这是由于压缩空气泡沫灭火器产生的泡沫均匀丰富、细腻稳定，不仅能快速灭火，同时具有很好的泡沫覆盖功能。

　　图 4-16 为泡沫混合液填充量为 200L 的移动式压缩空气泡沫灭火装置(储能式)。该灭火装置主要由电动托盘搬运车、泡沫混合液储罐、泡沫混合液、液位计、空气瓶组、减压阀、干/湿切换阀、泡沫发生器、泡沫软管卷盘、操作面板和保护罩等组成。

　　泡沫发生器是该移动式灭火装置的关键部件，是一种可产生匀泡、稳流、高动能的混合发泡装置。泡沫发生器一端与泡沫混合液储罐出口相连，另一端与泡沫软管卷盘相连接，并固定在泡沫储罐的上方。泡沫混合液通过泡沫发生器时，在泡沫喷嘴的作用下，喷射到扰流器上形成雾状液流。此时一定量压缩气体通过干/湿切换阀进入到泡沫发生器中，与雾状液流混合碰撞，在混合腔中充分混合，并产生泡沫。产生的泡沫进入消防卷盘，打开泡沫枪开关，对准燃烧物进行喷射。

利用移动式压缩气体泡沫灭火装置和负压式灭火装置在直径 1500mm 油盘上，以橡胶工业用溶剂油为燃料进行灭火测试，在泡沫混合液喷射流量相同的条件下，200L 负压式灭火装置的灭火时间为 180s，而同体积的移动式压缩气体泡沫灭火装置灭火时间为 80s，灭火时间仅是负压式泡沫灭火器灭火时间的 44%。

图 4-16　移动式压缩气体
泡沫灭火装置

以 10A 木垛火为灭 A 类火灾试验模型进行试验，按照 GB 8109—2005《推车式灭火器》，测试了该灭火装置灭 A 类火灾性能。试验结果表明，该灭火装置可成功扑灭 A 类火灾，且火灾 10min 之后未复燃。

相对于传统的移动式灭火器，如推车式干粉灭火器、吸气式泡沫灭火器、二氧化碳灭火器等，压缩空气泡沫装置发泡速度快，产生的泡沫细密均匀，稳定性好；泡沫附着力强，可附着在顶棚、钢板、管道、装置等表面上，挂壁效果好，可在短时间内将保护物体包裹起来，防止火灾侵害或者将燃烧物窒息灭火。

压缩空气泡沫稳定，析液时间和抗烧时间明显延长，灭火后，泡沫可长时间附着在保护物上，防止火灾复燃。当火情发生时，只需打开阀门，泡沫即从喷枪或者泡沫炮自动喷出实施灭火。该过程只需几秒钟，从而获得宝贵的初期黄金灭火时间。

移动式压缩空气泡沫灭火器机动性强、操作简便，无需任何外界动力、水源，可用于各类火灾的初发前期，为应急救援提供宝贵的黄金时间，广泛用于楼房、地下车库、罐区、仓库、化工装置、加油站、隧道、高速公路等区域灭火，可同时扑救 A 类、B 类火灾。

当前，建筑和工业场所移动式灭火器的配置均参照标准规范定量配置，在应对初期火灾配置灭火器方面，除了满足规范要求外，企业还应充分考虑燃烧物的类型、存储数量、储存方式、生产作业特点、工作人员数量等因素，同时，还应加强员工操作灭火器的培训，定期开展真火灭火演练，使得移动式灭火器发挥最大作用。

第五章

固定式压缩空气泡沫灭火系统在罐区的应用

第一节　固定式压缩空气泡沫灭火系统

一、固定式压缩空气泡沫灭火系统简介

压缩空气泡沫灭火系统由压缩空气泡沫产生装置、压缩空气泡沫释放装置、控制系统、电动(气动)阀门和管路等附件组成。常用的压缩空气泡沫喷射装置包括泡沫喷头、泡沫炮、泡沫枪等。

处置油品火灾主要采用泡沫灭火，目前罐区常用的泡沫灭火系统包括低倍数泡沫灭火系统、中倍数泡沫灭火系统、高倍数泡沫灭火系统。低倍数泡沫系统与中倍数泡沫系统发泡一般采用吸气式泡沫发生装置，在储罐上应用较多；高倍数泡沫系统的泡沫混合液通过喷头时以雾化形式均匀喷向发泡网，在网的表面形成一层泡沫混合液薄膜，由外界风送来的气流将混合液薄膜膨胀形成大量的气泡，因发泡倍数高，所形成的气泡体积大，造成泡沫层流动性很差，主要靠泡沫层堆积淹没式灭火，其主要应用于 LNG 罐区、封闭空间、大型仓库等场所。

这些泡沫系统存在的主要问题：一是从泡沫系统末端吸气发泡喷射释放的泡沫不均匀，泡沫空隙率高，产生的泡沫易破碎；二是泡沫发生器设置在储罐顶部，在火灾状况下，火场周围空气中会伴有大量的烟尘等杂质，且空气温度高，吸入式发泡方式极易将烟尘等杂质吸入泡沫发生器内，影响发泡质量，泡沫层稳定性弱。

压缩空气泡沫系统的泡沫产生装置设置在远离保护区的位置，该系统在联锁控制下通过泡沫管路将压缩空气泡沫输送至防护区内进行释放灭火。

从系统整个过程来看，压缩空气泡沫灭火系统将泡沫混合液的混合环节放到了整个系统首端，将压力气体正压输入，通过气液混合器、长距离输送管路保证泡沫混合液均匀、细腻且带有较高压力，确保空气泡沫在灭火系统管网最末端的喷射装置处仍具有较高动能，泡沫射流可穿越火灾现场的火羽流，喷射距离远。

二、罐区固定式压缩空气泡沫系统设置形式

储罐区泡沫系统通常采用固定式或半固定式泡沫灭火系统。固定式泡沫灭火系统应具有半固定功能，当固定系统出现故障时，可利用消防车向半固定泡沫系统输送泡沫进行灭火。

为保证泡沫在5min内上罐灭火，大型罐区泡沫管网一般呈环状敷设、枝状运行，小型罐区的泡沫管网也可采用枝状布置。为保证泡沫系统的供水，泡沫管网应独立于冷却水管网。泡沫系统管网阀门应设置在防火堤外侧地面上，在正常情况下，分区阀关闭，泡沫只能单向流动，以最快的速度和最短的距离上罐。管线和阀门在检修时可分段调整，也能保证泡沫输送。防火堤外应设置泡沫栓，用以连接泡沫枪或其他移动式泡沫灭火设备。

根据罐区的面积和平面布置方式，罐区泡沫灭火系统可设置为总站式泡沫灭火系统和分站式泡沫灭火系统。

1. 总站式泡沫灭火系统

总站式泡沫灭火系统将消防水罐/水池、泡沫灭火剂罐、泡沫比例混合装置、压缩空气泡沫发生装置、高压气源、泡沫消防泵、消防水泵、控制柜等集中设置在一个建筑内，产生的压缩空气泡沫通过管网输送到保护对象，如图5-1所示，总站式泡沫灭火系统适用于小型罐区，保护范围较小。

总站式泡沫灭火系统的缺点是：

（1）泡沫总站到各储罐组有一定的距离，故着火时泡沫到达储罐的时间相对较长。

（2）泡沫总站到各储罐区之间需要较长的泡沫管线，且该部分管线平时为空管，紧急启动灭火时泡沫充满管道需要占用一定时间。

2. 分站式泡沫灭火系统

泡沫站与消防泵房分开布置，独立泡沫站设在所保护的储罐组旁边。泡沫站内只设置泡沫比例混合器、泡沫灭火剂泵、压缩空气泡沫发生装置、高压气源和泡沫灭火剂储罐。泡沫站通过消防水泵房提供高压消防水的动力，启动各泡沫站内的泡沫比例混合装置配制泡沫混合液，进入泡沫发生器后与高压气体混合发泡形成泡沫，空气泡沫由泡沫站通过泡沫管网送到相应的储罐组区内，如图5-2所示，分站式泡沫灭火系统适用于大型罐区，对于多个罐组分别分区保护。

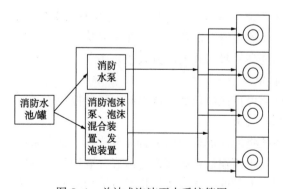

图5-1　总站式泡沫灭火系统简图

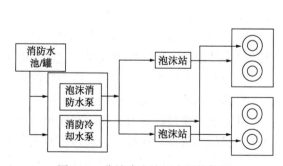

图5-2　分站式泡沫灭火系统简图

分站式泡沫灭火系统有以下优点：

（1）泡沫站与储罐之间的消防管线长度较短，只要启动消防泵，泡沫比例混合装置即刻运行，泡沫将迅速送到罐区的泡沫喷射器，泡沫到达最远保护储罐的时间将大大缩短。

（2）从泡沫比例混合装置到其保护的储罐区的泡沫管线相对较短，节省了滞留在泡沫管线内的泡沫量和冲洗的程序，减少了泡沫对管线的腐蚀。

第二节　压缩空气泡沫灭火系统在低沸点液体储罐区的应用

一、罐区基本情况

某企业环氧丙烷罐区共有 3 台 2000m³ 环氧丙烷固定顶储罐。环氧丙烷储罐采用微正压氮封，储罐直径 15m。

该罐区采用固定式泡沫灭火系统，配置了一套压力式混合装置。消防水主管道为：DN300，压力 0.8MPa。每台储罐对称布设 2 只吸气式泡沫产生器。消防泵站的消防水量为350L/s，供水压力为 1.0MPa；设消防稳压泵 2 台，额定流量为 5L/s，扬程 100m。罐区设置了 2 座消防水罐，每台水罐储水 2000m³。

对于低沸点易燃液体储罐的泡沫灭火系统设计，目前国内只有 CECS 394—2015《七氟丙烷泡沫灭火系统技术规程》规定：对于沸点低于 45℃ 可燃液体储罐，七氟丙烷泡沫供给强度不应小于 12L/（min·m²），连续供给时间不应小于 15min。美国 NFPA 11—2021《低倍数、中倍数、高倍数泡沫系统》未规定低沸点易燃液体的供给强度，适宜的供给强度应通过试验确定；欧洲标准 EN 13565(2)—2009 规定"沸点低于 40℃ 的易燃液体应采用较高的供给强度，适宜的供给强度应通过试验确定"。GB 50151—2021《泡沫灭火系统技术标准》中指出沸点低于 45℃ 的水溶性易燃液体储罐不能用空气泡沫系统灭火，而该标准规范未提及压缩空气泡沫系统的设计参数。DB37/T 1916—2017《压缩空气泡沫灭火系统设计、施工及验收规范》仅对普通储罐的压缩空气泡沫灭火系统设计做了要求，对沸点低于 45℃ 的非水溶性液体，设置压缩空气泡沫系统的适用性及其泡沫混合液的供给强度应由试验确定。因此，环氧丙烷储罐压缩空气泡沫灭火系统的设计参数需要通过试验确定。

二、泡沫混合液供给强度

1. 专用泡沫灭火剂

环氧丙烷因沸点低、易挥发、燃烧剧烈、火焰温度高等特性，发生火灾时扑救难度大。普通泡沫灭火剂难以扑灭，通常采用抗溶性水成膜泡沫灭火剂，试验证明这类泡沫灭火剂只能控火、无法灭火，因此，需选用环氧丙烷专用泡沫灭火剂，增加泡沫抗烧性。

该专用泡沫灭火剂具有灭火速度快、封闭性能好、抗复燃能力强等特点，对不同的极性溶剂火、乙醇汽油火及低沸点易燃液体火灾都有较强的灭火性能；按照 GB 15308—2006《泡沫灭火剂》对该灭火剂进行灭火测试，对环氧丙烷火的控火时间<1min、灭火时间<3min、抗烧时间>30min；对丙酮的灭火时间<2min；对异丙醇的灭火时间<1min；对橡胶工业溶剂油

的灭火时间≤2min，抗烧时间≥40min；具有灭火速度快、泡沫覆盖性能强等特性。检测结果见表5-1。

表5-1 专用泡沫灭火剂检测结果

项目	GB 15308—2006 要求		技术参数	实测数据
凝固点/℃	在特征值$^{+0}_{-4}$之内		≤-5	-8
pH 值	6.0~9.5		6.5~8.5	7.5
表面张力/（mN/m）	与特征值的偏差不大于10%		≤19.0	17.4
界面张力/（mN/m）	与特征值的偏差不大于10%		≤4.0	3.6
扩散系数	正值		≥0.0	3.7
发泡倍数	与特征值的偏差不大于20%		≥6.5	6.5
25%析液时间/min	与特征值的偏差不大于20%		≥8.0	7.5
腐蚀率/[mg/（d·dm²）]	Q235A 钢片：≤15.0		5.0	7.2
	3A21 铝片：≤15.0		1.0	1.0
灭火时间/min	≤3.0		≤3.0	2.5
25%抗烧时间/min	≥15.0		≥20.0	

2. 工程储罐灭火试验验证

（1）试验设置

该压缩空气泡沫灭火装置包括泡沫混合液储罐、离心泵、泡沫发生器、储气瓶、流量计、压力表、消防水带、泡沫喷射器等组成，如图5-3所示。

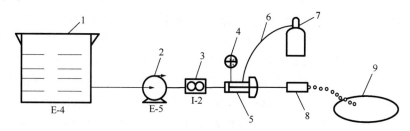

图5-3 灭火试验装置示意图

1—泡沫混合液储罐；2—多级离心泵；3—流量计；4—压力表；
5—泡沫发生器；6—氮气管路；7—储气瓶；8—直管枪；9—模拟油罐

试验条件及参数如下：

① 环境条件

环境温度：10~30℃；

泡沫灭火剂温度：15~20℃；

燃料温度：10~25℃；

风速：不大于3m/s。

② 灭火装置参数

泡沫混合液充装量：1000L；

离心泵：扬程95m，流量可调；

消防水带：DN50，25m；

泡沫直管枪：DN32。

③ 检测仪器设备

台秤：准确度 1.0g，量程为 50kg；

温度计：0~100℃，分度值 1℃；

秒表：分度值 0.1s；

风速仪：准确度 0.1m/s；

流量计：量程 1.5~15m³/h；

压力表：量程 0~1.0MPa；

试验罐：直径 3.6m，高度 1.5m，罐顶部外接开孔向下的盘管，冷却水采用泵循环，其冷却水供给强度大于 2.5L/(min·m²)。

燃料：环氧丙烷(工业级)，满足 GB/T 14491—2015《工业用环氧丙烷》的要求；

灭火剂：6%低沸点易燃介质专用泡沫灭火剂。

（2）试验方法

① 性能测试：泡沫灭火装置连接泡沫枪，启动多级离心泵，打开泡沫枪，测定发泡倍数。从流量计上直接读取流量值，压力表上直接读数压力值。将专用泡沫灭火剂按6%型泡沫灭火剂配制，搅拌均匀后注入泡沫混合液储罐中。

② 灭火步骤：

a. 将带冷却水喷射管的试验罐放置在地面上并保持水平，使试验罐处于泡沫喷出口的下风向。

b. 连接好冷却水喷射管的进水管，打开进水口阀门，将试验盘的冷却水温度控制在 10~25℃间。

c. 安装泡沫灭火装置，并将泡沫枪水平放置，使泡沫射流的中心打到试验盘中并高出燃料面(0.5±0.1)m。

d. 在试验罐中倒入环氧丙烷 480kg(燃料层厚度约 6cm)，燃料在 2min 内点燃，避免挥发损耗。

e. 环氧丙烷预燃(60±2)s 后，开始喷泡沫，供泡时间(180±2)s，记录预燃时间、灭火时间、泡沫喷射时间等。如图 5-4 和图 5-5 所示。

图 5-4　直径 3600mm 储罐灭火试验测试

图 5-5　直径 3600mm 储罐灭火后

③ 测试结果：经多次调节泡沫流量测试，在泡沫混合液供给强度 12L/(min·m²) 条件下，灭火时间是 176s。考虑工程储罐的安全裕量，泡沫供给强度设计值取 15L/(min·m²)~18L/(min·m²)。

3. 固定管网式压缩空气泡沫灭火系统设计方案

（1）设计参数

2000m³ 环氧丙烷储罐直径为 15m，罐内面积为 176.6m²，泡沫混合液供给强度取 18L/(min·m²)，按泡沫持续供给时间 30min 计算，泡沫原液的消耗量是 5722L，则泡沫混合液流量不低于 3179L/min（即 191m³/h）。

具体参数要求如下：

① 泡沫发生器出口的泡沫发泡倍数：6~9；

② 泡沫发生器出口的泡沫 25% 析液时间：6~10min；

③ 泡沫系统入口消防水压力：0.8~1.2MPa；

④ 泡沫发生器的高压气体注入压力：1.0~1.2MPa；

⑤ 泡沫比例混合装置的流量范围：50~70L/s；

⑥ 消防水供水流量：191~212m³/h；

⑦ 泡沫持续供给时间：30min；

⑧ 泡沫原液最低储存量：5722L。

（2）实施方案

将本项目研制的泡沫发生器（即气液混合器）、专用泡沫灭火剂与该罐区的供气管网及消防系统结合，共同组建环氧丙烷罐区固定管网式压缩空气泡沫灭火系统。两套泡沫系统相互补充，独立运行。

本系统的泡沫发生器、泡沫比例混合装置及泡沫灭火剂储罐单独设置，从罐区固定式消防水管网向泡沫比例混合装置引入消防水，输出的泡沫混合液进入泡沫发生器，发泡所需气体来自从生产装置引入的高压氮气，经减压阀后进入泡沫发生器，泡沫发生器出口管线进入原固定式泡沫混合液主管，在进入主管之前设置切断阀，使其与原有的吸气式泡沫系统隔离。通过独立的固定式泡沫管线将产生的泡沫输送至保护的储罐。

从罐区每个储罐防火堤外的泡沫混合液主管处引出 2 个 DN100 的泡沫管线，在 2 个支管前的公共管段上设切断阀，2 个支管分别引至储罐顶部泡沫喷射口处，将储罐顶部原有的泡沫发射器移位，本装置的泡沫喷射口与罐壁顶部原有的泡沫喷射口共用储罐顶部开孔。罐区固定式压缩空气泡沫系统的应用方式如图 5-6 所示。

① 泡沫发生器。该装置包括泡沫混合液入口、高压气体入口及泡沫出口，是压缩空气泡沫的生成装置。

② 机械泵入式泡沫比例混合装置。装置流量 2000~6000L/min，工作压力 0.6~1.6MPa，混合比 6% 型，适用泡沫灭火剂类型为 AFFF、AFFF/AR。

③ 泡沫灭火剂储罐。按最大泡沫供给强度 18L/(min·m²) 计算，灭火时间为 30min 时，其所需泡沫原液量为 5722L，泡沫灭火剂储罐设计为 6m³。

④ 消防水供给。所需消防水引自企业稳高压消防供水系统。该泡沫系统的供水流量是 191~212m³/h，入口压力 0.8~1.0MPa。从消防水主管网引出一支供水管向水轮机供水，该支管上设切断阀。

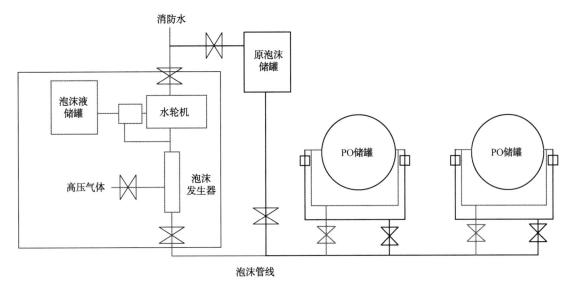

图 5-6　泡沫系统组成示意图

⑤ 高压气体供给。将来自装置区的 3.0MPa 氮气减压至 1.0MPa 为该泡沫发生器提供氮气源。气体流量为 1337~1484Nm³/h，减压阀出口压力为 0.9~1.1MPa。

4. 压缩空气泡沫灭火系统出厂前全流程测试

在安装前，对成套压缩空气泡沫灭火系统的泡沫混合比、管网压力降、水及泡沫灭火剂流量、发泡倍数、析液时间、举高喷射等进行性能测试。

（1）试验条件

在泡沫灭火剂储罐中充装 6m³ 专用泡沫灭火剂，泡沫比例混合器的进出管径为 $DN200$，压缩气体由 11 个 40L 氮气钢瓶（初始充装压力为 13MPa）组成，减压后汇集到 $DN32$ 的集流管中，泡沫出口管径为 $DN150$，分别举高至 8m、11m 进行喷射测试。

（2）操作步骤

确认泡沫系统管道连接可靠，开启消防水泵，打开混合装置进水处阀门，开启泡沫储罐出口阀和泡沫混合液出口的阀门。机械泵入式三通选择阀置于混合模式，确认泡沫灭火剂储罐出口处的阀门处于开启状态。

开启水轮机进水阀，使消防水压力上升，压力和流量处于正常工作压力和流量范围内，观察水轮机的运转情况。开启泡沫泵进液阀，观察泡沫混合液出口处泡沫灭火剂状态。

待泡沫混合液流动稳定后，打开压缩氮气源经减压后流入集流管，然后进入泡沫发生器，与泡沫混合液扰动混合形成泡沫，泡沫由输送管线至末端喷出，进行各性能试验。使用完毕后，对泵及管道进行冲洗。

（3）结果分析

① 用消防水测试泡沫灭火系统

测试结果见表 5-2。

从测试结果可知，机械泵入式泡沫比例混合装置的进水压力越大，压力损失越大；低于 1.0MPa 时，压力降不大于 0.15MPa，因此水轮机的压力损失可控，达到设计要求，即压力降小于 0.20MPa，如表 5-3 所示。

表 5-2　不同进水压力下装置压力降测试

泡沫比例混合装置进口压力/MPa	泡沫比例混合装置出口压力/MPa	压力降/MPa	泡沫比例混合装置进口压力/MPa	泡沫比例混合装置出口压力/MPa	压力降/MPa
1.25	1.10	0.15	0.80	0.69	0.11
1.10	0.95	0.15	0.65	0.56	0.09
1.00	0.88	0.12	0.60	0.51	0.09

表 5-3　不同进水压力下装置混合比测试

泡沫比例混合器进口压力/MPa	泡沫比例混合器出口压力/MPa	压力降/MPa	消防水流量/(m³/h)	泡沫泵出口流量/(m³/h)	泡沫混合比/%
0.60	0.50	0.10	235	14.57	6.2%
0.90	0.80	0.10	213	12.33	5.8%
1.20	1.10	0.10	204	11.40	5.6%
0.62	0.55	0.07	198	11.84	6.0%
0.65	0.50	0.15	377	21.11	5.6%
1.05	0.90	0.15	375	22.34	6.0%

从测试结果可知，不同压力下其压力降均小于0.15，混合比在5.6%~6.2%之间，水流量大于191m³/h，均达到设计要求。

② 用专用泡沫灭火剂测试泡沫灭火系统

加入6%型环氧丙烷专用泡沫灭火剂，泡沫比例混合装置运行正常，发泡均匀。当泡沫发生器管径为DN50时，其混合比在5.6%~6.0%范围内，发泡倍数均大于6.0，混合液流量大于191m³/h，满足设计要求。测试数据如表5-4所示。

当泡沫发生器为DN65时，其混合比在6.2%~6.5%范围内，发泡倍数均大于7.0，混合液流量大于191m³/h，达到和超过设计要求。

表 5-4　不同压力下系统各性能参数测试

系统进口压力/MPa	系统出口压力/MPa	压力降/MPa	混合液流量/(m³/h)	泡沫灭火剂流量/(m³/h)	泡沫混合比/%	发泡倍数
1.23	1.08	0.15	243.3	14.55	5.98	6.30
1.00	0.85	0.15	212.5	13.18	5.90	6.2
0.80	0.7	0.10	197.0	11.43	5.80	6.18
0.62	0.55	0.07	193.6	11.56	5.97	6.26
0.80	0.75	0.05	198.6	11.12	5.6	6.20
0.80	0.72	0.08	198.0	11.86	6.0	6.29
0.80	0.70	0.10	320.5	19.87	6.2	7.36
0.80	0.72	0.08	334.1	21.72	6.5	7.18

③ 末端举高喷射时各性能参数测试

当对末端出口举高进行喷射测试时，因其出口管道扬程增大，造成管内阻力加大，泡沫混合液流量将下降，当泡沫发生器为DN50时，流量损失率为9.1%；当泡沫发生器为DN65

时，其流量损失率为 7.7%。在举高 11m 时，其泡沫灭火剂流量达到 3179L/min 时，供给强度为 18L/(min·m²)；流量达到 4385L/min 时，供给强度为 25L/(min·m²)，均达到供给强度大于等于 18L/(min·m²) 的设计要求。测试数据如表 5-5 和表 5-6 所示。

表 5-5　不同型号发生器下压力、泡沫流量变化

发生器管径	液体压力/MPa	气体压力/MPa	泡沫混合液流量/(L/min)	气态泡沫流量/(L/min)
DN50	0.8	静压 1.0，动压 0.8	3200~3500	14022
DN65	0.8	静压 1.0，动压 0.8	4300~5800	19350

表 5-6　末端不同高度泡沫灭火剂流量变化

出口管径	泡沫发生器管径	高度/m	泡沫灭火剂流量/(L/min)	供给强度/[L/(min·m²)]	流量降低率
DN150	DN50	0	3498	19.8	9.1%
		11	3179	18.0	
	DN65	0	5700	32.3	7.7%
		11	4385	24.83	

④ 泡沫比例混合装置的泡沫混合比测试方法

按 GB 20031—2005《泡沫灭火系统及部件通用技术条件》采用电导率仪测试泡沫混合比例，方法如下：将泡沫比例混合器按正常使用状态安装在试验管网上，进口管网直管段长度不小于泡沫比例混合器直径的 10 倍，出口管网直管段长度不小于泡沫比例混合器直径的 5 倍，压力表准确度不低于 1.5 级。

以标准混合比数值为中心，用容量瓶至少配备五种混合比的混合液标准样，将其各自搅拌均匀后，采用析光仪、导电仪或其他有效的仪器读取数值。

调节泡沫比例混合器的进口压力及流量达到规定值，稳定后开启泡沫灭火剂阀，混合液喷出后取样。在析光仪、电导率仪或其他有效的仪器上读取数值并与混合液标准样对照，求得混合比，结果应符合 GB 20031—2005《泡沫灭火系统及部件通用技术条件》第 5.1.1.5 的规定。试验分别在最小、中间、最大进口压力下以及最小流量值、中间流量值、最大流量值条件下进行。测试数据如表 5-7 所示。

表 5-7　采用电导仪率测得混合比　　　　　　　　　　　　　　S/m

6%混合比	7%混合比	测试值	6%混合比	7%混合比	测试值
2.67	3.33	3.02	2.77	3.34	3.04
2.68	3.25	2.96	2.79	3.30	3.06

通过以上试验得知，该泡沫灭火系统的混合比测试结果均达到标准技术要求。试验结果表明：消防水经过水轮机时只有 15% 的压力损失而无流量损耗，举高 11m 时有低于 10% 的流量损失；该灭火系统无需电力设备及控制系统，运行可靠性大幅增强，结构大为简化，同时水轮机需输出给泡沫泵的功率较小，因此水轮机对消防水的压力损失相应也很小；该灭火系统可以实现将外部泡沫原液快速灌装至常压原液罐中，持续不断地为灭火系统提供泡沫原液，大大延长了灭火现场的供泡时间。参照泡沫灭火剂标准方法进行泡沫性能状态的检测，如表 5-8 所示。

表 5-8　泡沫性能测试结果

发泡倍数	25%析液时间/s	发泡倍数	25%析液时间/s
7.2	246	7.4	261
8.1	256	8.9	253

5. 固定式压缩空气泡沫系统在罐区现场安装调试测试

（1）测试仪器

电子天平：量程 10kg，准确度 10g；

电子秒表：测量范围为 1~3600s；

量筒：5L；

泡沫析液器；

液体压力表：0.05~1.6MPa。

（2）测试步骤

① 检查泡沫系统入口稳高压消防水系统的压力；

② 检查高压气体的供气压力；

③ 确认消防泵流量与扬程、各泡沫管线的管径及分区阀设置情况；

④ 将泡沫主管网的阀门关闭，开启压缩空气泡沫灭火系统出口的试验测试口（罐区末端泡沫消防栓），将消防水带与测试口连接，在消防水带出口处放置取泡沫的容器；

⑤ 打开机械泵入式泡沫比例混合装置入口的消防水阀门，向泡沫混合装置内注入消防水，启动泡沫比例混合装置，开启高压气体入口阀门，向气液混合器内注入高压气体，产生的泡沫通过测试口管线喷至外面；

⑥ 喷射 1~2min 后，开始接收喷出的泡沫，测试泡沫发泡倍数及析液时间；

⑦ 关闭消防水入口阀门及高压气体注入阀门，停止泡沫喷射；

⑧ 清洗泡沫比例混合装置及泡沫管线测试管，结束测试。

（3）泡沫系统调试结果

消防水供给压力：0.8~0.9MPa；

氮气供给压力：1.0~1.1MPa；

泡沫发泡倍数平均值：7.6；

25%析液时间平均值：265s。

第三节　压缩空气泡沫灭火系统
在高温重质油储罐的应用

一、高温重质油储罐火灾风险

国内大型高温重质油储罐主要集中在近几年新建或改造的炼化装置中，相对其他储罐来说，尽管此类储罐数量较少，但是储罐大型化所带来的火灾扑救难度大及防火设计无规范可依等问题相当突出。

国内外关于高温重油储罐发生的火灾事故相对较少，2009 年 4 月 8 日，内蒙古鄂尔多斯市某石化公司中间罐区 4#重质油罐发生爆燃，罐底炸裂，导致大量的重质蜡油泄漏，造成大面积流淌火，使相邻的 3 台轻质油罐相继起火燃烧。据内蒙古自治区消防总队调查，事故原因为发生火灾的 4#罐内油品超温，导致罐内压力过高，首先发生了物理爆炸，导致罐体底部出现向下弧状凸起，北侧底部蜡油大量泄漏。泄漏后的蜡油蒸气遇到引火源引发了大火。

高温重质油储罐的运行风险主要体现在三方面：一是油品储存温度高，由于油品储存温度远高于水的沸点，据美国消防协会的相关规定，向燃烧的高温储存的油面喷射泡沫混合液应谨慎施加。二是油品馏程宽，由于该油品属于中间重质油品，油品馏程较宽，黏度大，保持正常维温时耗能较大，若存在低于 90℃储存工况，储罐内存在凝水风险，且蒸汽加热管存在腐蚀泄漏风险，若不及时切水，发生火灾时可能造成沸溢。三是单罐容积大，储罐间距小，发生火灾时邻近辐射热大，难以扑救。

高温重质油储罐的燃爆风险主要源于罐内气相空间的可燃气。罐内介质储存温度升高后，随着罐容的增大，罐内可燃气量也必然增加，这极大地提高了储罐燃爆风险。

针对高温重质油储罐的罐内可燃气浓度情况，笔者研究团队选取了某炼化储运部的 4 台储罐进行了罐内油气浓度连续检测，分析此类储罐的燃爆风险。检测周期为 16 天，所检测的储罐状态包括静止、收油和付油，储存介质包括渣油和蜡油，以保证所采集的油气浓度反映储罐罐内油气浓度的变化情况，如表 5-9～表 5-13 所示。

表 5-9 储运部 101 罐高温重质油储罐油气浓度检测表

储罐罐号	储存介质名称	油温/℃	储罐容积/m³	实际液位/m	储罐作业状态	罐内可燃气浓度/%LEL
G101	渣油	151	10000	10.1	收/付油	28
G101	渣油	154	10000	11.5	收/付油	23
G101	渣油	147	10000	10.15	收/付油	18
G101	渣油	156	10000	10.9	收/付油	29
G101	渣油	148	10000	8.66	付油	19
G101	渣油	140	10000	7.03	收油	21
G101	渣油	149	10000	7.88	收/付油	20

表 5-10 储运部 201 罐高温重质油储罐油气浓度检测表

储罐罐号	储存介质名称	油温/℃	储罐容积/m³	实际液位/m	储罐作业状态	罐内可燃气浓度/%LEL
G201	渣油	125	10000	11.8	收油	24
G201	渣油	134	10000	9.17	收油	18
G201	渣油	138	10000	7.3	收油	20
G201	渣油	130	10000	5.4	收油	20
G201	渣油	117	10000	1.5	静止	23
G201	渣油	135	10000	4	收油	9
G201	渣油	130	10000	3.64	静止	15

表 5-11 储运部 505 罐高温重质油储罐油气浓度检测表

储罐罐号	储存介质名称	油温/℃	储罐容积/m³	实际液位/m	储罐作业状态	罐内可燃气浓度/%LEL
G505	蜡油	121	5000	12.5	静止	34
G505	蜡油	118	5000	12.5	静止	28
G505	蜡油	110	5000	11.1	静止	28
G505	蜡油	120	5000	11.8	静止	28
G505	蜡油	124	5000	7.4	付油	28
G505	蜡油	116	5000	11.2	静止	30
G505	蜡油	120	5000	3.2	静止	27

表 5-12 储运部 506 罐高温重质油储罐油气浓度检测表

储罐罐号	储存介质名称	油温/℃	储罐容积/m³	实际液位/m	储罐作业状态	罐内可燃气浓度/%LEL
G506	蜡油	125	5000	12.7	静止	0
G506	蜡油	112	5000	12.5	静止	0
G506	蜡油	122	5000	12.4	付油	0
G506	蜡油	130	5000	11.8	付油	2
G506	蜡油	122	5000	4.8	付油	4
G506	蜡油	124	5000	3.7	付油	0
G506	蜡油	125	5000	2.7	付油	3

从储存介质种类看，两种介质的罐内油气浓度均低于爆炸下限的 40%，且大多数油气浓度低于爆炸下限的 30%。从储罐液位的情况看，液位高低对罐内可燃气的分布无明显影响，在高液位和低液位时均存在不同的油气浓度，不存在随液位变化而形成的明显的油气浓度变化趋势。

由于储罐罐内油气浓度测量点位于储罐顶部量油口处，所测量的浓度属于罐内最高点的油气浓度，假如罐顶区域出现点火源，由于该区域的可燃气浓度低于爆炸下限，则不会发生爆炸事故。

而罐内油气空间内势必存在一定的油气浓度梯度，从罐顶向液面方向油气浓度逐渐升高，在液面上一定的空间内势必存在处于爆炸范围的气体层，当点火源出现在该气体层后，如高温颗粒、灰烬、自燃物等落入罐内即可发生爆炸事故。

对于原油、渣油等油品储罐火灾，沸溢和喷溅是两个危害极大的事故类型。在重质油火灾中，沸溢可使重质油溅出距离达几十米，大型油罐沸溢时溢出油的覆盖面积可达几千平方米，从而造成火灾大面积蔓延。喷溅时重质油的火焰突然腾空，火柱可高达 70~80m，火柱顺风向喷射距离可达 120m 左右，火焰下卷时，向四周扩散，容易蔓延至邻近油罐，扩大灾情，并且可能使灭火人员突然处于火焰包围中，造成人员伤亡。

高温重质油各组分的沸点范围宽、油品黏度较大，所以在泡沫灭火过程中，高温重质油储罐内加入过量的泡沫灭火剂可能引发沸溢或喷溅。而汽油沸点较低、沸程范围较窄，只能在距液面 6~9cm 处存在一个固定的热锋面，因热锋面的推移速度与油层燃烧的直线速度相等，故不会产生沸溢和喷溅。

为了研究原油罐内乳化水对沸溢的影响，日本消防厅在 2003 年和 2006 年分别在直径 1.9m、5m 的油盘上进行了沸溢试验研究，在点燃 70min 后发生沸溢，沸溢时的最大热辐射强度是其稳定燃烧时最大热辐射强度的 22 倍。

随着国家节能减排、环保要求的不断提升，石化企业炼化装置的高温蜡油、加氢尾油、高温渣油和热扫线油等重质油多以热进、热出料流程为主，中间油品采用高温罐储存，以减少温度变化造成的热量损失，高温油罐的油料储存温度一般为 130~180℃，在役高温重质油罐容积多数为 5000~10000m³，新建高温重质油罐以 10000~20000m³ 为主，均采用拱顶储罐。

目前，高温重质油储罐没有可靠的泡沫灭火设备和方法。国内此类储罐采用吸气式泡沫灭火设备，一旦发生高温重质油储罐火灾，因为储罐中的油品温度高于 100℃，当泡沫喷射至高温重质油上面时，泡沫快速破裂，析出水；水在高温重质油中下落过程中被加热而迅速汽化，体积增大 1200 倍以上；由于重质油的黏度很大，气泡不能迅速逸出，形成水蒸气为分散相、油为连续相的泡沫，从而使高温油溢出罐外而发生沸溢性火灾，形成危害极大的流淌火。因此，GB 50151—2021《泡沫灭火系统技术标准》规定介质储存温度超过 100℃ 的储罐不宜采用泡沫灭火设备。

二、压缩空气泡沫对高温重质油的灭火性能

为了降低泡沫的含水量，避免泡沫灭火过程析液过多造成的沸溢事故，采用压缩气体干泡沫对高温油罐进行灭火。

1. 干泡沫析液速度对泡沫灭火性能的影响

对于高温重质油储罐火灾，泡沫的析液速度是最重要的灭火参数之一。泡沫析液速度用 25%析液时间来表征，25%析液时间越大，泡沫析液速度越慢。

在高温油储罐火灾扑救过程中，泡沫边流淌，边快速析液；下落的液滴汽化，气泡上升过程中搅动油层、泡沫层，产生油泡沫，靠近油面附近的泡沫层带油。如果析液速度过快，汽化的气泡剧烈搅动油层，产生大量的油泡沫，灭火将更加困难。

笔者研究团队制作了压缩空气泡沫灭火装置和直径 1200mm 的模拟油罐（$H=1000mm$）开展高温油干泡沫灭火试验。调节泡沫混合液流量为 4~5L/min、发泡倍数为 8~15，试验结果见表 5-13。

表 5-13　泡沫析液速度对灭火性能的影响

25%析液时间/min	发泡倍数	供泡强度/[L/(min·m²)]	灭火时间/s
19.6	9.9	5.10	25.6
16.2	14.8	5.03	32.1
15.4	10.5	5.07	24.5
14.2	13.7	4.12	23.7
14.1	12.8	3.64	23.1
11.4	8.0	4.73	26.8
8.5	12.2	3.68	37.3
7.0	14.4	5.00	47.0

试验结果显示，在相同泡沫流量、发泡倍数下，25%析液时间小于 8.5min 的泡沫灭火时间明显增大。25%析液时间为 8.5min 的泡沫比 25%析液时间为 11.4min 的泡沫灭火时间增加了 68%；而 25%析液时间为 7.0min 的泡沫比 25%析液时间为 8.5min 的泡沫灭火时间又增加了 26%。因此，在高温重质油储罐的消防设计时，泡沫析液速度不能太高。

25%析液时间较短的泡沫在灭火时发出"啪啪"的声音，说明泡沫急速消泡、析液。图 5-7、图 5-8 为灭火后的泡沫状态，白色的泡沫层变成了黄色，说明泡沫层内已混入了油料，产生了大量的油泡沫层。

图 5-7　25%析液时间为 8.5min 的灭火后期的泡沫状态

图 5-8　25%析液时间为 7.0min 的灭火后期的泡沫状态

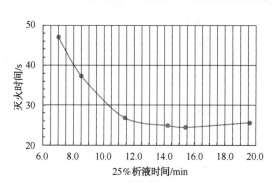

图 5-9　泡沫析液速度对重质油灭火的影响

将表中的 25%析液时间对应的灭火时间作数据曲线，更直观地分析变化趋势，如图 5-9 所示。

从图 5-9 曲线可看出，在 25%析液时间为 11.5min 处出现了拐点，25%析液时间大于 11.5min 后曲线趋于平稳。因此，对于高温重质油火灾泡沫扑救，其泡沫的 25%析液时间应不低于 12min。

2. 发泡倍数对泡沫灭火性能的影响

配置泡沫混合液，调节发泡条件，使压缩空气泡沫的 25%析液时间为 10~15min、发泡倍数分别为 6、8、10、13 左右，以泡沫供给强度为 4~5L/（min·m²）之间进行泡沫灭火试验，试验结果见表 5-14。

从表 5-14 看出，对于小尺度的高温重质油模拟储罐，灭火时间与发泡倍数关系不大。但是，低倍数泡沫在高温油油面上破裂速度快，析液滴落入高温油内部，汽化后上升搅动上层的油品及泡沫层,使混合后的泡沫带油。发泡倍数越低,泡沫在高温油上的析液速度越快,产生的油泡沫越多,可能会引起油品沸溢,如图5-10所示。因此,对高温重质油储罐火灾进行泡沫灭火时,发泡倍数不能太低。从高温油模拟储罐灭火试验来看,发泡倍数应大于10。

表5-14　发泡倍数对泡沫灭火性能的影响

发泡倍数	25%析液时间/min	供泡强度/[L/(min·m²)]	灭火时间/s
14.8	16.2	5.03	32.09
13.7	14.2	4.12	26.8
12.8	14.1	3.64	22.1
10.5	15.4	5.07	24.53
8.0	11.4	4.73	23.68
7.2	14.6	5.12	17.38
5.6	13.3	4.96	25.87

（a）发泡倍数7.2　　　　　　　　　　（b）发泡倍数5.6

图5-10　灭火1min后油面泡沫状态

3. 油品预燃时间对泡沫灭火性能的影响

随着重质油储罐中油品燃烧时间的延长,油品温度、罐壁温度持续增长,泡沫灭火也随之变得更加困难。不同预燃时间的灭火试验结果见表5-15。预燃20min的试验现象为:灭火后期仅剩余罐边火,灭火后储罐上方的水蒸气明显浓郁。

表5-15　油品燃烧时间对泡沫灭火的影响

发泡倍数	25%析液时间/min	泡沫流量/(L/min)	预燃时间/min	控火时间/s	灭火时间/s
13.7	14.2	4.57	5	24	26.8
			10	22	27.2
			20	24	68.5

从表5-15可看出,三组试验的控火时间相差不大,预燃时间低于10min的灭火时间几乎无变化,而预燃20min的灭火时间明显增大,灭火后储罐上方的水蒸气明显浓郁。灭火后期在罐壁处的火焰长时间不能扑灭,这是预燃20min的灭火时间增加的原因。随着油品燃烧时间的加长,重质油储罐的油品温度、罐壁温度逐渐升高,高温重质油品和罐壁高温使泡沫的消泡速度增加,泡沫灭火也随之变得更加困难。从灭火试验视频也发现,预燃20min的灭火时间增加,主要是灭火后期的储罐边缘火未扑灭。

从高温重质油模拟储罐长时间燃烧试验发现，当高温重质油燃烧2min后，火焰高度已达到最高；而燃烧时间超过5min，除燃烧产生更多的浓烟外，火焰高度并无变化。所以，在高温重质油模拟储罐灭火测试时，将灭火试验的预燃时间定为3~5min。

在重质油储罐火灾扑救过程中，沸溢和喷溅是消防指挥员最需要关注的两个消防现象。而对于高温重质油，由于油温保持在100℃以上，油罐底部无水，高温油火灾扑救一般不产生喷溅；除非短时间内加入了大量的泡沫灭火剂，在储罐底部形成了积液，才可能产生喷溅。

高温重质油储罐火灾的泡沫扑救过程中产生的沸溢，与油品由泡沫而产生的水量、储罐的储油量有关，油品中含水量越高、油品液位越高(空白罐壁高度越小)，油品沸溢的可能性越大，沸溢开始的时间越早。

将发泡倍数为10~12、25%析液时间为11~19min、泡沫供给强度≥4L/(min·m²)的不同泡沫加入量的灭火数据进行归纳，见表5-16。

表5-16 泡沫加入量对高温重质油灭火性能的影响

发泡倍数	15.5	9.9	13.7	13.7	10.5	14.8	14.8	10.5
25%析液时间/min	20.3	19.6	14.2	14.2	15.4	16.2	16.2	15.4
泡沫供给强度/[L/(min·m²)]	7.21	5.10	4.12	4.12	5.07	5.03	5.03	5.07
供泡时间/s	25.9	25.6	26.8	27.2	126	135.5	162.8	243
灭火时间/s	25.9	25.6	26.8	27.2	24.5	32.1	34.2	31.7
沸溢开始时间/min	无	无	无	无	11.9	6.3	5.1	4.7
沸溢程度	—	—	—	—	几乎满罐	微少	少量	较多
泡沫供给量/(L/m²)	3.1	2.2	1.8	1.9	10.6	11.4	13.6	20.5

注：试验的油温160~180℃、预燃时间5min、油品液位455mm。

从表5-16可看出，对于高温重质油储罐的火灾扑救，随着泡沫供给量的增加，沸溢的危险性越来越大。所以，扑救高温油储罐火灾的要点是一定要在油泡沫产生前能够迅速灭火，且不能过量施加泡沫。

对于高温重质油储罐，从小尺度油罐试验结果看，泡沫灭火的临界泡沫供给强度为4.0~5.0L/(min·m²)。为增加灭火速度、防止高温重质油沸溢的发生，在实际工程应用时增加1.5的安全系数，则泡沫供给强度取7.5L/(min·m²)。

三、应用案例

某公司高温重质油罐区共有6台5000m³的固定顶储罐，同在一个罐组。储罐直径21m、高18m，罐壁无冷却水系统。该罐区采用半固定式泡沫灭火系统，每个储罐顶端对称布设4只立式吸气式泡沫产生器。

该项目设置的固定式压缩空气泡沫灭火系统由泡沫比例混合装置、压缩空气泡沫发生器、泡沫灭火剂储罐、高压气源、控制阀门等关键部件组成，设计为橇装式灭火装置。其中，泡沫比例混合器采用机械泵入式泡沫比例混合装置。

高温油储罐原有的半固定式吸气式泡沫灭火系统继续保留，与本项目新增的压缩空气泡沫灭火系统互为备用。当罐区发生火灾时，在现场控制柜手动或在消防控制室远程手动启动压缩空气泡沫灭火装置，依次开启泡沫混合液电动阀、泡沫灭火剂出口电动阀、压缩气体入口电动阀、消防水入口电动阀。消防管网过来的消防水驱动装置水轮机输出泡沫灭火剂，泡沫混合液经压缩空气泡沫发生装置与高压气体充分混合、发泡，形成压缩气体干泡沫，最后通过管道输送至燃烧区域进行灭火，压缩空气泡沫灭火系统的组成与布置如图5-11所示。

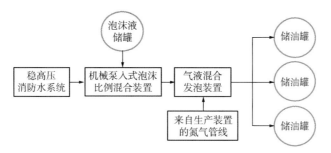

图5-11　压缩空气泡沫灭火系统的平面布置图

该固定式压缩空气泡沫灭火系统按照同一时间一台储罐火情考虑，系统按照保护范围内泡沫混合液流量和使用总量最大的防护区进行设计。主要设计参数为：

泡沫灭火剂：IA级成膜类泡沫灭火剂（25%析液时间≥10min）；

泡沫性能：发泡倍数>10；25%析液时间>12min；

供给强度：不低于7.5L/(min·m²)；

工作压力：0.6~1.2MPa(水压力)；

消防水流量：≥50L/s；

泡沫灭火剂混合比：3%；

气源：压力0.6MPa，流量为2200~2700Nm³/h。

从扫线管路或仪表风的氮气管路接入，高压气体经减压阀减压进入泡沫发生器与泡沫混合液混合而发泡，通过调整气体流量对泡沫的发泡倍数进行控制，如图5-12所示。

本压缩空气泡沫灭火装置采用自动控制，可在监控室或现场一键启动，也具备现场手动操作功能。

经现场喷射测试试验，泡沫性能实测值：发泡倍数为12、25%析液时间为13.7min，压缩空气泡沫灭火系统完全达到设计要求，产生的泡沫性能优异，泡沫非常均匀、细腻，远超现役的吸气式泡沫的性能。测试情况如图5-13所示。

图5-12　压缩空气泡沫灭火系统现场图

图5-13　橇装式压缩空气泡沫灭火装置喷射出的泡沫状态

第四节　罐顶压缩空气泡沫灭火装置
在浮盘密封圈的应用

浮顶储罐密封圈着火时通常先在密封圈内部发生油气爆炸，爆炸冲击力掀开密封圈，若密封圈内油气充足，则可能在密封圈裂口处形成持续燃烧段。若扑救不及时，密封圈燃烧段可能向两端蔓延，导致密封圈的燃烧长度增大，甚至整个密封圈都陷入燃烧状态。因此，以最快的速度扑灭密封圈火灾是避免密封圈火灾蔓延、降低火灾造成损失的关键途径。

国内外研究人员针对浮顶储罐浮盘密封圈火灾特点，已研发了多种独立喷射的灭火装置，安装在浮盘边缘，灭火装置与密封圈之间的距离缩短至几米，大大提高了灭火效率。单台灭火装置负责保护一段密封圈，一台浮顶储罐一般需要多台独立的灭火装置。

独立灭火装置一般包括火灾探测器、控制器和灭火剂喷射系统，灭火剂喷射口设置在密封圈内部，灭火剂直接喷射至密封圈的环形空间内。其特点是启动快速、灭火剂消耗量低、灭火时间短，一般在1min内可完成灭火。

在浮盘上设置独立灭火系统的目的是以最快的速度将灭火剂注入到密封圈的燃烧空间内，灭火剂在燃烧初期即完成液面覆盖与燃烧抑制，实现短时间灭火。

一、压缩空气泡沫灭火系统的组成

1. 泡沫灭火装置工程样机测试

应用于浮盘密封圈的压缩空气泡沫灭火装置包括泡沫混合液储罐、高压气瓶、泡沫发生器、泡沫管线及易熔塞泡沫喷头等部件，如图5-14所示。当易熔塞合金熔化后，喷头即开始喷射泡沫灭火剂。

按$10 \times 10^4 m^3$浮顶储罐浮盘密封圈1:1比例建立密封圈模拟装置（长20m），将泡沫喷头置于密封圈内部空间，共设10个喷头，间距为2m，喷头编号从右到左依次是A、B、C、D、E、F、G、H、I、J，即喷头A和J分别处于泡沫喷射管的最外端。泡沫灭火装置样机如图5-15所示。

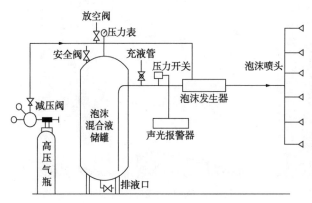

图5-14　正压式泡沫灭火系统示意图

图5-15　泡沫灭火装置样机

系统初始工作参数如表 5-17 所示。为了保持氮气入罐压力的稳定，对氮气钢瓶采用二次减压供气方式。从试验结果看，氮气钢瓶减压后，在泡沫开始喷射时气体入罐压力降低至 0.4MPa，并一直保持恒定。在 0.4MPa 时泡沫混合液流量为 92L/min。

表 5-17　压缩空气泡沫灭火样机工作参数

项目	参数值	项目	参数值	项目	参数值
氮气钢瓶初始压力/MPa	12	氮气钢瓶一次减压压力/MPa	1.6	氮气入罐设定压力/MPa	0.6
氮气钢瓶容积/L	10	气体流量/(m³/h)	14	泡沫罐储存泡沫量/L	108
气液比	10	泡沫喷头	DN15	—	—

（1）密封圈油槽内泡沫合拢时间

从表 5-18 可见，最外端的两个泡沫喷头 A 与 J 合拢时间相对较长（不低于 40s），而泡沫喷头 B 与 I 之间的 8 个泡沫喷头的泡沫合拢时间较短，除喷头 B 与 C 外，其他喷头的泡沫合拢时间均低于 30s，而且合拢时间基本一致，这有利于在油槽内形成厚度基本一致的泡沫层，有利于缩短密封圈着火段的灭火时间，有利于提高泡沫层的抗复燃性。

表 5-18　泡沫合拢时间

喷头	合拢时间/s	喷头	合拢时间/s
AB	45	FG	24
BC	34	GH	26
CD	26	HI	29
DE	25	IJ	43
EF	22		

（2）泡沫喷头喷射性能

如表 5-19 所示，对于各个泡沫喷头的流量，喷头 B 与 I 之间的 8 个喷头是密封圈着火段的有效喷头，保护周长为 18m，喷头 B 与 I 的流量最低，喷头 B 与 I 之间各喷头平均流量为 7.7L/min，喷头的最大流量为 9.7L/min，处于最佳供给强度范围内。

表 5-19　泡沫性能参数

喷头	A	B	C	D	E
支管泡沫灭火剂流量/(L/min)	3.8	6.1	6.4	7.3	9.7
发泡倍数	8.2	9.3	8.9	9.2	9.6
喷头	F	G	H	I	J
支管泡沫灭火剂流量/(L/min)	9.6	8.7	7.5	6.3	4.8
发泡倍数	9.1	9.6	9.4	9.9	9.4

（3）密封圈灭火试验

密封圈模拟装置的油槽宽度为 250mm，深度为 600mm，油槽长度是 20m，油槽上沿设置金属密封挡板，模拟二次密封的金属板，如图 5-16 所示。

泡沫储罐内注入 200L 泡沫预混液，用氮气钢瓶提供 0.4MPa 的工作压力，液体喷嘴取

图 5-16 密封圈模拟装置

直径为 10mm（对应液体流量是 94L/min），气体流量设为 120m³/h。泡沫喷头采用易熔塞喷头（喷头的启动温度是 74℃），泡沫喷头穿过油槽顶部的金属挡板插入油槽内。

向油槽内注入水垫层 10mm，再注入 40L 车用汽油，点燃后开始计时。经过多次重复试验，在点燃后约 10s 各个易熔塞喷头分别开启喷射泡沫实施灭火，如图 5-17、图 5-18 所示，在点燃后约 25~30s 完成灭火，泡沫连续喷射时间约 15~20s，实际喷射泡沫混合液约 23.5~31.3L，因此，每 10m 密封圈灭火消耗泡沫灭火剂为 14.7~19.6L，对于 10×10⁴m³ 浮顶储罐，至少需配置 369.3~492.4L 泡沫混合液。

图 5-17 泡沫灭火试验

图 5-18 灭火后的密封圈

2. 长度为 42m 的密封圈泡沫灭火系统

基于 20m 长密封圈泡沫灭火系统的设计参数，设计了保护长为 42m 的密封圈泡沫灭火系统。

密封圈泡沫灭火系统的主要组成有泡沫混合液储罐、氮气压力钢瓶、泡沫发生器、减压阀、气动阀门、泡沫输送管线、泡沫喷头、控制阀门、光栅光纤火灾探测报警系统等，共设置 21 个喷头（编号分别是 1~21），相邻喷头间距为 2m，系统组成示意图如图 5-19 所示。当布置在密封圈上的光纤探头检测到火灾时，即启动泡沫储罐的出口阀门喷射灭火剂。

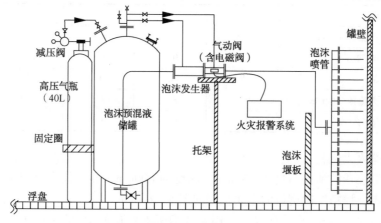

图 5-19 密封圈压缩空气泡沫灭火系统示意图

该系统的设计参数如表5-20所示，安装和设计方式如图5-20~图5-22所示。

该泡沫管路系统的要求是：

（1）各泡沫喷管的间距是2.0m。

（2）泡沫喷管插入密封圈后，管口斜向下方，并指向一次密封装置，泡沫喷管与水平方向成45°角。

（3）编号1与编号21泡沫喷管管径为DN25，其余泡沫喷管管径为DN15。

（4）泡沫分配支管的管径均为DN32；泡沫输入管的管径为DN50。

表5-20 泡沫系统基本设计参数

项目	参数值	项目	参数值
泡沫混合液最大储量/L	300	供液压力/MPa	0.4~0.6
泡沫混合液有效储量/L	250~260	泡沫灭火剂类型	低温预混型
泡沫灭火剂类型	AFFF	泡沫混合液供给强度/（L/min）	166
氮气钢瓶体积/L	40	氮气钢瓶初始压力/MPa	12
最低连续供给时间/s	60	最大有效灭火长度/m	42

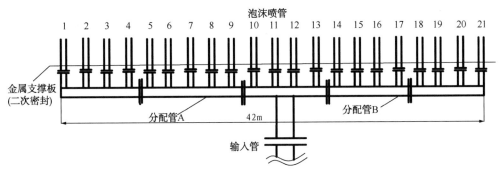

图5-20 管路在密封圈上的安装方式

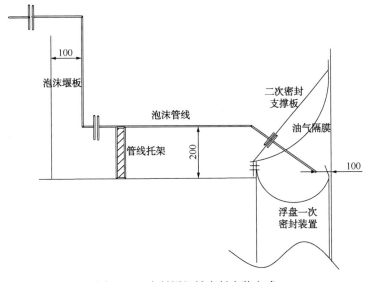

图5-21 密封圈机械密封安装方式

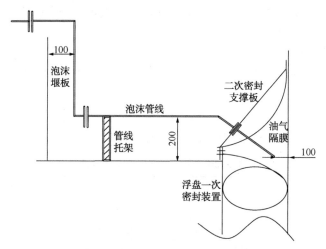

图 5-22　密封圈软密封安装方式

该泡沫灭火系统属于全自动灭火系统。在正常状况下，主管上的气动阀处于关闭状态，泡沫灭火剂储罐和其与气动阀门之间的管路均充满压力。当密封圈内发生火灾后，首先由光栅光纤火灾报警系统发出报警信号，同时向气动阀传出启动信号，打开气动阀，储罐内的泡沫灭火剂在高压气体的推动下向着火油槽喷射泡沫，实施灭火。长度为 20m 油槽内先注入约 3cm 厚的水垫层，然后注入 80L 车用汽油，油层厚度为 16mm。

泡沫喷射试验显示：泡沫灭火剂储罐一般储存 260L 泡沫灭火剂，在 0.4MPa 工作压力下 90s 左右可完全喷射完毕，泡沫主管流量约 166L/min，泡沫喷射管最大流量为 76L/min，最小喷射流量为 45L/min，泡沫供给强度均远大于最低供给要求 20.4L/(min·m²)。

多次灭火试验表明：油槽内点燃车用汽油后，光栅光纤火灾报警系统的响应时间不超过 30s，响应后 3s 左右气动阀即打开，喷射泡沫实施灭火，90% 控火时间不超过 30s，完全灭火时间不超过 1min。

3. 复合式干粉与压缩空气泡沫灭火系统

在浮顶储罐实际运行中，由于密封圈内的罐壁壁面挂油以及二次密封的油气隔膜、二次密封橡胶刮板及一次密封等橡胶材料都可能发生燃烧，且属于立体燃烧模式，泡沫仅能覆盖密封圈内油面，无法覆盖悬空的二次密封的油气隔膜，也无法处置垂直壁面的挂油燃烧。

针对浮盘密封圈的立体火灾特点，在泡沫灭火基础上，提出了复合式灭火系统设计方案，重点解决密封圈内立体火快速扑救以及油面火防复燃问题。

（1）压缩空气泡沫与超细干粉协同灭火性能测试

① 设备组成

该灭火装置包括泡沫混合液储罐、内置气液混合器、超细干粉管、控制阀、管线及喷射头等，见表 5-21。

以 $10 \times 10^4 m^3$ 浮顶储罐浮盘密封圈为保护对象，建立 1:1 浮盘密封圈试验装置，其长 24m、宽 250mm、深 1200mm。该灭火装置设置在密封圈附近，灭火剂通过管线输送到密封圈内实施灭火，布置方式如图 5-23 所示。

表 5-21　设备一览表

设备名称	型号与参数	数量
泡沫混合液储罐	罐容 260L，不锈钢材质，工作压力 1.0MPa，含安全阀、压力表、内置气液混合器	1
内置气液混合器	不锈钢材质	1
安全阀	起跳压力 1.1MPa	1
压力表	量程 0~1.6MPa	1
泡沫主管线	不锈钢材质，管径 DN50，长度 1200~1500mm	1
泡沫分支管线	不锈钢材质，管径 DN32，长度 24m	2
泡沫喷射头	不锈钢材质，管径 DN15，长度 400mm，间距 4m	6
干粉管	DN100，长度 1000mm	1
主管阀门	不锈钢材质，管径 DN50	1

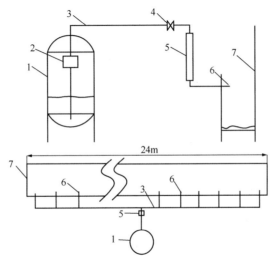

图 5-23　浮盘密封圈与灭火装置布置示意图
1—泡沫预混液储罐；2—罐内置泡沫发生器；3—泡沫输送管线；4—阀门；
5—超细干粉管段；6—灭火剂喷射口；7—密封圈模拟装置

② 试验条件

该密封圈泡沫混合液供给强度取 22L/（min·m²），则需在泡沫预混液储罐内充装泡沫预混液 127L（含 10% 的泡沫残留量），罐内气相空间体积为 253L，储罐有效容积为 400L，初始充装压力为 1.1~1.2MPa。

所采用的超细干粉灭火剂平均粒径为 5~10μm，其在封闭空间的灭火效能为 75g/m³（检测报告数据），在 11m³ 开口油罐内进行超细干粉灭火试验，该超细干粉灭火剂的灭火效能为 133g/m³。该密封圈的空间（以浮盘边缘为界）约 6m³，则需超细干粉灭火剂为 798g。

在密封圈内注入汽油 200L 和适量水垫层，油层厚度约 33mm，该油层可自由燃烧 7~8min，在罐壁壁面上悬挂了 4 块橡胶膜和 2 块橡胶刮板，其中一个橡胶刮板位于燃烧的油面上，模拟密封圈内脱落的附件。点火预燃 1min 后，开启灭火装置阀门，向密封圈内喷射超细干粉与压缩空气泡沫灭火，如图 5-24、图 5-25 所示。

图 5-24　密封圈的复合式灭火试验

图 5-25　喷射后的浮盘密封圈

③ 试验结果分析

首先进行了超细干粉的密封圈灭火试验，喷射初始压力为 1.1~1.2MPa，灭火装置启动后，喷射时间约 5~6s（该灭火时间是在灭火剂散开后观察的现象，燃烧块熄灭，实际灭火时间为 3~4s）。

其次，开展了多次超细干粉与泡沫的复合式灭火试验。试验结果表明：灭火装置启动后，3~4s 即开始喷射灭火剂，超细干粉的喷射时间约 5~6s，压缩空气泡沫的灭火时间约 16~19s。在重复试验中，未发生复燃现象，这充分证明了超细干粉与压缩空气泡沫联合应用的效果。

泡沫混合液储罐与阀门之间的管线内充满了高压气体，在复合式灭火装置启动后，这部分高压气体首先将超细干粉喷入密封圈内，火势基本得到控制，火焰体明显减小，直至熄灭，热辐射大大降低，压缩空气泡沫随后通过灭火剂喷口喷入密封圈内，对液面实施覆盖灭火。泡沫灭火剂罐内气相空间越大，喷射超细干粉的气量越充足，超细干粉的喷射动能就越高，超细干粉在密封圈内分布就越快。

从灭火过程看，超细干粉喷射完毕后，密封圈内悬挂的橡胶等燃烧物停止燃烧，红外图像显示密封圈内火焰消失，后续喷出的泡沫对整个液面实施全覆盖，防止了油面复燃。

该复合式灭火装置的设计充分考虑了密封圈立体火灾的特点，首先，泡沫混合液储罐内气体初始压力为 1.1~1.2MPa，保证了压缩空气泡沫的喷射动能及超细干粉的输送动力；其次，超细干粉灭火剂管段设在靠近灭火剂喷头的位置，保证了超细干粉灭火剂可快速到达密封圈内，另外，灭火装置的启动阀门设在靠近超细干粉灭火剂管段的位置，这增大了压力气体的空间，提高了超细干粉的喷射动能；再次，灭火剂喷头设计为 T 形结构，喷射口指向液面，喷射角与液面角度为 40°~60°（根据喷射口与一次密封的垂直距离调节安装角度），所有灭火剂喷射口一致指向一侧喷射，使得灭火剂在环形空间内单向快递流动，增大了超细干粉与泡沫层的初始动能。在喷射结束后，整个油面上的泡沫层厚度相对均匀，平均厚度为 90~110mm。泡沫层内混入了大量超细干粉，形成了致密的覆盖层。

（2）工程示范应用

某油库的 $5×10^4m^3$ 外浮顶储罐，密封圈周长 188m，共设置了 6 套复合式灭火装置，每套装置保护 32m 长的密封圈，泡沫储罐设置在浮盘边缘且靠近泡沫堰板的位置，泡沫灭火剂主管线的超细干粉段设置在堰板与密封圈之间的环形空间内，泡沫喷头间距 4m，喷头插入密封圈内一次密封与二次密封的间隙内。

该灭火系统包括泡沫灭火剂储罐、氮气钢瓶、干粉储存管段、泡沫输送管线、控制阀门及泡沫喷头等，如图 5-26 所示。图 5-27 为浮顶储罐现场安装图。

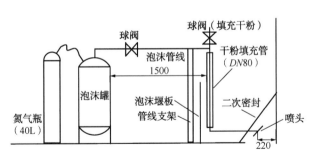

图 5-26　单套泡沫灭火系统在浮盘上的安装示意图　　　图 5-27　浮顶储罐现场安装图

基本参数：

立式泡沫灭火剂储罐：不锈钢材质，工作压力 1.2MPa，容积 260L。

耐低温预混型泡沫灭火剂：160L，凝固点 -29℃，有效期 4 年。

氮气钢瓶：40L，储存压力 13MPa。

泡沫管线：包括主管线和分支管线，主管线管径 DN50，分支管线管径 DN25。

超细干粉管段：DN80，长度 1000mm，干粉灭火剂储量 4L。

泡沫喷头：管径 DN15~DN20。

（3）泡沫灭火装置对浮盘稳定性的影响分析

① 浮盘型式

大型浮顶储罐一般采用单盘式浮盘和双盘式浮盘。单盘式浮盘是在浮顶的周边安装一个环形浮船，中间为单层板，浮船内部由径向隔板分隔为若干个互不相通的隔舱，一个环形浮舱由环形顶板和底板、外侧板和内侧板组成，为增大大型浮顶储罐浮顶的浮力，通常在浮盘的中部设一个中心浮舱，同时，单盘板、边缘浮舱和中心浮舱在同一平面上。双盘式浮盘是由上下两层盖板组成，两层盖板之间由边缘板、径向板、环向板隔离成若干互不相通的船舱。浮船边缘环板与罐壁之间有宽 200~300mm 的间隙，其间有固定在浮船上的密封装置。

② 浮盘载荷计算

以 $10×10^4 m^3$ 浮顶储罐为例，储罐内径为 80m，浮盘与罐壁的间距为 250mm。

GB 50341—2014《立式圆筒形钢制焊接油罐设计规范》第 8.1.6 条规定："当排水管失效、浮顶上积存相当于 250mm 降水量时，浮顶不沉没"；第 8.3.1 条规定："浮顶支柱应能承受浮顶自重及在浮顶上不小于 1.2kPa 的均布附加荷载"。由于双盘式浮顶的质量远大于单盘式浮盘质量，在实际设计中，双盘式浮盘的最大均布载荷设为 100mm 的降水量，即 $100kg/m^2$。

当浮盘处于漂浮状态时，单盘式浮顶承受的最大雨水质量为：

$$m = v\rho = Sh\rho = 0.25m×3.14×(40-0.25)^2 m^2×1000kg/m^3 = 1.24×10^6 kg = 1240t。$$

因此，单盘式浮盘在漂浮时承受的最大附加均布载荷为 1240t。

对于双盘式浮盘，漂浮状态时浮顶承受的最大雨水质量为：

$$m = v\rho = Sh\rho = 0.10m×3.14×(40-0.25)^2 m^2×1000kg/m^3 = 4.96×10^5 kg = 496t。$$

当浮盘落到罐底支柱后，浮盘上可承受的最大均布附加载荷至少为：$m = ps/g = 1.2\text{kPa} \times 3.14 \times (40-0.25)^2 \text{m}^2 / 9.8 = 607518\text{kg} = 607.518\text{t}$。

③ 灭火装置对浮盘的影响分析

通过浮顶载荷计算看出，在正常状态下，灭火装置均布在浮盘表面，可认为是对浮盘的均匀载荷，灭火装置的总质量远低于浮盘的最大附加均布载荷。

以容量为260L的灭火装置为例计算，储罐直径约600mm，罐体高度约700mm，单套灭火装置的灭火剂质量约为260kg，容器及附件质量约为240kg，单套灭火装置的总质量约500kg，单套灭火装置的占地面积约为0.5m^2，单套灭火装置的集中载荷为9800Pa，远大于浮舱焊缝的气密性试验压力1200Pa。可见，单套灭火装置对浮盘的集中载荷是比较大的，其影响不能被忽视。

由于浮盘钢板较薄（顶层钢板厚度约4~5mm），焊缝处的载荷能力有限，因此，应采取措施减少单套装置对浮顶上层钢板的集中载荷。

对于双盘式浮顶，灭火装置在安装时应避开浮顶钢板的焊缝位置，尽量设置在浮舱的横梁位置，储罐底部设置底座；若条件允许，还可在浮盘内设置支撑板，以增强浮顶的强度。对于单盘式浮顶，由于浮顶只有一层钢板，钢板在油面上稳定性较差，所以安装灭火装置应设在浮顶边缘的浮舱上，尽量增大灭火装置的底座，以大大减少灭火装置对浮盘钢板的集中载荷。

另外，灭火装置在浮顶安装时，其管路较多，且泡沫喷头将伸入密封圈内部，因此，泡沫管线与二次密封装置的连接处需要有良好的密封。泡沫管线在浮顶布置时应避开浮顶的附件，如浮顶采样口、通气孔、紧急排水孔等，在浮顶升降过程中，泡沫管线不能与罐壁和浮顶的附件接触，避免浮盘在非正常状态时被卡住。

第五节　地面压缩空气泡沫灭火装置在浮顶储罐密封圈的应用

一、压缩空气泡沫灭火装置布置方案

泡沫预混液储罐设在防火堤外的地面上，泡沫从泡沫罐内喷出后，分别经过储罐外侧的消防立管和沿浮盘扶梯敷设的泡沫管道输送到浮盘中心的泡沫分配器，然后通过各个分支管线喷射至二次密封金属支撑板与罐壁之间的空间内，通过淹没密封圈进行灭火，以$5 \times 10^4 \text{m}^3$外浮顶储罐为例进行设计。

1. 泡沫灭火剂需求量计算

$5 \times 10^4 \text{m}^3$浮顶储罐直径60m，浮盘与罐壁平均间距250mm，密封圈内浮盘与罐壁间油面面积47m^2，泡沫持续喷射时间1min，泡沫混合液的供给强度达$24\text{L}/(\text{min} \cdot \text{m}^2)$。因此，至少需配置1128L泡沫混合液。按照1.4倍的富裕系数，则需配置泡沫混合液1580L。

2. 泡沫系统设置

泡沫预混液储罐布置在防火堤外，泡沫灭火剂储罐出口连接$DN100$管线，该管线从防火堤上方进入罐组，通过固定在罐壁外侧和浮盘扶梯上的管线（$DN100$）连接至浮盘中心的泡

沫分配器，该分配器连接 16 只泡沫喷射管（$DN25$），每支喷射管末端连接 T 形喷头，相邻 2
只泡沫喷射管的距离是 12m（罐壁圆弧长度）。每支泡沫喷射管插入二次密封金属支撑板内，
如图 5-28~图 5-32 所示。

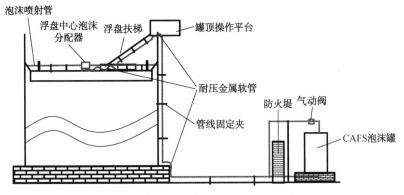

图 5-28　密封圈正压泡沫灭火系统组成示意图

图 5-29　泡沫储罐与喷射系统

图 5-30　浮盘泡沫分配系统

图 5-31　浮盘中心泡沫分配器

图 5-32　二次密封泡沫喷射器

　　T 形泡沫喷头包覆一层厚度 2~3mm 的橡胶层，防止浮盘与罐壁距离减少时 T 形喷头碰
到罐壁，也是消除密封圈内电火花放电的措施之一。

　　$DN100$ 管线预计长度 80m，管线横截面面积 7850mm²，则泡沫管内残存泡沫体积为
628L。$DN25$ 管线长度 480m，管线横截面面积 491mm²，泡沫管内残存泡沫体积为 236L。因
此，泡沫管路内共残存泡沫 864L，按平均发泡倍数为 5 计算，泡沫混合液体积为 173L。按

泡沫预混液储罐 10% 的剩余体积计算，则罐内需充装的泡沫预混液体积为 1948L，泡沫灭火剂储罐有效容积 5600L（液相充装量 35%），罐内气相空间充装气体压力 0.8MPa。

3. 喷射测试

（1）初始条件

泡沫混合液 1948L，初始压力 1.18MPa，罐内有效容积 5.75m³。

图 5-33　密封圈泡沫喷射测试图片

（2）喷射结果

以第 1# 喷射头为对象进行了全程检测，泡沫混合液储罐出口阀门开启后，29s 时浮盘上的喷射口开始喷射泡沫，134s 时浮盘上的泡沫喷射完毕（每个泡沫喷射头的泡沫喷射持续时间约 105s），泡沫喷射完后，罐内残留气体压力为 0.42MPa，到 285s 时罐内残留气体完全喷射完，浮盘密封圈内的泡沫分布情况如图 5-33 所示。

（3）试验结论

在相邻泡沫喷射头间泡沫层合拢后，泡沫层最小厚度 15~22cm，最大厚度 30~47cm。基于全尺度密封圈的灭火测试结果，该泡沫层厚度满足灭火要求，喷射完毕后罐内残留气体压力 0.4MPa。该压缩空气泡沫灭火装置适用于浮盘密封圈灭火。

4. 保护罐组的应用方案

该压缩空气泡沫灭火装置设置在罐组外侧且紧邻罐组的空地上，或设置在防火堤内，如图 5-34 所示。通过泡沫管线分别引申至该防火堤内的各个储罐浮盘上，在防火堤外设各个储罐的管线阀门，在某储罐发生密封圈火灾后，即远程启动该储罐的泡沫管线阀门，向浮盘密封圈内输送泡沫。

图 5-34　压缩空气泡沫灭火系统在罐区的应用示意图

这样设置的优点是压缩空气泡沫设备的投资低，便于日常检查、维护和更换泡沫。

在日常维护与检查工作方面，需每半月检查一次该泡沫预混液储罐的压力，也可将泡沫罐的压力和液位信息远传至控制台，远程在线监控。当罐内压力低于 0.7MPa 时，需用高压钢瓶或小型空压机通过注气孔向罐内补气至 0.8~0.85MPa。泡沫混合液的有效期是 4 年，到期后需按时更换泡沫混合液。

二、国外压缩空气泡沫灭火装置在浮顶储罐罐区的应用案例

德国用于浮盘密封圈保护的某新型压缩空气泡沫灭火系统按德国标准 DIN 14493-100 设计，并满足 EN 13565-2 和 NFPA 11 的要求。

整套压缩空气泡沫系统装置由泵模块、压缩机模块、泡沫模块和灭火系统控制的主要部件组成，一般安装在防火堤之外。该灭火系统的核心是带有泡沫压力控制阀的泡沫模块，通过将压缩空气精确注入泡沫混合液中，可在发泡模块中生成压缩空气泡沫。

该压缩空气泡沫灭火系统泡沫模块压缩空气泡沫产生量约 $12m^3/min$。该系统由电动离心泵进行供水，每个泡沫模块的用水量为 2400L/min。当使用该公司的专用 AFFF 泡沫灭火剂时，泡沫混合比仅为 0.5% 就达到极高的灭火效率，每个泡沫模块仅需要 12L/min 的泡沫灭火剂量。每个发泡模块中安装了一个 600L 的泡沫灭火剂罐，其持续工作时间约为 $2\times30min$。

该系统不仅可保护密封圈火灾，还可保护防火堤池火。针对不同的保护对象，配置不同的泡沫模块。大型浮顶储罐浮盘密封圈和储罐区的有效保护需要多个泡沫模块，泡沫释放装置是专用泡沫喷嘴，喷嘴的数量和布置方式由浮顶储罐浮盘密封圈尺寸、储罐区防火堤尺寸以及必要的泡沫混合液供给强度确定，泡沫在液面的流动距离可达 30m。

压缩空气泡沫将通过泡沫管道输送到罐区，由泡沫喷嘴均匀喷放到保护区域。泡沫输送管道的管径为 $DN50~DN300$。浮顶储罐浮盘密封圈环形空间的供给强度为 $4.0L/(min \cdot m^2)$，储罐区防火堤保护的供给强度为 $1.6L/(min \cdot m^2)$。德国标准 DIN 14493-100 要求将罐区的最大充满时间限制为 10min，该压缩空气泡沫灭火系统管道系统充满的时间约为 6min。

灭火分区在储罐区，通常多个灭火分区同时工作，其中每个储罐称为一个灭火分区。储罐区应分成几个保护分区。在保护分区内，泡沫将通过 2 个或 3 个环状或半环状管道进行交替喷放。区域控制阀安装于泡沫主管上，应被保护免受火灾影响。现场的启动区域控制阀由单独的压缩机启动。该压缩机也位于泡沫发生站内，给气动区域控制阀提供空气。

针对小型罐区，压缩空气泡沫灭火系统的应用更为广泛。如中东地区某项目罐区包括 4 座 $50m^3$ 固定顶储罐，1 座 $50m^3$ 卧式储罐，2 座 $100m^3$ 浮顶储罐。储存介质为溶剂油、二甲苯、异丙胺。储罐区火灾危险性分类为甲类。

项目设置固定式压缩空气泡沫灭火系统，具体方案如下：内浮顶储罐采用液上喷射系统，固定顶储罐采用液下喷射系统，防火堤四周布置泡沫喷嘴，扑救防火堤内液体流散火灾，其余储罐区设置储罐液上喷射系统保护固定顶储罐。

当火灾发生时，水和泡沫灭火剂通过泡沫比例混合器形成泡沫混合液，泡沫混合液和压缩空气再通过泡沫发生器，产生的压缩空气泡沫通过着火区的释放装置进行喷放。按照同一时间只有一处火情计算，系统按照保护范围内泡沫混合液流量和使用总量最大的防护区进行设计。

该项目的最大防护区为异丙胺储罐区，沿防火堤四周布置泡沫喷嘴。发生火灾时泡沫喷嘴全部喷放，泡沫混合液供给强度不小于 $5L/(min \cdot m^2)$，则泡沫混合液流量不小于 720L/min；同时使用一把泡沫喷枪，泡沫混合液流量不小于 240L/min，泡沫混合液总流量不小于 960L/min。

主要设计参数：

（1）非水溶性液体储罐液上喷射系统泡沫混合液供给强度不小于 $2.5L/(min \cdot m^2)$；水

溶性液体储罐液上喷射系统泡沫混合液供给强度不小于 $6.0L/(min \cdot m^2)$；防火堤内流散火灾保护不小于 $5L/(min \cdot m^2)$；

（2）连续供给时间：非水溶性液体储罐液上喷射系统供给时间为 45min；水溶性液体储罐液上喷射系统供给时间为 30min；防火堤内流散火灾保护供给时间为 60min；

（3）压缩空气泡沫释放装置工作压力：0.1MPa；

（4）泡沫灭火剂混合比例为 0.6%，采用 B 类抗溶泡沫；

（5）泡沫的 25% 析液时间大于 3.5min；

（6）气液比为 6:1。

该系统设置 1 座泡沫站，泵站内设置 2 台泡沫供水泵、1 套压缩空气泡沫灭火装置及配套的控制设备。本系统采用自动(联锁)控制、手动(远程)启动、应急(现场)启动三种模式。同时压缩空气泡沫灭火系统与厂区火灾报警系统实现联动通信，系统的状态也需要反馈至火警系统内，确保火灾报警系统实时监测压缩控制泡沫灭火系统是否处于正常状态。

第六节　压缩空气泡沫灭火系统在储罐液下喷射的应用

一、液下泡沫灭火系统组成及特点

1. 系统组成

储罐液下泡沫喷射灭火技术是 20 世纪 70~80 年代兴起的灭火技术，我国在 1982 年正式成功研发了该泡沫灭火系统，并在 5000m³ 储罐上进行了灭火试验并取得了理想的效果，之后十几年时间内在多家石化企业进行了应用。

该系统结构组成简单，目前主要与固定式泡沫管网或消防车连接，主要由罐内泡沫喷射口、单向阀、爆破片和高背压泡沫发生器等组成。

高背压泡沫产生器是该系统的核心器件，高压泡沫混合液通过时吸入空气产生低倍数泡沫，泡沫出口具有一定喷射压力和喷射速度，其工作压力范围为 0.6~0.8MPa，背压压力范围为 0.15~0.25MPa。

2. 液下泡沫灭火系统特点

（1）安全可靠

固定顶储罐发生火灾时往往伴有爆炸发生，罐顶结构毁坏严重，液上泡沫灭火系统的泡沫竖管和罐顶的泡沫产生器遭受破坏的概率很高，致使液上泡沫灭火系统处于瘫痪状态。液下喷射泡沫灭火系统的泡沫管道设在储罐下部，泡沫由储罐底部进入罐内液层中，储罐发生火灾爆炸时，液下喷射泡沫灭火系统不易遭受破坏。

（2）灭火速度快

液下喷射泡沫灭火系统释放的泡沫从储罐下部上浮至液面上部，因而泡沫不通过高温火焰和高温罐壁，避免了泡沫遭火焰热辐射破坏，而且当泡沫从储罐底部浮升到燃烧面时，促使罐内冷油上升，产生对流，达到冷却表面热油层的效果，使灭火更容易。

二、液下泡沫灭火技术应用情况

1. 应用范围

GB 50151—2021《泡沫灭火系统技术标准》指出，储罐液下喷射系统可以在固定顶储罐进行应用，如图 5-35 所示。该标准要求泡沫进入甲、乙类液体的速度不应大于 3m/s，泡沫进入丙类液体的速度不应大于 6m/s，泡沫喷射管的长度不得小于喷射管直径的 20 倍；当设有一个喷射口时，喷射口宜设在储罐中心；当设有一个以上喷射口时，应沿罐周均匀设置。

图 5-35 罐区固定式液下喷射系统

氟蛋白、水成膜、成膜氟蛋白泡沫灭火剂适用于储罐液下喷射泡沫灭火系统，而蛋白泡沫灭火剂不适用液下喷射泡沫灭火系统。因后者从油罐底层向上浮升时，较易受油品污染，因此也较易被引燃破坏。

国内相关试验证明，泡沫发泡倍数越大，则泡沫含油率相应增大。为将泡沫含油率控制在非燃浓度内，又要考虑其综合灭火效果，泡沫发泡倍数应控制在 3 倍左右较为适宜。美国防火协会标准和中国国家规范中明确规定液下喷射灭火系统发泡倍数应大于 2，且应小于 4。

泡沫进入油品的速度是一个重要的技术参数。因为流速增大，泡沫与油品的搅动以及在油罐内油品形成的湍流也增大，致使泡沫含油量增大。为减少泡沫中的含油量，保证灭火效果，须限制泡沫进入油品的速度。

2. 国内外储罐液下泡沫灭火成功案例

（1）安庆柴油储罐爆炸事故

2006 年 1 月 20 日上午 9 时，安庆某公司储运部一台容量为 5000m³ 的 802# 柴油罐发生起火爆炸事故，当时罐内储存了 3000m³ 柴油。事故罐所在的 8# 罐区共有 4 座油罐，802# 罐首先发生爆炸，之后从储罐东南角窜出火光，火焰约 20m 高。爆炸以后的 802# 储罐顶部东南角出现撕裂，罐顶安装的铁护栏也被烧得扭曲变形。

由于整个起火爆炸的 802# 油罐只有东南角裸露在外面，外面的泡沫难以进入，要消除火情必须靠 802# 油罐自身的液下喷射系统。该系统启动以后，很快发挥作用，从油罐内底部升起的泡沫覆盖住罐内整个燃烧油面，11 时 15 分，着火罐完成灭火。在外面近 20 辆各类消防车的集中喷射下，802# 和 801# 储油罐也迅速降温。

此次事故的直接原因是进罐柴油中夹带轻组分，使得罐内油气浓度达到爆炸极限范围，在输油过程中产生静电火花并引发爆炸。利用液下泡沫喷射系统对于扑灭类似的固定顶火灾具有显著效果。由于结构所限，固定顶储罐、内浮顶罐等储罐发生火灾后，往往很难将泡沫有效喷洒到着火液面，因此在设计时必须考虑到此类事故的发生。

（2）美国伊利诺伊州联合石油公司油罐火灾事故

1977 年 9 月 24 日凌晨 2 时 15 分，美国联合石油公司的某储罐遭受雷击并发生爆炸和火灾。起火的 413# 储罐为固定顶罐，直径 58m，高度 15.9m，容积约 4×10⁴m³。事故发生时，罐内储有几乎满罐的柴油。火灾和爆炸进一步引燃了附近的 115# 无铅汽油罐（直径 33.5m）和 312# 储罐。

对于 413# 储罐火灾的扑救，由于罐顶未完全炸飞，泡沫难以有效进入罐内。在经过一段时间的罐顶泡沫喷射灭火尝试后，25 日凌晨 2 时 25 分，消防人员开始采用液下喷射泡沫的灭火方法。在灭火过程中，共使用了 10 个发泡能力为 1135L/min 的高背压泡沫产生器，即泡沫混合液的总流量为 11350L/min。由于 8min 后一台泡沫消防水泵发生了气蚀而无法正常工作，不得不将总流量降低至 10220L/min，经计算，此时泡沫混合液供给强度为 3.9L/(min·m²)。10~15min 后，413#储罐的火灾被成功控制，约 90min 后储罐内绝大部分明火被扑灭。但是由于部分罐顶掉落到储罐内，形成小范围的局部封闭空间，泡沫无法有效进入，仍有少量火焰残余，难以完全扑灭。又过了约 45min，储备的泡沫灭火剂用完。1h 之后，随着罐内泡沫逐渐变薄，413#储罐再次起火并迅速形成了全液面火灾。18 时，随着增援的泡沫灭火剂抵达，消防队员开始进行第 2 次灭火尝试，并使用液下喷射泡沫和顶部喷射泡沫相结合的方法。经过约 4 个半小时的努力，22 时 30 分，储罐内火灾被完全扑灭。

此次灭火是当时规模最大的一起利用液下喷射泡沫方式扑灭储罐火灾的行动。利用液下喷射方式，能够有效扑灭此类泡沫无法从上部喷射到着火面的火灾。但由于难以控制泡沫的上浮过程，部分区域泡沫不均匀，易出现局部消泡和火灾扑灭不彻底的问题，在大型储罐的应用中局限更加明显。

因此，在实际灭火过程中，在有条件的情况下，应采取液下注射和顶部喷射相结合的灭火方式，保证充分彻底地扑灭罐内火灾，巩固灭火工作取得的效果。

图 5-36　泡沫灭火剂下喷射性能测试装置

三、压缩空气泡沫的液下喷射试验研究

1. 压缩空气泡沫性能的影响

笔者研究团队在试验室搭建了压缩空气泡沫的液下喷射试验装置，研究了液下喷射泡沫含油率问题。如图 5-36 所示。

采用模拟液下泡沫喷射灭火装置测试了不同试验条件下，压缩空气泡沫穿越一定高度油层时的含油率。试验结果表明：发泡倍数越大，泡沫含油率就越高；不同灭火剂穿过油层后的含油率也不同。见表 5-22。

表 5-22　泡沫含油率与发泡倍数的关系

灭火剂	1#		2#
发泡倍数(穿越油层前)	5.8	10.5	10.1
供泡强度/[L/(min·m²)]	6.82	6.85	6.13
含油率/%	17.3	56.0	43.0

2. 泡沫混合比对于灭火效果的影响

在发泡倍数接近的情况，降低混合比对于控火性能的影响较小，但会大大延长灭火时间。降低混合比会延长灭火时间，其主要原因在于液下喷射时灭火泡沫需要穿过油层，无论是氟蛋白还是水成膜泡沫，其中起疏油作用的均是氟表面活性剂，而是否含有氟表面活性剂是决定泡沫灭火性能的关键因素，这也是 GB 50151—2021《泡沫灭火系统技术标准》规定液下喷射系统应使用氟蛋白泡沫灭火剂、水成膜泡沫灭火剂或成膜氟蛋白泡沫灭火剂，而不允许使用不含氟表面活性剂的蛋白泡沫灭火剂的根本原因。

只有当氟表面活性剂达到一定浓度时才会有较好的灭火效果。混合比降低后，灭火时间会延长，是因为较低的混合比意味着泡沫表面有较少的氟表面活性剂分布，使泡沫的疏油能力下降，泡沫含油率上升。因此，压缩空气泡沫灭火技术应用于液下喷射时不宜降低泡沫灭火剂原设计混合比来使用。

3. 发泡倍数对灭火效果的影响

当按照几种泡沫灭火剂设计混合比进行试验时，试验结果表明，当发泡倍数低于 4 倍时，其综合控灭火效果均不如发泡倍数在 4 倍以上时的控灭火效果。

在 6% 混合比的条件下，在发泡倍数 3~13 范围内，采用液下喷射压缩空气氟蛋白泡沫均取得了良好的灭火效果。发泡倍数在 3~8 的控火时间和灭火时间相对更短。液下喷射灭火效果依赖适宜发泡倍数的原因在于两个方面：

一方面，液下喷射时泡沫含油率与发泡倍数、泡沫入口速度和全油层厚度有关。在一定泡沫供给强度条件下，较高的发泡倍数导致泡沫流速提高，泡沫在油品中的湍流作用增强。根据试验中对液下喷射灭火过程的观察，泡沫流速过高，导致油罐液面中心处液体搅动幅度增加，灭火泡沫无法快速地完全封闭油面，并导致灭火时间大大延长。

当泡沫流速在某一数值以上时，泡沫含油率会随着流速的增加而呈现快速上升趋势，从而导致灭火时间大为延长。此外，过高的发泡倍数使泡沫流速也相应提高，并进而影响泡沫对液面的封闭、覆盖效果。根据试验中对液下喷射灭火过程的观察，泡沫流速过高，导致油罐液面中心处液体搅动幅度增加，泡沫无法完全封闭油面，并进而导致灭火时间大大延长。较高发泡倍数导致较高泡沫流速并影响灭火效果。

另一方面，在一定泡沫供给强度条件下，较低发泡倍数同样会提高灭火泡沫的含油率，并影响灭火泡沫对液面的封闭、覆盖效果。泡沫的上升除依靠泡沫自身浮力外，还要依靠泡沫出口动能。因为较低的发泡倍数会导致泡沫流速下降，泡沫穿过全油层的时间增加，进而导致泡沫含油率的提升。

笔者研究团队在储罐液下泡沫灭火试验装置上，在不同的灭火剂、发泡倍数、供泡强度条件下，进行了液下喷射灭火试验，进一步验证压缩空气泡沫的灭火能力。试验储罐面积 $1.732m^2$，储罐直径 1500mm，如图 5-37 所示，按照 GB 50151—2021《泡沫灭火系统技术标准》设计参数，该储罐的泡沫供给流量应不低于 8.8L/min。

在上述优化设计参数的基础上，试验储罐内存油厚度 1000~1200mm（约 $1.4~1.6m^3$），采用了 2 款某水成膜泡沫灭火剂分别进行灭火测试，共开展了 8 次灭火试验，分别对供液强度、发泡倍数、喷入位置进行灭火测试，数据结果见表 5-23，罐内泡沫见图 5-38。

从灭火试验结果看，在相同的发泡倍数下（发泡倍数为 5~6），供给强度越大，灭火性能越差；当供泡强度为 14.4L/(min·m²) 时，火势几乎不减小，主要原因是流量增大后，出口速度加快，加剧了泡沫灭

图 5-37　液下喷射灭火试验装置

火剂对油层的搅动，导致灭火难度急剧增加，造成无法灭火。

表 5-23　液下喷射灭火试验参数

泡沫灭火剂	发泡倍数	流量/(L/min)	喷射位置	控火时间/s	灭火时间/min
A	10.3	11.0	底部	45	不灭火
B	10	11.8	底部	18	不灭火
B	5.9	16.7	底部	11	不灭火
B	5.2	23.7	底部	不控火	不灭火
A	7.5	8.7	底部	45	不灭火
A	4.9	8.5	底部	47	不灭火
A	11.4	8.8	底部	40	不灭火
A	7.3	8.8	侧面	54	不灭火

图 5-38　液下喷射灭火试验装置及其泡沫在油层上的状态

在高发泡倍数情况下(发泡倍数接近 11)，泡沫射出对油面搅动非常剧烈，无法控火和灭火，因此，高发泡倍数不可取。在发泡倍数 5~6 之间时，供给强度略高于标准供给强度(实际供给强度约为标准供给强度的 1.1 倍)，依然不能完成灭火，只具备控火能力。发泡倍数在 6~10 之间，灭火性能几乎无差别，从使用的角度看，发泡倍数应低于 6。

从灭火过程看，泡沫带油现象非常突出，低发泡倍数的泡沫层喷出对液面的波动影响已经非常小，几乎看不出泡沫灭火剂的涌出，泡沫层很平静，但泡沫层上始终有闪火，且波及范围至少超过 30%的液面，目前来看这是无法灭火的主要原因，火焰状态如图 5-39 所示。

图 5-39　液下喷射灭火试验后期火焰状态

4. 泡沫灭火剂类型对于灭火效果的影响

灭火泡沫是大量微小气泡的聚集体，聚集体内部的每一微小气泡均与其相邻气泡共用一个液膜，即液相是连续相，而气相是分散相。含氟表面活性剂的灭火泡沫，在其形成过程中，由于氟表面活性剂较碳氢表面活性剂在气-液界面上的吸附能力强，因此可以优先吸附于泡沫灭火剂膜的气-液界面上。而当灭火泡沫与油面接触时，二者之间形成的是液-液界面(油-水界面)，碳氢表面活性剂疏水端与第二液相(油相)的相互作用远大于其在气-液界面与气相的相互作用，而氟表面活性剂疏水端与第二液相的相互作用与其在气-液界面与气相的相互作用差别较小。

因此，此时氟表面活性剂的吸附浓度除与油-水界面性质有关，还取决于氟表面活性剂结构特性和碳氢表面活性剂的吸附能力以及碳氢表面活性剂和氟表面活性剂之间的相互作用等多个因素。

灭火泡沫"疏油"能力与泡沫混合液表面张力并不成简单的反比关系，并不像扩散系数大于零即可"成膜"那么简单。泡沫"疏油"能力与配方中氟表面活性剂和碳氢表面活性剂的结构、离子类型、液-液界面(油-水界面)的性质均有一定关系，并且不同产品配方之间又大相径庭，因此在氟表面活性剂类型、碳氢表面活性剂类型未知的情况下，从分子水平上对不同泡沫"疏油"能力进行比较、分析和解释是较为困难的。

实际上，目前在我国的液下喷射工程应用中，选用氟蛋白泡沫灭火剂较多，而在美国选用水成膜泡沫灭火剂的情况相对较多，两种泡沫灭火剂用于液下喷射本应无太大差别，均具有技术可靠性。

四、压缩空气泡沫对储罐液下泡沫灭火技术应用探讨

尽管吸气式液下泡沫喷射技术基本退出了历史舞台，但是储罐液下泡沫灭火方法在一些特定的场景下仍有一定的应用价值，其可作为现有液上泡沫灭火系统的辅助手段，甚至在特殊状态下液下与液上泡沫灭火系统需协同配合才能完成储罐灭火，这是研究压缩空气泡沫灭火系统在液下灭火的价值所在。

压缩空气泡沫发泡均匀、细腻、稳定、质轻，已经在我国消防领域大量应用，大量压缩空气泡沫扑灭 B 类火灾的研究也已证明其对油料火灾具有良好的抑制作用。采用液下喷射压缩空气泡沫控制油罐火灾具有技术可行性。按照 GB 50151—2021《泡沫灭火系统技术标准》的要求，液下喷射使用氟蛋白泡沫灭火剂、水成膜泡沫灭火剂或成膜氟蛋白泡沫灭火剂。

利用压缩空气泡沫进行罐内液下灭火的优势体现在：

(1) 压缩空气泡沫的泡沫状态可调，可根据储罐的液位及泡沫输送距离动态调节压缩空气泡沫的输出状态。压缩空气泡沫灭火系统可选用气瓶、高压气体管线、空气压缩机或液氮罐等作为气源，其进气位置可以在消防泵房内，远离着火现场，避免了吸入过热空气而导致泡沫性能下降的问题，作业环境相对安全。

(2) 泡沫进罐管线可设专用泡沫管线，也可利用油罐进出油管线作为泡沫管线，在管线上预留泡沫接口，在着火时由压缩空气泡沫消防车向其提供泡沫灭火剂，形成半固定式液下喷射系统。

第六章

压缩空气泡沫灭火系统在建筑设施的应用

第一节　高层建筑火灾处置

高层建筑通常指建筑高度高于 24m 的非单层公共建筑，超高层建筑是指建筑高度超过 100m 的高层建筑。这些高层建筑内部结构复杂、功能设备多、用电设备多，竖向管井种类多，可燃物分布广，人员密度大，内部火灾荷载大，火势蔓延迅速，人员疏散困难，极易形成重大火灾隐患。因"烟囱"效应，可在短时间内形成立体火灾。

一、超高层建筑火灾特点

1. 火灾荷载大

火灾荷载是衡量室内可燃物多少的参数，可燃物完全燃烧产生的热量与房间特征面积之比即是火灾荷载密度，其来源主要包括大量装饰装修材料、电气设备、日常办公和生活用品，其中各种高分子材料较多。

火灾荷载大，一方面会增加火灾时最高温度，另一方面也容易产生大量浓烟和有毒有害气体。火灾荷载越大，建筑物内发生火灾后参与燃烧的可燃物越多，燃烧释放出来的热量越多，发生轰燃的时间越短，室内温度越高，对建筑物和人员的威胁也就越大。

2. 火灾蔓延快

由于超高层建筑的结构特点，其内部形成了各种纵横交错的连通空间，横向如吊顶、空调风管、排烟管道等，纵向如中庭、楼梯井、电梯井、各类管道电缆井、通风井等。各种管道和竖井在火灾中极易成为火灾蔓延的途径。尤其需要注意的是竖井，如果超高层建筑内的竖井防火分隔存在问题，火灾中这些竖井就如同一座座烟囱，高度越高，"烟囱"效应越明显。"烟囱效应"具有很大的抽力，使烟火以 3~5m/s 的速度迅猛向上蔓延，仅需 1min 就可将烟火传播到 200m 的高度，而且室内可燃物较多，一旦起火，燃烧猛烈，蔓延迅速。

另外，超高层建筑楼高风大，据测定，若 10m 高处的风速为 5m/s，则 30m 高处会超过 8m/s，90m 高处可达到 15m/s。随着高层建筑高度的增加，风力也会增大，一旦火灾发生，火借风势，火灾会在短时间内蔓延开来。另外，超高层建筑的风压作用也会造成烟气聚集或扩散，增加建筑内部的排烟难度，影响排烟效果，给人员疏散和救援带来更大难度。

二、超高层建筑火灾扑救难点

1. 人员疏散困难

超高层建筑的层数多，人员集中，如果发生火灾，由于各竖井空气流动畅通，火势和烟雾向上蔓延快，增加了疏散的难度。目前，我国大多数城市登高消防车高度不能满足安全疏散和扑救的需要，多数高层建筑安全疏散主要靠楼梯，而楼梯间内一旦串入烟气，就会严重影响疏散。

因垂直疏散通道有限，疏散距离长，人员疏散需要相当长的时间。同时火灾现场的大量浓烟，会造成人员中毒和降低火场能见度等不利因素，增强了人们在逃生时产生的恐惧、慌乱感，极易发生人员拥挤堵塞，影响疏散。

2. 灭火剂供给难

高层建筑发生火灾的楼层越高，灭火剂供给难度越大。目前，大多数消防车配备的消防泵为中低压消防泵，额定扬程不超过 2.5MPa，供水高度不超过 100m。即使消防车配备高压消防泵，但因消防水带的耐压程度是高压供水的瓶颈，也可能会发生消防水带崩裂、消防水带接口脱扣等常见问题。同时，如果供水高度过高，消防水带线路铺设和消防水带固定也非常困难。例如，2017 年某高层居民楼发生火灾，消防救援人员铺设消防水带到 39 层（约 120m）耗费时间 40min，极大地影响了火灾扑救工作效率。

3. 消防员体力消耗大

高层建筑发生火灾后，消防队最主要的任务是救人和灭火。救人时，需要消防队救人小组往复登高施救，体力消耗极大。特别是对于营救已昏迷、不能自主疏散的人员，往往需要 4 名以上的消防队员才能够及时将其救出。而楼层越高，营救工作越困难，体力消耗越大。灭火时，消防员需要携带大量装备、器材实施登高作业。经测试，消防员负重登高 10 层楼后，体力基本消耗殆尽，不能进行下一步的救援工作。而着火楼层越高，需要携带的消防水带等器材装备越多，体力消耗越大。消防员体力消耗问题是制约高层建筑火灾扑救的最主要问题。

4. 火灾现场火势控制难

在高层建筑中，由于楼梯间、电梯井和管道井等竖向通道众多、结构复杂，火灾形成的"烟囱效应"明显，竖向通道是火势垂直蔓延的主要途径。由于高层建筑火灾蔓延速度快、建筑结构复杂，再加上温度高、能见度低等问题，消防指挥员对于火势蔓延的判断较为困难，从内部进攻、火场供水和烟气控制等技术角度实现难度较大。建筑高度大于 250m 的民用建筑，一旦发生火灾，往往燃烧时间长，扑救难度大，加上数量众多的竖井，也将导致火灾在建筑内部迅速蔓延变得难以控制。

5. 灭火救援装备的制约

当前，我国部分地区现有的消防车辆装备很难满足高层建筑灭火救援任务的需要，云梯消防车等特殊消防车辆也只能接近相应高度的火灾区域进行灭火。部分建筑内的消防设施根本用不上，使扑救楼内火灾难度加大，高层建筑内部的消防设施缺乏是火灾难以控制的主要原因。

另外，高层建筑施工现场通道狭窄，甚至有些材料堆放堵塞了消防通道，消防车难以接近起火点。缺少消防电梯及其他辅助登高设备，消防人员不能及时到达着火层展开扑救，消防器材也不能得到及时补充，且内部情况复杂，战斗展开困难，如果遇到夜间起火，缺少必要的应急照明设施，将进一步增加灭火救援的难度。

三、压缩空气泡沫扑救超高层建筑火灾的优势

1. 泡沫性能优良

压缩空气泡沫灭火能够提高水的保湿性，使水分在燃烧物的表面停留时间更长。同时，压缩空气泡沫还能够增加对燃烧物的冷却覆盖面积，这对于火灾扑救效率的提升很有帮助。

压缩空气泡沫具有易调节性，可以根据灭火现场的实际情况，快速调节泡沫的形态，能够产生湿、中、干泡沫，大大提高了灭火的机动性，对于高层建筑火灾的扑救非常有利。其中，干式泡沫的含水量较少，具有较强的稳定性和附着能力，可以有效隔离空气与燃烧物，防止出现复燃现象。而湿泡沫则具有较大的含水量和渗透性，在初期灭火以及残火消除中具有良好效果。

2. 垂直输送高度大

压缩空气泡沫中存在大量的压缩空气，在同等流量下压缩空气泡沫比纯水和泡沫混合液的质量都要小。由于空气的存在，压缩空气泡沫与管道内壁之间的摩擦力非常小，管道压力损失小，不怕折叠，具有较强供液能力，可以满足较高建筑供液的要求。

3. 灭火效率高

高层建筑大多是写字楼或住宅，内部可燃物大多属于固体 A 类。压缩空气泡沫系统灭火效率是纯水的 5~7 倍，同等条件下，压缩空气 A 类泡沫灭火剂用量少、灭火时间短、扑救效果好。压缩空气泡沫具有很强的附着性，在垂直光滑的表面也具有很好的附着效果，能有效灭火并持续隔热降温。由于压缩空气泡沫灭火的高效性，能在更短的时间内完成火灾扑救，用水量也大大降低。

4. 水渍损失小

当高层建筑的重要通信设备、电子计算机房、精密仪器、档案资料发生火灾时，如配备的二氧化碳等气体灭火装备失灵，可以使用压缩空气 A 类干泡沫进行覆盖保护，起到窒息灭火的作用。由于高层建筑物人员集中，财产集中，如果直接用直流水枪灭火，会造成比较大的财产损失。压缩空气泡沫系统灭火效率高、水渍损失小，适用于高层建筑物，可以有效保护建筑物内的物资和财产，使得火灾损失降到最小。

5. 劳动强度低，操作安全

压缩空气泡沫主要由泡沫、水、压缩空气组成，相较于单纯的水，其质量更小，进行火灾扑救时，消防水带的质量也会随之大幅减小，这不仅能够帮助消防员节省体力，为长时间的火灾扑救工作提供支持，同时还可以降低建筑物的承重压力，避免因建筑物载荷过高而发生坍塌事故。

6. 覆盖性能好

压缩空气泡沫消防车产生的泡沫动能高，防火保护覆盖性好，垂面和顶面的附着性好，25%析液时间长，可以长时间地附着在固体表面，发生火灾时可以有效阻止火势蔓延扩大，为人员疏散和扑灭火灾赢得宝贵的时间。另外，高层建筑火灾会产生大量浓烟、毒气，尤其

是聚氨酯硬发泡材料等，易造成人员呼吸困难，甚至窒息。压缩空气泡沫对于烟尘和灰尘的覆盖性非常好，可以大大降低浓烟对人体的伤害，有效减少人员伤亡。

四、超高层建筑固定式消防设施输送压缩空气泡沫存在的问题

现有超高层建筑消防给水系统一般均采用湿式系统，由于泡沫和水不兼容，要想使用压缩空气泡沫灭火剂必须将管网内充满的水提前放完，这需要一定的时间，势必影响灭火救援进程。

超高层建筑消防给水系统无论采用消防泵并行或串联、减压水箱和减压阀减压中的哪种分区供水形式，消防给水竖管中均存在消防水泵、减压水箱或减压阀之类的永久障碍，利用其管网"固移结合"供液，目前只能实现低区供液。

据了解，一般高层建筑的供水分区中低区的分区楼层一般在 20 层左右（楼层高度均未超过 150m）。目前大多数消防车装配的离心泵供液高度可以达 200m 左右，而压缩空气泡沫消防车供压缩空气泡沫高度可达 300m，甚至更高，可见，先进装备的性能由于分区供水形式的存在被大大削弱。

由于受超高层建筑结构和避难层设置要求的影响，大部分楼梯都不能从地面直通顶层，要么分区设置，要么在避难层错位。楼梯错位使得沿楼梯铺设供液线路时产生了额外的阻力损失，直接影响到供液高度。

当建筑高度超过 100m 后，沿外墙铺设供液线路，无论是线路铺设还是线路固定都十分困难，线路铺设时间远远超过 1h。

五、压缩空气泡沫灭火系统的应用

1. 超高层建筑固定式泡沫管道的配置

（1）泡沫管道系统配置

GB 50974—2014《消防给水及消火栓系统技术规范》规定：管道的直径应根据流量、流速和压力要求经计算确定，但不应小于 DN100，而 GB 50016—2014《建筑设计防火规范（2018 年版）》条文说明中建议干管的管径采用 DN80。在对相同条件下 DN65、DN80、DN90 消防水带输送压缩空气泡沫析液时间的测试中发现，利用 DN90 消防水带输送压缩空气泡沫同等距离时测得的析液时间最长，即泡沫中的含水量最少，输送过程中析出的水分最多。因此，建议超高层建筑中消防供液干管的管径按《建筑设计防火规范（2018 年版）》要求采用 DN80，设置数量不少于 2 条。竖管的耐压应和消防车泵的最高供液压力、建筑的高度相匹配。

（2）泡沫管道的分段控制

为使消防车泵的供水能力在一定范围内得到有效发挥，竖管应在竖向进行分区，分区主要通过在干管上设置电动阀实现。当建筑高度超过 100m 时，竖管应进行分区；建筑高度在 300m 以下时，应每隔 100m 进行分区；当建筑高度超过 300m 时，考虑到手抬泵的串联供水，200m 以上部分应每隔 50m 进行分区，并在电动阀上端设置一个 DN80/DN90 的快式接口，用于手抬泵的串联供水使用。电动阀和自动排气阀应接入楼宇消防联动控制系统，以实现自动控制。

（3）水泵接合器与楼层消火栓配置

消防供液管道系统中的消防水泵接合器与消防给水系统中的水泵接合器不同，其不需要

考虑减压、回流等问题，采用阀门加 DN80/DN90 接口组成的方式与竖管直接相连，取消水泵接合器的其他组件。

楼层消火栓仅供消防员到场后使用，无需设消火栓箱和消防水带，接口采用 DN65/DN80/DN90 快式接口，并设盖保护即可。

2. 泡沫管道系统的控制方式

超高层建筑消防泡沫干管系统由输液管道、自动排气阀、电动阀、排水阀、安全阀、集水坑、楼层消火栓、消防车供水接口和手抬泵加压接口组成。

火灾发生时，火灾报警探测器探测到火灾信号并传输至联动控制中心，由联动控制系统控制相应区域的电动阀自动关闭，排气阀自动打开，消防车通过供水接口向系统供液，待消防水(泡沫)枪出液后关闭排气阀。

当需要使用手抬泵串联供液时，在联动控制系统自动控制的基础上，根据消防车泵的供液高度，手动关闭相应区域的电动阀，将手抬泵进、出水口分别与电动阀前后的楼层消火栓和手抬泵加压接口相连，打开截止阀实施供液。

火灾扑灭后，消防车泵停水，同时打开系统与消防水箱连接的旁通管道上的阀门放水冲洗管道内的泡沫灭火剂，排水阀打开泄压排水，系统恢复原位。

3. 固定式泡沫管道的技术优势

在超高层建筑中设置消防泡沫干管，不仅可以用来输送压缩空气泡沫灭火剂，也可以用来输送水灭火剂。火场上，指挥员可以根据火灾发生楼层和消防车配备情况灵活地选择战术战法，可以最大限度地发挥先进装备的作战效能。

在超高层建筑中设置消防泡沫干管，不仅有效解决了现有消防给水系统在灭火救援中的应用难题，减少了铺设供液线路的环节，还有效解决了铺设消防水带线路的时间长、爆破更换维护困难等问题，以及解决了消防水带线路铺设时间过长、供水组织占用进攻疏散通道、消防水带线路需要人员巡查维护等影响救援效能的实战问题，解决了因铺设供液线路而产生的额外负重体能消耗，使消防员在超高层建筑灭火救援中第一时间接近火场、第一时间展开内攻成为可能。同时，消防泡沫干管的设置释放了因铺设消防水带而占用的疏散楼梯空间，使消防员进攻通道和人员疏散通道得以分离，火场行动更加有序。

4. 压缩空气泡沫消防车应用于高层建筑灭火的可行性分析

（1）火场供灭火剂压力计算

已知 10m 水柱的压力是 0.1MPa，则输送到 100m 的高度，压力 $\Delta p_{水}$ 为：

$$\Delta p_{水} = 0.1 \times 100/10 = 1.0\text{MPa}$$

以发泡倍数为 7 计算，压缩空气泡沫是由一份体积的水和七份体积的空气组成，因而比水的密度小。压缩空气泡沫的密度可以表示为：

$$\rho_{压缩空气泡沫} = 1/(1+7) = 0.125\text{g/cm}^3$$

在流体输送过程中压力的降低与流体的密度成正比，即：

$$\Delta p_{水}/\rho_{水} = \Delta p_{压缩空气泡沫}/\rho_{压缩空气泡沫}$$

输送到 100m 高度时，压缩空气泡沫流体的压力降为：

$$\Delta p_{压缩空气泡沫} = \Delta p_{水} \times \rho_{压缩空气泡沫}/\rho_{水}$$

$$\Delta p_{压缩空气泡沫} = 1.0 \times 0.125 = 0.125\text{MPa}$$

可见，水在输送到 100m 高空时，压力降低了 1.0MPa，而输送到同样高度的压缩空气泡沫流体，压力降低 0.125MPa。

消防车水泵出口压力一般为 1.0~1.6MPa，水在消防水带中输送会产生压力损失，所以无法输送到 100m 的高度；中压消防车的出口压力为 2.0MPa，输送到 100m 的高度，理想情况下 $\Delta p_{水}$ 理论上为：

$$\Delta p_{水} = 2.0 - 1.0 = 1.0\text{MPa}$$

由工程经验知，100m 消防水带输送水造成的压力损失约为 0.4MPa，实际出口压力 $\Delta p_{水}$ 为：

$$\Delta p_{水} = 1.0 - 0.4 = 0.6\text{MPa}$$

显然，该压力无法满足消防强喷射灭火的需求。

压缩空气泡沫消防车空气泡沫出口压力约为 1.1MPa，则输送到 100m 高度，理论上其出口压力 $\Delta p_{压缩空气泡沫}$ 为：

$$\Delta p_{压缩空气泡沫} = 1.1 - 0.125 = 0.975\text{MPa}$$

消防水带输送压缩空气泡沫造成的压力损失约为 0.14MPa，实际出口压力 $\Delta p_{压缩空气泡沫}$ 为：

$$\Delta p_{压缩空气泡沫} = 0.975 - 0.14 = 0.835\text{MPa}$$

可见，此压力满足泡沫枪的喷射要求。

（2）火场消防水带的质量测算

消防水带充满水后，其消防水带自身质量与消防水的质量之和已完全限制了其输送到 100m 的高度，在现场不具备操作性。而输送压缩空气泡沫时，由于消防水带中约 88% 的体积是空气泡沫，大大减小了消防水带总质量，满足将空气泡沫输送到 100m 的高度的要求。

下面对消防水带质量计算：

以 25-80 型聚氨酯消防水带为例，每 20m 的消防水带质量约为 11.2kg，设：消防水带直径为 ϕ，长度为 L，水密度为 $\rho_{水}$，压缩空气泡沫流体的密度为 $\rho_{压缩空气泡沫}$。

已知：$\phi = 80\text{mm}$，$L = 100\text{m}$，$\rho_{水} = 1\text{g/cm}^3$，$\rho_{压缩空气泡沫} = 0.125\text{g/cm}^3$，

100m 消防水带充满水后的质量 $G_{水+水带}$ 约为：

$$G_{水+水带} = (\phi/2)^2 \times \pi \times L \times \rho_{水} \times 1000 + L/20 \times 11.2$$
$$= (0.08/2)^2 \times \pi \times 100 \times 1 \times 1000 + 100/20 \times 11.2 = 558.4\text{kg}$$

100m 消防水带充满压缩空气泡沫的质量 $G_{压缩空气泡沫+水带}$ 约为：

$$G_{压缩空气泡沫+水带} = (\phi/2)^2 \times \pi \times L \times \rho_{压缩空气泡沫} \times 1000 + L/20 \times 11.2$$
$$= (0.08/2)^2 \times \pi \times 100 \times 0.125 \times 1000 + 100/20 \times 11.2 = 118.8\text{kg}$$

长度为 100m 消防水带充满水后总质量为 558.4kg，而长度为 100m 消防水带充满压缩空气泡沫后的总质量约为 118.8kg，显然，消防水带及内部消防水的总质量已限制它将消防水输送至 100m 的高度，已经超出了作业能力范围，而输送压缩空气泡沫则完全可行。

5. 固定管网式压缩空气泡沫灭火系统在高层建筑物灭火的应用

高层建筑灭火只有实现了在垂直方向快速输送灭火剂，才能够确保有效地灭火救援。对于超高层建筑，考虑到泡沫输送的速度，压缩空气泡沫装置可设置在建筑顶部、避难层或设备层上，通过压缩空气泡沫专用管道沿楼体管线输送压缩空气泡沫。

固定管网式压缩空气泡沫系统包括消防水泵、高压气源、泡沫比例混合装置、消防水罐、泡沫灭火剂储罐、泡沫发生器、泡沫管路、喷射器置及阀门等，压缩空气泡沫系统的输

出压力一般低于 1.0MPa,消防管路的参数与室内消火栓系统基本一致,系统终端泡沫喷射装置与消火栓箱内消防器材一致。

与室内消火栓系统相比,压缩空气泡沫灭火系统管网平时空置,消防管网维护方便。固定式压缩空气泡沫灭火装置结构简单、安装容易、经济性强,易于操作,兼具环保高效和经济实用两大优点,是理想的超高层建筑泡沫灭火系统。

超高层建筑根据高度,可考虑采用压缩空气泡沫消防车将空气泡沫输送至燃烧区,或者在楼内适当位置设置固定管网式压缩空气泡沫灭火装置,利用专用泡沫管线输送压缩空气泡沫进行灭火。

(1)参数设定

以某压缩空气泡沫装置为例,消防水泵最大流量为 3000L/min,空气压缩机最大流量为 3000L/min,泡沫泵最大流量为 60L/min,系统出口压力 0.6MPa,压缩空气泡沫最大流量为 3200L/min。参照以上参数计算楼顶固定管网式压缩空气泡沫灭火系统的主要设计参数。

所需的消防水和泡沫灭火剂容量应根据可能发生的火灾规模进行设计。根据 GB 50016—2014《建筑设计防火规范(2018 年版)》规定,高层建筑防火分区面积应小于 1500m²,则假定一般情况下超高层建筑的火灾规模不大于 1500m²。根据理论分析和实战经验,喷射 20mm 厚度的压缩空气泡沫即可有效灭火、降温,则该系统理论上每分钟可以覆盖过火面积为 $(3200L/1000)m^3 \div (20mm/1000)m = 160m^2$,覆盖整个防火分区需要 9.4min,总计消耗压缩空气泡沫 3200L/min × 9.4min = 30080L。

考虑专用消防管线内的剩余泡沫量。假设采用长度为 600m、直径为 100mm 的专用泡沫管线,则管线内容积为 4710L,即管道内最大剩余泡沫量为 4710L(0.6MPa 压缩空气泡沫)。根据理想压缩气体公式:$pV = nRT$(p 为气体压力,V 为气体体积,n、R、T 均为常数),0.1MPa 的空气体积为 0.6MPa 时的 6 倍,则含水率 30% 的 0.1MPa 压缩空气泡沫加压至 0.6MPa 时其体积变为原来的 0.417 倍,由此可得,4710L 的 0.6MPa 压缩空气泡沫相当于 11304L 的 0.1MPa 压缩空气泡沫。

楼顶设置的固定管网式压缩空气泡沫灭火系统产生的压缩空气泡沫总量应不小于 41384L,考虑到作战损失、安全冗余度等因素,取为 60000L,即 60m³。按照压缩空气泡沫含水率为 30% 计算,共需要泡沫混合液 60m³ × 30% = 18m³。A 类泡沫的混合比为 0.1% ~ 1%,取 1% 计算,则需要 1% 的泡沫原液为 18m³ × 1% = 0.18m³,消防水为 18m³ × 99% ≈ 18m³,即楼顶固定管网式压缩空气泡沫灭火装置的消防水罐容积应不小于 18m³,泡沫原液储罐容积应不小于 0.18m³。

(2)应用测试

在某大厦(建筑高度 381m,81 层)配置了一套固定管网式压缩空气泡沫灭火系统,管道管径为 DN100,开展了固定管网式压缩空气泡沫灭火系统向下输送压缩空气泡沫、压缩空气泡沫消防车向上输送压缩空气泡沫试验。

① 固定管网式压缩空气泡沫系统向下输送泡沫。

固定管网式压缩空气泡沫系统设置在建筑顶部,向下输送压缩空气泡沫,在重力作用下,压缩空气泡沫能够迅速到达指定楼层,并达到预期压力值(静压力 0.6MPa,满足 2 支压缩空气泡沫枪同时工作的需要),试验向下输送压缩空气泡沫的出泡沫时间约 40~50s,管道出口建立压力时间(泡沫出口压力达到 0.6MPa 的时间)约为 150s。

② 压缩空气泡沫消防车向上输送压缩空气泡沫。

采用某压缩空气泡沫消防车进行向上输送泡沫的试验。试验输送介质为含水率15%的压缩空气泡沫，分别进行单车独立输送和双车联供输送试验，单车、双车输送压缩空气泡沫出泡沫时间分别是130s和80s。

从试验结果来看，单车独立和双车联供向上输送含水率为15%的压缩空气泡沫时，管网内最大静压值均随着楼层的高度增加呈线性降低，但单车独立输送时，压力下降更快。采用双车联供方式向上输送含水率为15%的压缩空气泡沫时，最高输送高度到达该大厦的71层（305m），此时最大静压为0.14MPa，在51层（225m）处的最大静压可达0.27MPa，泡沫喷射距离约18m，此时可满足建筑内部灭火的需求，上述供给高度已经可以覆盖全国90%以上超高层建筑。即使是单车独立向上输送含水率为15%的压缩空气泡沫，最高输送高度也可到达该大厦的51层（225m），最大静压0.17MPa，在44层（195m）处的最大静压可达0.28MPa，泡沫喷射距离约16m，也能满足扑灭初期火灾的需求。

考虑到实战时输送的可靠性，建议建筑高度在150m以下的超高层建筑，仅设置压缩空气泡沫输送管道（干式），由压缩空气泡沫主战消防车向上输送压缩空气泡沫，可满足超高层建筑扑灭火灾的需求。建筑高度超过150m的超高层建筑，可在屋顶层或靠近建筑上部的避难层、设备层合适位置配备固定管网式压缩空气泡沫发生装置，通过泡沫输送管道（干式）向上或向下输送压缩空气泡沫达到着火楼层位置，进行快速灭火。

贵阳市某中队曾在贵阳市某大酒店（高228m）对压缩空气泡沫消防车开展高层供水测试，对泡沫车的出水速度、最远距离、时耗泡沫量等数据进行了实地记录。通过沿楼层垂直铺设消防水带的方法，将水枪阵地设置到酒店228m高的楼顶，测试工作开始后，经过3min 50s的持续加压，泡沫混合液在指定位置成功射出。

2007年8月14日，在建的上海环球金融中心近300m高位突发多火点立体式火灾，上海消防救援人员利用压缩空气泡沫车垂直供液扑救，仅用1h就成功扑灭了火灾。2008年，又在该建筑工地利用建筑的竖向电梯井垂直铺设φ90mm水带，通过德国施密茨涡轮增压压缩空气泡沫消防车极限供压缩空气泡沫灭火剂高度为370m，该装备在不带涡轮增压系统的情况下供给高度仅达到230m。

2010年，广州消防支队通过压缩空气泡沫车向垂直铺设φ80mm消防水带极限供压缩空气泡沫灭火剂高度为212.5m。2010年，上海消防总队在浦东新区某金融大厦（高200m），通过楼梯间蜿蜒铺设φ90mm消防水带，利用德国施密茨涡轮增压压缩空气泡沫消防车，供压缩空气泡沫灭火剂高度为200m，有效射程10m左右，基本满足灭火需求。

压缩空气泡沫的输送压力很大程度上由系统空气供给压力决定。消防水供给的压力由于系统的自动调压功能，对泡沫输送压力影响不大。压缩空气泡沫系统工作时，水泵出水口压力一般设定在0.86MPa左右，最高工作压力不应超过1.0MPa。在此工作压力下可以将压缩空气泡沫输送到足够的高度（350m以上）。压缩空气泡沫的供液阻力损失与管路的铺设方式和管径有关，输送压缩空气泡沫的管路口径越大、其阻力损失越小。

在高层和远距离输送时为降低消防水带的阻力，尽可能使用直径为DN65或DN80的消防水带，高层输送时要尽可能采用垂直悬挂的方式铺设消防水带。铺设消防水带时，尽可能避免过多转弯，这样会降低泡沫在消防水带中的沿程阻力，从而加大输送的距离和高度。另外，消防水带尽量减少打折现象，特别是在消防水带和泡沫喷射装置连接处，如果出现这种现象，不仅会影响泡沫的输送距离和高度，而且还会影响发泡的质量。

六、压缩空气泡沫灭火系统在高层建筑灭火方面的应用

1. 扑救高层建筑火灾的应用

面对扑救难度较高的高层建筑火灾，压缩空气泡沫灭火系统的具体应用可充分考虑到水泵供水压力、沿程阻力和垂直供水距离等因素。在供水阻力方面，由于供水高度与消防车供水负荷直接相关，而消防车供水负荷又与其可靠性、寿命直接相关。

（1）建筑高度超过 150m 的超高层建筑宜在建筑的顶部或适当部位（建筑上部的避难层、设备层）设置固定式压缩空气泡沫系统，超过 400m 的超高层建筑应设置 2 套或 2 套以上的压缩空气泡沫系统。不超过 150m 的超高层建筑可不设置压缩空气泡沫系统，只需设置压缩空气泡沫快速输送专用管网。

（2）专用管网应独立于建筑内其他的管网，且每栋建筑应至少设置 1 根压缩空气泡沫竖管，竖管的管径宜为 80mm。竖管应按照不超过 100m 要求设置区域截止阀，管道底部应设排空阀。专用管网应在室外适当位置为压缩空气泡沫消防车设置专用接合器，接口口径宜为 80mm。专用管网的耐压等级不应低于 1.6MPa。

（3）应在超高层建筑每层消防电梯前室内设置泡沫消火栓箱，栓口直径应为 65mm，箱内应配置消防水带和 19mm 水枪。

（4）建筑内设置固定管网式压缩空气泡沫灭火系统时，应在消防控制室设置独立的控制主机，应能接收泡沫消火栓按钮的报警信号，能够远程控制压缩空气泡沫系统的启停和控制阀的开关，并显示其工作状态。

（5）压缩空气泡沫灭火消防车在进行高层火灾扑救时，需尽量采用 40mm 消防水带进行供液，以减小消防水带质量，提高供液距离。

2. 压缩空气泡沫消防车的配置与管理

（1）把压缩空气泡沫消防车作为主战车

主战消防车应具备多种灭火方式和多种性能，以适应城市不同火灾的作战需要。压缩空气泡沫消防车既能装载 A 类泡沫灭火剂，又能装载 B 类泡沫灭火剂，既可单独用水灭火也可单独用泡沫灭火，还可根据需要同时喷射泡沫和水两种灭火剂灭火。

目前，《城市消防站建设标准》要求特勤消防站应配备压缩空气泡沫消防车，一、二级消防站为选配。各地可面向实战需求，在辖区重大危险源调查评估的基础上，进一步优化车辆装备配置，逐步实现城市主战消防车辆的更新换代。经济条件较好的地区可优先为一、二级消防站选配压缩空气泡沫消防车，特别是已组建高层建筑专业消防队所在的消防站应配备压缩空气泡沫消防车，以发挥其作为主战消防车的优势。

（2）针对压缩空气泡沫消防车开展性能专项培训

为提高压缩空气泡沫消防车的使用效率和作战效能，各地应结合辖区标志性高层建筑定期组织专项训练，结合应急预案开展演练。包括供水线路铺设训练、战斗编组等。针对同一高层建筑不同高度位置，开展供水或供液训练，规范消防水带施放、消防水带固定、车辆加压、车辆停水等技术，在压缩空气泡沫消防车不同工况、泡沫灭火剂不同混合比的状态下，进行不同组合的训练，全面掌握压缩空气泡沫消防车技术性能，实现装备与实战的有机结合。

（3）将压缩空气泡沫消防车作为编成优化力量

扑救高层建筑火灾，灭火剂供给应坚持"以固为主、快速出水，固移结合、压缩空气泡

沫优先"的原则，充分利用建筑内部固定消防设施，最大限度地发挥现有消防装备性能。充分利用压缩空气泡沫消防车的性能优势，将压缩空气泡沫消防车作为编成优化力量，快速实施供液灭火。

七、其他用于高层建筑灭火的常用消防装备

1. 举高消防车

在高层建筑火灾现场，举高类消防车是外部进攻的主战装备之一。实践证明，内攻灭火是更有效的火灾扑救方法。举高类消防车主要有举高喷射消防车、云梯消防车和登高平台消防车3种类型，具有举高和灭火的功能。我国消防救援队伍配备的用于灭火和应急救援的登高平台消防车和云梯消防车的高度有 20m、22m、32m、43m、44m、90m、101m 等多种规格。

在高层建筑火灾救援中，举高喷射消防车的任务是利用强大的喷射灭火剂抑制火势向周围蔓延，而云梯消防车是为高层建筑救援铺设逃生通道，登高平台消防车同时具有喷射灭火剂和救人2种用途。此外，举高类消防车在救援过程中也存在一定的局限性。比如，举高消防车在救援中可能会出现自身作业高度不能达到高层建筑失火位置的情况；其在作业时对气候、风速、地面作业空间、地面倾斜度、地面承重能力、空中障碍物都有较高要求；另外，由于举高消防车占地面积较大，前期准备工作需要耗费时间，而救灾过程中时间就是生命，最佳扑救时机稍纵即逝。

在进行内攻供水线路架设时，可将举高类消防车伸展到需要供水的楼层窗口，利用自带出水口架设供水线路，既能够快速供水到所需高度，也比较稳固、可靠，节省体力，但应严格禁止利用举高类消防车吊升消防水带进行供水，避免出现倾覆、坠落等危险。

2. 消防车挂钩梯

通常情况下，挂钩梯指的是在梯子的一端配备有金属的锯齿钩，是火灾现场消防人员使用的单人消防梯，主要有竹制、铝合金制等多种形式。在营救过程中，救援人员利用高层建筑窗口，通过钩梯连挂的方式在垂直方向上架设一条逃生通道，受困人员通过钩梯逃生通道依次撤离。

3. 消防直升机

当建筑内部火灾严重时，受困人员可能无法通过逃生通道撤离，此时可以选择到高层建筑楼顶暂时躲避。现场总指挥员根据受灾区域被困人员的具体情况，调用消防直升机或请调空军、民航等相关单位的直升机前来抢救和疏散被困人员。

第二节　公路隧道火灾处置

一、公路隧道火灾特点

1. 高温浓烟毒气，救援难度大

在公路隧道内发生火灾后，高温浓烟、毒气弥漫，极易造成人员窒息、中毒死亡，研究表明：人体在浓烟毒气中2~3min 就会有生命危险，这给被困人员疏散和消防员灭火救援造

成极大威胁。例如，2019 年"8·27"沈海高速台州段猫狸岭隧道一货车轮胎起火引燃货物，产生大量有毒浓烟，导致随后驶入的车辆及人员被困，事故共造成 5 人死亡、31 人受伤。

2. 通道堵塞，人员疏散困难

公路隧道一般处于城市主要出入口，其纵深长、车流量大，高峰时段滞留隧道内车辆较多，一旦发生灾害事故，车辆难以调头分流，极易造成道路堵塞、交通中断，致使大量人员被困且疏散困难。

3. 损失严重，社会影响大

隧道火灾往往伴有燃油或化学危险品泄漏，遇火源发生爆炸、燃烧、殉爆，极易引发二次灾害、环境污染和造成重大人员伤亡。例如，2014 年晋济高速"3·1"岩后隧道特别重大道路交通危化品燃爆事故，2017 年张石高速"5·23"浮图峪五号隧道重大危险化学品运输车辆燃爆事故，都造成了重大人员伤亡和严重的社会影响。

二、公路隧道火灾的处置难点

1. 侦察难

隧道火灾事故初期，可利用隧道内监控系统掌握现场基本情况。进入猛烈燃烧阶段后，隧道内因为充满大量浓烟，日常监控系统无法看清现场情况，加上隧道内高温、高热环境，消防员无法深入隧道内部实施侦察。

2. 通信难

受隧道结构、事故点位置及车流影响，现有无线通信网络在隧道内受到明显屏蔽，公网集群在隧道内部不能正常使用；350M 对讲机通信距离不足 1km，不能满足现场与后方的连续通信。此外，手语、旗语、灯语等通信手段，受现场环境（黑暗、浓烟、嘈杂等）制约，也难以发挥有效作用。

3. 排烟难

在正常状态下，火灾发生初期，隧道内射流风机能够正常进行排烟和换气。火灾猛烈阶段，隧道内供电系统可能会受损，射流风机将停止运转无法正常排烟。目前，基层消防站配备的排烟机只能满足小空间、小体量场所的排烟，对大空间、大体量、距离长的隧道排烟作用不明显。

4. 内攻难

隧道内火灾事故发生后，浓烟、高温、爆炸、有毒气体和隧道垮塌等都直接影响灭火救援工作。隧道内大量可燃物同时燃烧，温度可达到 800～1000℃，巨大热辐射百米之外都会令人炙热难忍，加之有毒浓烟和次生爆炸风险，不仅阻碍内攻近战，更严重威胁消防员生命安全。

三、压缩空气泡沫灭火系统在隧道的应用

固定管网式压缩空气泡沫灭火技术是近些年逐步发展起来的一种新型灭火技术，具有泡沫稳定性高、析液时间长、灭火效能高等特点，目前国内外均正在开展工程应用技术研究，但有关其在公路隧道中的灭火应用研究仍较少。

国内研究人员建立了隧道模型开展油盘灭火试验，试验结果显示，汽油池火发展较快，

在数秒内即开始猛烈燃烧，预燃30s后达到稳定燃烧阶段。隧道内温度较高，尤其是油盘周围温度达到上千摄氏度。当压缩空气泡沫系统启动后，压缩空气A类泡沫立即对火焰进行压制，随着泡沫在汽油燃料表面不断聚集和铺展覆盖，火焰越来越小，在1min内完全扑灭油池火。

此外，从灭火过程可以看出，压缩空气A类泡沫对于隧道顶部高温烟气层的扰动较小，会导致少量高温烟气下降到隧道中上部，但对隧道下部可见度影响较小，故此不会影响人员逃生疏散。

采用水成膜泡沫进行灭火试验对比，发现其与压缩空气A类泡沫相同。压缩空气水成膜泡沫对于隧道顶部高温烟气层的扰动也较小，会导致少量高温烟气下降到隧道中上部，但对隧道下部可见度影响较小，故此也不会影响人员逃生疏散。

根据试验结果可知，在相同试验条件下，压缩空气水成膜泡沫对于隧道油池火的控、灭火速度比压缩空气A类泡沫快约30%。这主要是由两类泡沫灭火机理上的差别而导致的。

从灭火机理上，压缩空气水成膜泡沫兼具泡沫和水膜双重灭火作用，而压缩空气A类泡沫仅依靠泡沫的隔氧窒息、阻隔热辐射以及冷却作用而灭火。由于压缩空气水成膜泡沫和压缩空气A类泡沫在泡沫灭火剂配方上的差别，导致其泡沫稳定性相差较大。从泡沫稳定性方面来说，压缩空气A类泡沫具有更好的抗复燃及隔热保护性能。

压缩空气泡沫灭火系统可安装于隧道入口处，压缩空气泡沫产生装置设置在泡沫站内，所产生的压缩空气泡沫通过泡沫主管输送至整条隧道内部。隧道分成多个灭火分区，灭火分区的长度可以调整，在最佳情况下，一个分区的压缩空气泡沫可以完全覆盖一辆重型货车。

第三节　大型仓库火灾处置

一、试验装置

该试验采用加拿大公司（Fire Flex System Inc.）研发的压缩空气泡沫系统，参照NFPA 16（Standard for the installation of foam-water sprinkler and foam-water spray systems）的相关要求设计了泡沫-水喷淋系统和压缩空气泡沫灭火系统的固定管网试验装置；按照UL-162（Standard for foam equipment and liquid concentrates）的试验要求，将泡沫-水喷淋系统和压缩空气泡沫灭火系统的灭火性能进行对比研究。

1. 泡沫喷头

该压缩空气泡沫系统选用两种泡沫喷头：第一种是直径25mm的旋转涡流动力喷头（TAR），喷头顶部设有一个开孔，当泡沫流经开孔处时，喷头顶部开孔部分在泡沫流冲量的带动下旋转，均匀地向周围喷洒泡沫，这种喷头喷射的泡沫可均匀覆盖直径5.2m的面积（约21m²）。第二种泡沫喷头是直径101mm的旋转齿轮动力喷头（GDR），其喷出的泡沫可覆盖直径9.4m的面积（约70m²）。这些喷头采用竖直安装方式，流量系数K取5.6。

按照UL-162的要求，对于采用TAR喷头的压缩空气泡沫灭火系统和泡沫-水喷淋系统，泡沫管路网格尺寸为3.74m×3.74m，喷头均安装在网格的四个角处。管网及喷头与地面的距离分别设为4.42m和7.62m。对于采用GDR喷头的压缩空气泡沫灭火系统，管网距离地面高度是4.42m，由于喷头的尺寸限制，喷头距离地面的高度设为4.2m。由于该试验只采用一个 GDR 喷头,因此,采用 GDR 喷头在管路的安装方式与 UL-162 的要求略有不同。

2. 试验油盘

参照 UL-162 的规定,燃烧盘是面积为 4.65m² 的方形油盘,燃烧盘放在位于管网格中间的地面。燃料采用商业级的庚烷,燃烧盘内放置厚度不低于 25.4m 的水垫层,水面上注入 100L 庚烷。

3. 泡沫灭火剂

泡沫-水喷淋试验采用 3% 的水成膜泡沫灭火剂,压缩空气泡沫试验中采用 2% 的水成膜泡沫灭火剂,1% 的 A 类泡沫仅用于压缩空气泡沫系统。

二、试验步骤

按照 UL-162 的要求,庚烷在油盘中预燃 15s,然后启动压缩空气泡沫灭火系统和泡沫-水喷淋系统连续喷射 5min,喷射停止后,在油面形成的泡沫层静止保持 15min,在这 15min 内不能扰动油层和泡沫层,并两次用火把在泡沫层上方约 25.4mm 处扫描泡沫层,包括油盘角落和边缘的泡沫层,检查火把是否能点燃油料。

这两次火把扫描应分别在泡沫喷射完立即进行和在喷射完 14min 后进行,每次扫描时间不低于 1min。15min 的静止阶段结束后进行复燃试验,即将直径 0.3m 的抗烧罐分别放在火焰最后熄灭的油盘边缘处和泡沫层完整的油盘内部,放置抗烧罐的位置需要先将泡沫层去除。抗烧罐点燃后持续燃烧 1min,取走抗烧罐后,放置抗烧罐处的油面开始燃烧,火焰开始向四周扩展,记录火焰扩展至不小于 0.9m² 面积油面所需时间。

三、结果分析

1. 泡沫-水喷淋灭火系统与 TAR 喷头 CAF 的试验结果分析

表 6-1 是喷头高度设为 4.42m 时泡沫-水喷淋系统与 TAR 喷头 CAF 的试验结果对比。

表 6-1　泡沫-水喷淋系统与 TAR 喷头 CAF 的比较(喷头高度 4.42m)

试验序号	1	2	3	4	5
喷头类型	泡沫-水喷淋	TAR 喷头	TAR 喷头	TAR 喷头	TAR 喷头
喷头数量	4	4	4	4	4
水流量/(L/min)	227	90	90	90	90
气体流量/(L/min)	—	905	905	905	905
混合液流量/(L/min)	234	92	92	91	91
供给强度/[L/(min·m²)]	4.07	1.63	1.63	1.63	1.63
泡沫类型	B 类	B 类	B 类	A 类	A 类
泡沫灭火剂浓度/%	3	2	2	1	1
发泡倍数	3.5	10	10.9	10	8.62
析水时间/s	—	210	210	600	600
灭火时间/s	152	50	49	59	76
复燃时间/s	540	1415	1035	610	375

在第 1、2、3 组试验中，泡沫-水喷淋系统和压缩空气泡沫灭火系统分别采用 B 类泡沫进行了灭火试验。压缩空气泡沫灭火系统的灭火时间比泡沫-水喷淋系统节省了 50%，其复燃时间是泡沫-水喷淋系统的约 2 倍。

在第 4、5 组试验中，压缩空气泡沫灭火系统采用 A 类泡沫，压缩空气泡沫灭火系统的灭火时间低于泡沫-水喷淋系统的 50%，在第 4 组试验中，压缩空气泡沫灭火系统的复燃时间比泡沫-水喷淋系统略高，但在第 5 组试验中，其仅为泡沫-水喷淋系统复燃时间的 2/3，但这 2 组试验的复燃时间均超过 5min，符合 UL-162 的要求。

第 5 组试验的灭火时间比第 4 组多 17s，原因是因操作延误致使预燃时间延长 2s。预燃时间的延长使得导致油盘壁温度升高，盘壁附件的蜡烛大小的火焰会燃烧更长时间，同时，复燃时间也将随之缩短。

表 6-2 是喷头高度设为 7.62m 时泡沫-水喷淋系统与 TAR 喷头压缩空气泡沫系统的试验结果对比。

表 6-2　泡沫-水喷淋与 TAR 喷头 CAF 的比较(喷头高度 7.62m)

试验序号	6	7	8
喷头类型	泡沫-水喷淋	TAR 喷头	TAR 喷头
喷头数量	4	4	4
水流量/(L/min)	227	90.8	90.8
气体流量/(L/min)	—	939	939
泡沫混合液流量/(L/min)	234	92.6	92
供给强度/[L/(min·m²)]	4.07	1.63	1.63
泡沫类型	B 类	B 类	A 类
泡沫灭火剂浓度/%	3	2	1
发泡倍数	3.5	10	10.9
析水时间/s	—	210	600
灭火时间/s	136	50	79
复燃时间/s	561	1420	397

采用 A 类和 B 类泡沫的压缩空气泡沫灭火系统的灭火时间和复燃时间与喷头高度为 4.42m 时测得的结果基本相同，但压缩空气泡沫灭火系统的灭火时间是泡沫-水喷淋系统的 50%。采用 B 类泡沫的压缩空气泡沫灭火系统的复燃时间是泡沫-水喷淋系统的 2 倍，采用 A 类泡沫的压缩空气泡沫灭火系统的复燃时间是泡沫-水喷淋系统的 2/3。采用 A 类和 B 类泡沫的压缩空气泡沫灭火系统的灭火时间和复燃时间均超过 UL-162 的最低要求。需要指出的是：进行喷头高度设为 7.62m 的试验时，环境温度高于 30℃，在这类试验中，环境温度过高会产生不利影响，尤其是对复燃时间具有明显的影响。

2. 泡沫-水喷淋系统与 GDR 喷头 CAF 的试验结果分析

表 6-3 是喷头高度设为 4.42m 时泡沫-水喷淋系统与 GDR 喷头 CAF 的试验结果对比。

表6-3　泡沫-水喷淋与 GDR 喷头 CAF 的比较(喷头高度4.42m)

试验序号	1	9	10	11	12	13
喷头类型	泡沫-水喷淋	GDR 喷头	GDR 喷头	GDR 喷头	GDR 喷头	GDR 喷头
喷头数量	4	1	1	1	1	1
水流量/(L/min)	227	98	100	113.4	113	113
气体流量/(L/min)	—	1060	1060	1113.9	1113.9	1113
混合液流量/(L/min)	234	100	102	114.5	114	114
供给强度/[L/(min·m²)]	4.07	1.42	1.42	1.63	1.63	1.63
泡沫类型	B类	B类	B类	A类	A类	A类
泡沫灭火剂浓度/%	3	2	2	1	1	1
发泡倍数	3.5	10	11	10	9.1	8.6
析水时间/s	—	210	200	600	600	660
灭火时间/s	152	83	70	113	104	125
复燃时间/s	540	1175	1115	337	357	335

对于采用 TAR 喷头的压缩空气泡沫灭火系统，灭火时间是泡沫-水喷淋系统的大约50%，而复燃时间是其2倍。对于采用 GDR 喷头与 A 类泡沫的压缩空气泡沫灭火系统的灭火时间比采用 B 类泡沫的泡沫-水喷淋系统略短些，然而，其复燃时间仅是泡沫-水喷淋系统的大约60%。而采用 A 类泡沫的压缩空气泡沫灭火系统的灭火性能和抗复燃时间均满足 UL-162 的要求。

表6-4是喷头高度设为7.62m时泡沫-水喷淋系统与 GDR 喷头 CAF 的试验结果对比。

表6-4　泡沫-水喷淋与 GDR 喷头 CAF 的比较(喷头高度7.62m)

试验序号	6	14	15
喷头类型	泡沫-水喷淋	GDR 喷头	GDR 喷头
喷头数量	4	1	1
水流量/(L/min)	227	100	113
气体流量/(L/min)	—	1060	1113
混合液流量/(L/min)	234	102	114
供给强度/[L/(min·m²)]	4.07	1.42	1.63
泡沫类型	B类	B类	A类
泡沫灭火剂浓度/%	3	2.3	1
发泡倍数	3.5	10	10
析水时间/s	—	210	600
灭火时间/s	132	72	83
复燃时间/s	561	750	275

采用 GDR 喷头的压缩空气泡沫灭火系统采用 B 类泡沫时，其灭火时间是泡沫-水喷淋系统的约50%，复燃时间是其约1.3倍，而采用 A 类泡沫时，灭火时间是其60%，抗复燃时间仅为其50%，低于 UL-162 的 5min 的要求。导致这个结果的部分原因是试验油盘中液

面与油盘顶部边缘的距离过高(203mm)。采用 4 个 TAR 喷头时，泡沫可迅速覆盖整个油面，且油盘的每个角落和油盘边缘都能完整地覆盖，而采用 GDR 喷头时，由于泡沫只能从一个方向向外喷射，在喷头一侧的油盘边缘会有轻微的阴影效应，阴影效应导致较少的泡沫覆盖在这个区域，使得这个区域的灭火时间延长。泡沫层厚度较小是导致采用 A 类泡沫抗复燃能力差的主要原因。而采用 B 类泡沫时，B 类泡沫的良好流动性可补偿这个阴影效应。另外，进行喷头高度为 7.62m 的试验时环境温度较高也对上述性能产生了不利影响。

3. 喷头高度对灭火性能的影响

压缩空气泡沫灭火系统泡沫喷头的安装高度增加后灭火能力将降低，原因是喷头与油面的距离增大以及大尺度火焰对泡沫的浮力作用使得喷出的泡沫穿过火焰达到油面的难度增加。UL-162 要求固定管网式灭火系统应安装在被保护对象上部的 4.42m 处，但在诸如飞机库、大型仓库这些场所泡沫管路的安装高度难免要远高于 4.42m。为了研究管路安装高度对灭火性能的影响，开展了针对安装在 4.42m 与 7.62m 高度的泡沫管网的灭火性能评价试验。

表 6-5 是采用 TAR 喷头的 CAFS 管网高度变化的对比试验结果。

表 6-5　采用 TAR 喷头的高度变化评价的对比试验结果

项目	第一组		第二组		第三组	
安装高度	4.42m	7.62m	4.42m	7.62m	4.42m	7.62m
试验序号	1	6	2	7	4	8
喷头类型	泡沫-水喷淋	泡沫-水喷淋	TAR 喷头	TAR 喷头	TAR 喷头	TAR 喷头
喷头数量	4	4	4	4	4	4
水流量/(L/min)	227	227	90	90.8	90	90.8
气体流量/(L/min)	—	—	905	939	905	939
混合液流量/(L/min)	234	234	92	92.6	91	92
供给强度/[L/(min·m²)]	4.07	4.07	1.63	1.63	1.63	1.63
泡沫类型	B 类	B 类	B 类	B 类	A 类	A 类
泡沫灭火剂浓度/%	3	3	2	2	1	1
发泡倍数	3.5	3.5	10	10	10	10
析水时间/s	—	—	120	120	600	600
灭火时间/s	152	136	50	50	59	69
复燃时间/s	540	561	1415	1420	610	397

如表 6-5 所示，在采用 B 类泡沫的泡沫-水喷淋系统的高度变化对比试验中(第一组)，前者的灭火时间比后者缩短了 16s，而复燃时间比后者延长了 21s，这意味着降低喷头高度将有利于提高灭火性能。

在采用 B 类泡沫、TAR 喷头的压缩空气泡沫灭火系统的高度对比试验中(第二组)，前者的灭火时间与后者相同，复燃时间比后者少 5s，这说明增加泡沫喷头高度将提高灭火性能。

在采用 A 类泡沫、TAR 喷头的压缩空气泡沫灭火系统的高度对比试验中(第三组)，前者的灭火时间比后者多 10s，而复燃时间比后者少 3.5s，这意味着降低喷头的高度有利于提高灭火性能。

表 6-6 是采用 TAR 喷头的 CAFS 管网高度变化的对比试验结果。

表 6-6　采用 GDR 喷头的高度变化的对比试验结果

项目	第一组		第四组		第五组	
安装高度	4.42m	7.62m	4.42m	7.62m	4.42m	7.62m
试验序号	1	6	9	14	11	15
喷头类型	泡沫-水喷淋	泡沫-水喷淋	GDR 喷头	GDR 喷头	GDR 喷头	GDR 喷头
喷头数量	4	4	1	1	1	1
水流量/(L/min)	227	227	98	100	113.4	113
气体流量/(L/min)	—	—	1060	1060	1113.9	1113
混合液流量/(L/min)	234	234	100	102	114.5	114
供给强度/[L/(min·m²)]	4.07	4.07	1.42	1.42	1.63	1.63
泡沫类型	B 类	B 类	B 类	B 类	A 类	A 类
泡沫灭火剂浓度/%	3	3	2	2.3	1	1
发泡倍数	3.5	3.5	10	10	10	10
析水时间/s	—	—	120	120	600	600
灭火时间/s	152	136	83	62	113	83
复燃时间/s	540	561	1175	750	337	275

如表 6-6 所示，在利用 B 类泡沫、GDR 喷头的压缩空气泡沫灭火系统的高度对比试验中（第四组），前者的灭火时间比后者多 21s，其复燃时间比后者延长了约 7min，这意味着降低喷头的安装高度将减弱灭火性能，但将增强抗复燃性能，这些结果均满足 UL-162 的要求。在利用 A 类泡沫、GDR 喷头的压缩空气泡沫灭火系统的高度对比试验中（第五组），前者的灭火时间比后者长 30s，而复燃时间比后者延长了约 1min。

4. 压缩空气泡沫喷头类型对泡沫分布情况的影响

赵森林组建了压缩空气泡沫灭火系统对 5 种喷头分别喷洒纯水和压缩空气泡沫时的底面灭火介质分布与泡沫析液特性进行了试验及分析，每次试验均设定相同的设备工作参数，末端保持喷头高度一致且垂直向下，在喷头正下方地面上铺设一定面积的灭火介质收集容器，测量容器内的灭火介质量，获得由相应喷头喷洒出的灭火介质在地面的覆盖分布情况。试验使用的喷头形式分别为单孔喷头（A）、内部有旋芯的七孔喷头（B）、内部无旋芯的七孔喷头（C）、下垂式水喷头（D）和多孔扰流喷头（E）共 5 种。

在试验过程中，使用相同喷头分别喷洒压缩空气泡沫和纯水。试验使用的水成膜泡沫灭火剂（AFFF）混合比例为 3%，气液比约为 6:1。试验分别在泡沫混合液出液阀全开和半开两种情况下测试灭火介质末端分布情况。喷头距底面高 2.8m，喷头下方底面收集灭火介质的每个盒子尺寸均为 570mm×570mm，收集区面积根据各喷头在试验压力和流量条件下所能覆盖的最大面积确定，以保证收集齐绝大部分泡沫或水。

在 5 种类型喷头中，单孔喷头开口处的压力最高，相应的流量最低，七孔无旋芯喷头和扰流喷头的流量相对较大。相对于出液阀全开状态，同一喷头在出液阀半开时的 25% 析液时间稍长，说明喷头压力和流量的提高使经由同一喷头喷洒出的泡沫稳定性降低。在所研究的 5 种喷头中，经由内部无旋芯的七孔喷头和下垂式水喷头喷洒出的泡沫 25% 析液时间相对较长，而经由内部有旋芯的单孔喷头和七孔喷头喷洒出的泡沫 25%析液时间相对较短，差别达到了 100%以上。

对于七孔喷头，无旋芯时出液阀全开和半开的析液时间分别是有旋芯时的全开和半开析液时间的 2.6 倍和 2.2 倍。其原因为压缩空气泡沫是由泡沫混合液通过正压注气方式形成的，由液膜分隔包围一定含量气体的微小气泡聚集体的分散相和连续共存的特殊形态，而单孔喷头和七孔喷头内部旋芯的存在使压缩空气泡沫在喷头内流动经过更小的流通截面积过程受到更多的扰动和挤压，旋芯会使压缩空气泡沫混合液产生一定程度的螺旋运动，离心力可使在管路中已经均匀混合的液体和气体发生分离，造成经由喷头喷洒出的泡沫稳定性降低。

不同的喷头所喷洒出的压缩空气泡沫或水在底面上的分布密度形状存在明显差异。除单孔喷头外，其余喷头在出液阀全开和半开时对底面上的压缩空气泡沫或水密度分布形状没有受到明显的影响。单孔喷头在出液阀半开时的分布密度较大的区域相对较集中，主要集中在喷头正下方的底面中心区域，而出液阀全开时单孔喷头的分布密度较高区域由喷头正下方向周围移动，形成了以喷头正下方为中心的近似环形的分布状态。说明出液阀的开启状态所影响的喷头压力和流量不同会使底面上的灭火介质分布发生较明显的改变。七孔喷头内部有旋芯时，底面的分布密度分布相对较规则且集中，近似圆形分布，密度最高的地点为喷头正下方的底面中心，向四周方向密度分布逐渐降低；出液阀全开和半开时对七孔带旋芯喷头底面上的密度分布形状没有受到明显影响，但由于喷头流量的不同，在相同的喷洒时间下，出液阀半开时在喷头正下方的底面中心附近的高密度分布区域面积要相比全开时有所降低。七孔喷头内部无旋芯时，无论是出液阀全开还是半开，地面分布密度的形状均大致相同，均是喷头正下方中心加靠近底面收集区域边缘周围 6 个分布密度相对较高的小区域，这种密度分布与喷头出口分布相对应，说明此时喷洒的压缩空气泡沫或水均由喷头上的各个孔以射流形式射出，此时底面上 7 个分布密度相对集中的区域之间部分是灭火介质分布相对较薄弱的区域。下垂式水喷头在溅水盘的作用下可在底面收集区域形成高密度覆盖整体面积相对较大的分布形式，但同样是由于溅水盘本身的遮挡使地面的灭火介质整体分布于密度较大的区域内存在环形的相对薄弱区域。

对于同一种喷头，其喷洒的不论是压缩空气泡沫还是纯水，尽管喷洒的介质不同，但在相近的喷洒压力和流量条件下，底面灭火介质分布密度及变化规律几乎没有明显的差别，说明在一定条件下，喷头喷洒纯水时的分布密度结果可以直接应用于喷洒压缩空气泡沫介质的情况，压缩空气泡沫系统的喷头选型可以参考相应喷头的喷水特性。下垂式水喷头的底面分布均匀性最好，其次为单孔内置旋芯喷头，扰流喷头和两种七孔喷头的底面分布均匀性相对较差。

除下垂式水喷头外，其余喷头在出液阀全开和半开时，底面区域超过喷洒量分布平均值以上的覆盖面积所占整个收集区域的比例相差不大，说明对于下垂式水喷头，喷头处的压力和流量对底面的灭火介质分布密度影响更明显。单孔喷头在出液阀全开时底面超过平均覆盖量的区域所占比例高于半开时。七孔喷头不论其内部有无旋芯，出液阀全开和半开时底面区域超过喷洒量分布平均值以上的覆盖面积所占整个收集区域的比例几乎一致，说明此喷头的开放程度对底面超过平均分布密度以上的区域面积影响不明显。出液阀半开时下垂式水喷头和扰流喷头的底面超过平均覆盖量的区域所占比例要高于其全开时，说明这两种喷头在更高的压力和流量条件下的底面灭火介质分布均匀性反而有所降低。

四、试验结论

通过上述试验，可得出如下结论：

（1）采用 TAR 喷头的压缩空气泡沫系统，无论采用 A 类还是 B 类泡沫，压缩空气泡沫系统的灭火时间均比泡沫水喷淋系统短，在大多数试验中，其复燃时间也比泡沫-水喷淋系统长。

（2）采用 B 类泡沫和 GDR 喷头的压缩空气泡沫的灭火和抗复燃性能均优于泡沫-水喷淋系统。采用 A 类泡沫时，压缩空气泡沫的灭火性能优于泡沫-水喷淋系统，而抗复燃性能却劣于泡沫-水喷淋系统。

（3）泡沫-水喷淋系统与压缩空气泡沫系统受喷头高度影响较小，当喷头高度变化时，各泡沫灭火系统的灭火性能和抗复燃性能仅有微小的变化。

第四节　农村火灾处置

一、农村火灾特点

（1）以固体（A 类）火灾、液体（B 类）火灾为主。

以往农村火灾以居民火灾为主，火灾类型主要是堆垛、民房等固体（A 类）火灾。随着农村经济的发展，近年来农村企业存放使用的可燃液体造成的液体（B 类）火灾呈增多趋势。

（2）建筑耐火等级低，火势蔓延快。

农村建筑多为三、四级耐火等级，屋内的可燃物较多，火灾发生后燃烧速度快，火势迅猛。农村房屋建设总体无规划，防火间距往往不足，房屋连片，极易造成火烧连营。因此能够快速扑灭初期火灾尤为重要。

（3）交通不便，消防救援队伍难以快速到达。

现有的消防力量部署主要还是以城市为主，当偏远村镇发生火灾后，消防救援队伍很难在火灾初期到达现场。同时由于道路状况复杂，大型的消防装备、车辆往往在通过一些路桥时受阻，不能顺利开展灭火救援。

（4）消防水源匮乏，补水困难。

大部分农村地区缺少市政消防设施，无消火栓、消防水池等补水设施，因此在缺水地区，消防水源十分缺乏。

二、使用微型压缩空气泡沫消防车扑救农村火灾的优点

（1）现有的微型消防车由于体积小、载荷小，负载的灭火剂数量和种类有限，造成了灭火功能单一，消防员在赶赴火场后，往往发现其不适合现场的火灾扑救，束手无策，贻误了战机。

压缩空气泡沫系统既可产生扑救 A 类火灾的泡沫，又可根据需要调节 A 类泡沫比例，产生扑救 B 类火灾的泡沫，因此，微型压缩空气泡沫消防车只需负载一种灭火药剂（A 类泡沫）即可扑救农村火灾常见的 A 类火灾或普通 B 类火灾，可达到多用途的目的。

（2）我国大部分地区水资源匮乏，同时由于农村的基础条件差，无消火栓等消防用水设

施，因此，扑救农村火灾，消防车车载水就作为主要的消防用水。

压缩空气泡沫系统灭火剂灭火效能高，与纯水灭火比较，灭火效率可提高20倍，水的利用率提高到8倍，因此这种"省水、高效"的特性特别适合于农村用微型消防车。

（3）从农村火灾蔓延的特点来看，是否能在火灾初期得到处置显得尤为重要，而从消防力量的部署来看，如果等待驻扎在城市的消防队赶赴火灾现场，实在是"远水救不了近火"。因此，在乡镇一级部署消防力量，配置消防车辆装备，将大大提高扑灭初期火灾的能力。

从目前我国乡镇的财政负担能力上来看，配置数十万元以上的中型消防车不切合实际，同时农村道路情况复杂，由于车重、宽度等原因，有的路桥并不适合于中型以上消防车辆通行，因此，价格低廉、通过性强的微型消防车是当前农村用消防车辆装备的主要选择方向。

三、微型压缩空气泡沫消防车的应用方向

（1）压缩空气泡沫系统微型化、简易化。

现有的车载式压缩空气泡沫系统体积大、结构复杂，主要应用于大中型消防车，特别是A类泡沫比例混合器、空气压缩机控制和调节系统、压缩空气泡沫灭火系统出口控制和调节系统需要较多的传感、数控及电子技术，操作复杂，维保困难，不具备轻便、简单、快捷的特点，不适合用于农村用微型消防车。

改造传统的压缩空气泡沫系统，使其微型化、简易化，根据实战经验和理论，推算出能够产生扑灭农村常见火灾的泡沫参数(A类泡沫灭火剂混合比、泡沫灭火剂流量、压缩空气流量、气压等)，配置高效、小型化的空气压缩机、水泵等装置，进一步缩小压缩空气泡沫系统的体积和质量。编排固定的人机操作界面，规范化微型压缩空气泡沫消防车的灭火程序。

（2）车载平台轻型化。

根据微型压缩空气泡沫系统的安装和使用要求，可选择一款马力大、通过性强、容积大、易组合车辆内部使用空间的微型面包车型作为车载平台。

（3）降低成本、增强可靠性。

为符合农村经济的现状，微型压缩空气泡沫消防车应是一种低成本、高可靠性的消防产品。现有的压缩空气泡沫系统价格昂贵，因此在对压缩空气泡沫灭火系统微型化、简易化改造过程当中应在各个环节考虑成本问题，如各部件的成本、A类泡沫灭火剂的使用成本、维修成本等，不仅让乡镇财政能力能够买得起，还能用得起、修得起。

近年来，部分地区推广了不少用于农村的消防装备，但由于故障率高，维护保养跟进不够，往往造成闲置、报废，因此，微型压缩空气泡沫消防车应以可靠性为侧重点降低故障发生概率，对产品实行模块化设计，方便维修和更换，提高维修保养的效率。

第七章

压缩空气泡沫灭火系统
在特高压变电站的应用

第一节　特高压变电站常用灭火技术

特高压变电站是近年来国内建设的最高电压等级变电站，其容量大、输送能力强，在电网中具有重要地位。特高压变压器是特高压电网重要的主设备之一，特高压变压器分为特高压交流变压器和特高压换流变压器两种，分别应用于特高压交流电网和特高压直流电网。

大型油浸式电力变压器主要由铁芯、线圈、油箱、散热器、绝缘套管、防爆管、油压表以及吸湿器等构件组成。其内部的绝缘衬垫和支架，大多使用纸板、布、木料等可燃物，并有大量的起到绝缘、冷却、散热作用的绝缘油。目前以用燃点较低的矿物油作为绝缘冷却介质的油浸式变压器为主。

变压器油是以石油经分馏加工而成的油制品，大量用于变压器和其他充油电气设备中，作为绝缘和冷却用介质。一旦箱体内发生短路、过载等故障，特别是当温度达到400℃时，可燃的绝缘材料和绝缘油会受到高温和强电弧的作用，开始轻微分解、膨胀以致汽化，分解出甲烷、乙炔和丙烷等饱和碳氢化合物；当温度达到800℃时，会分解出乙烯、丙烯等不饱和碳氢化合物。如果变压器内部硅钢片的层间绝缘被破坏，使铁芯局部过热，温度将超过800℃，这时变压器油几乎全部分解为氢、甲烷、乙炔，而且变压器在高能放电的情况下可使局部温度高达3000℃，在高温下生成的可燃气体使变压器内部的压力急剧增加。如果继电保护装置未能准确及时地动作，箱体内的温度将急速上升，造成被汽化的变压器油的体积也随之急速膨胀，当达到箱体所能承受压力的临界值时，被汽化的变压器油将从箱体的最薄弱处喷出，导致变压器爆炸、燃烧。变压器内部一旦出现短路，变压器油箱在极短的时间内便形成一个高温高压的空间，并随即爆炸起火。

特高压变压器由于储油量较大，典型的1000kV特高压交流变压器单相器身内部含有变压器油173t，±800kV特高压换流变压器单相器身内部含有变压器油130t，是传统超高压500kV变压器单相器身储油量的2~3倍，是750kV变电站变压器储油量的1.7倍，其储油量远大于超高压变电站。

近年来，国内外发生了多起变压器火灾，事故严重时甚至导致箱体破裂，漏出的变压器油引燃邻近设备。大型变压器发生火灾可持续燃烧 10~20h，不仅影响供电，对电网的安稳运行造成破坏，而且威胁周边设备及其他建筑(构)物，甚至危害人身安全，因此需高效灭火。

一、油浸式变压器发生事故的原因

（1）油浸式变压器的层间、匝间、相间、硅钢片间、高低压线圈之间及对地间发生短路事故时，变压器温度将迅速升高，引起火灾。

绕组短路的形式分为绕组间短路和绕组对地短路，其中绕组间绝缘老化、水或异物进入变压器、引线绝缘破损等会造成绕组层间或匝间短路；而振动、操作过电压、绝缘距离不足或损坏等则会造成绕组短路，击穿铁芯、外壳、台架等接地部分，从而引起绕组对地短路。短路部位的温度会迅速上升，可能引燃变压器油，发生火灾。

（2）油箱、套管等构件因渗油、漏油在箱体外表面形成污垢，如遇明火将引起燃烧。

油浸纸电容式套管由于安装不当而受机械性冲击或严重超温运行可能会产生裂纹，若套管制造不良、电容芯空气与水分未除尽或卷得太紧导热不良，在充油套管出现裂纹导致击穿时，套管往往会发生爆裂，可能引发火灾事故。

（3）当变压器超负载运行，引起温度升高，造成绝缘不良时，如果此时保护系统整定值设置过大，变压器将被烧毁。

变压器内部损耗包括绕组损耗(铜损)和铁芯损耗(铁损)两部分，实际运行的变压器铁损往往大于铜损。铁芯硅钢片存在制造缺陷、铁芯多点接地、变压器铁芯硅钢片间气隙过大等，都是增加变压器内部损耗的因素，而在变压器内部损耗过大的情况下，一方面可能引燃绝缘纸或绝缘油等可燃物；另一方面引起故障部位附近绝缘损坏，造成绕组短路，引发火灾。

（4）大型油浸式电力变压器大多还连接架空线路，而架空线易遭到雷击，使变压器被强电压侵袭，击穿变压器的绝缘层，甚至烧毁变压器，引起火灾。

（5）铁芯叠装不良，芯片间绝缘老化，引起铁损增加，造成变压器过热，如果此时保护系统不能稳定启动，就将烧毁变压器。

（6）由于螺栓松动、焊接不牢、分接开关接点损坏，线圈内部的接头、线圈之间的连接点、引至高、低压瓷套管的接点以及分接开关上各接点的接触不良，都会产生局部过热，从而破坏线圈绝缘层，发生短路或断路故障。

（7）变压器长时间运行后，变压器油在高温或电弧的影响下，生成多种溶于油的酸类和氧化产物，如绕组、铁轭、夹件、散热管上附着或积聚劣化生成的"油泥"，其导热性很差，且阻碍绝缘油的正常循环，严重影响绕组散热；劣化的绝缘油中的多种不稳定物质进一步分解，生成强腐蚀性的臭氧，损坏绝缘材料。

二、油浸式变压器发生火灾的事故类型

油浸式变压器器身多为封闭结构，故障状态下的高温常引起绝缘油或气体膨胀，在失控状态下易发生爆炸。而位于油箱顶部油枕内的大量变压器油在重力作用下，从箱体开裂处向外猛烈喷出，助长了火势的蔓延，大大增加了火灾扑救的难度。此外，变压器火灾出现的爆燃现象，可能对变压器本体结构、防护屋顶、防火墙和消防设施造成破坏，将导致火灾发展

过程的多变性。

因此,油浸式变压器油泄漏燃烧可能会引发喷射火、油池火、流淌火等复杂的燃烧形式。

1. 喷射火

喷射火是在有压力的管道或容器内油料通过泄漏口往外喷射燃料并被点燃的一种燃烧方式,多出现在变压器爆炸后的较短时间内,一般火焰高度(长度)较大,泄漏口处动量大、能量密度大,造成扑救难度大。

2. 流淌火

流淌火是液体燃料边流淌边燃烧的一种燃烧方式,多发生在变压器油的泄漏和火灾扩大阶段,大量泄漏燃油不能快速燃烧完全,流向没有约束的方向并不断被点燃,导致火灾的蔓延和扩大,造成扑救困难。

3. 油池火

油池火是一定厚度燃油在物体表面发生燃烧的一种燃烧方式,泄漏到物体表面的燃料向四周流淌,受到阻挡或限制时,燃料将在局部积聚,形成一定厚度的油池,油池被点燃即形成油池火。变压器油池火多发生在燃油受到边界约束后,多为火灾的充分发展阶段,油池火的热释放速率除了取决于油料特性外,还与暴露并燃烧的油池表面积以及燃料的蒸发速率相关,而燃料的蒸发速率则受油温的影响极其明显。

在实际的油浸式变压器火灾事故中,喷射火、流淌火、油池火往往同时存在,这给火灾的扑救带来了更大的困难。

三、现有消防系统的不足

特高压变电站建筑物火灾危险性类别不高,人员活动较少,建筑物面积和体积较小,建(构)筑物、消防给水与灭火设施、采暖、通风与空气调节等方面与常规变电站消防设计基本一致。

1. 特高压变压器固定灭火系统应用现状

目前,特高压变压器固定消防设计仍依照传统(110~500kV)交流变压器的设计标准,尚未有针对特高压变压器的固定灭火系统设计规范。

特高压变压器采用的固定灭火系统主要为水喷雾灭火系统和泡沫喷雾灭火系统,分别依据 GB 50219—2014《水喷雾灭火系统技术规范》和 GB 50151—2021《泡沫灭火系统技术标准》设计。

水喷雾灭火系统的主要设计参数为:变压器器身的供给强度为 $20L/(min \cdot m^2)$、集油坑的供给强度为 $6L/(min \cdot m^2)$,持续供给时间 24min,保护面积包括扣除底面面积以外的变压器油箱外表面积、散热器外表面积、油枕及集油坑的投影面积。

泡沫喷雾灭火系统的主要设计参数为:供给强度为 $8L/(min \cdot m^2)$,持续供给时间为 15min,保护面积按变压器油箱本体水平投影且四周外延 1m 计算。

2. 存在的问题

(1)整体灭火能力不足

目前的水喷雾灭火系统的灭火能力不足,至少从已发生火灾的灭火情况来看,依据目前规范要求的供给强度,泡沫喷雾灭火系统还没有成功扑灭特高压变压器火灾的有效案例。目前试验没有与实际火灾中油箱暴露面积一致,也未考虑储油柜流淌火。

泡沫喷雾系统在变电站油浸变压器上应用，20 世纪 90 年代源于我国，并已少量出口到欧洲。由于泡沫喷雾灭火系统相对水喷雾灭火系统建设期投资低，系统简单，因此被广泛应用于变压器固定灭火。但目前根据规范要求的泡沫喷雾喷射强度及保护方式标准对特高压变压器而言相应偏低，且依据目前规范要求的喷射强度没有成功扑灭大型带油设备火灾的有效案例。

泡沫喷雾灭火系统是否能够对特高压变压器有效保护还需要进一步试验验证。由于特高压变压器结构较复杂，外形不规则，本体器身上以及与散热器的连接管路较多，且泡沫是否可覆盖散热器底部尚存疑问。

（2）火灾易发区域灭火能力不足

据统计，80％的变压器火灾发生在高压套管、分接开关等带电部位。因此，这些带电部位需要更高的供给强度。但目前国内外标准均未对变压器火灾易发区域进行加强保护设计，很大程度是出于对高压带电安全性的考虑。虽然起火后变压器断路器通常会及时跳开，但变压器灭火系统自动运行时存在系统误动和人为误动的可能性。

美国 NFPA 15 规定："仅在制造商文件批准的情况下，才允许水直接喷向高压绝缘套管"。欧洲标准 EN 14816 规定："为了防止对带电的、绝缘套管或避雷针造成破坏，水雾不能直接喷洒至这些设备，除非得到制造商相关文件及业主的许可"。在实际工程应用中，目前变压器高压套管下方的升高座一般采用 1～2 只喷头保护，供给强度没有针对性增强，而变压器高压套管中上部则完全没有保护。

（3）缺乏防爆设计

变压器起火后，绝缘套管升高座容易发生爆裂，可将特高压变压器上方的隔音板顶部炸开，导致隔音板附近的水喷雾或泡沫喷雾管道损坏。水喷雾和泡沫喷雾的管道损坏后，系统可能发生泄压，导致系统无法正常灭火。

第二节　应用案例

一、压缩空气泡沫灭火系统对扑灭变压器火的优势

变压器火灾具有油火、电气火两类火灾特性，主要是以油火形式出现。扑灭该类场所火灾，要求灭火剂具有灭火效率高和适用于电气、油类两种火灾特点。

油浸式变压器发生火灾后，从油箱下流出的变压器油火和地面流淌的池火形成大面积燃烧，对于扑灭油类火灾，国内多个研究团队通过标准油盘火试验证明：1％混合比、发泡倍数在 15～25 倍时压缩空气泡沫灭火效果最佳，定量评价了该类泡沫灭油火的优良性能。而对于电气火灾，普通泡沫不适用于扑救，尤其是高压电气火灾，但 Fireflex 公司曾做过用压缩空气泡沫扑救油浸式电力变压器全尺寸试验，成功地保护了该场所，呈现出低用水量和快速高效等特点。

油浸式变压器火灾产生强烈辐射热，对周围人员和设施造成威胁，高阳曾对压缩空气泡沫的隔热防火能力进行测定，发现干压缩空气泡沫有良好的挂壁性，能附着在物体表面进行辐射热隔绝。据研究，12kW 热源强烈辐射下，钢板升温至 75℃需要 30s，而在压缩空气泡沫的覆盖下可增至 900s，具有良好的隔热防护能力。陈宝辉等对比了水喷雾、泡沫喷雾及

压缩空气泡沫灭火系统的能力提升方案，提出了压缩空气泡沫灭火系统具有灭火效率高、用水量少等优点，是一种新的灭火技术，具有很好的发展前景。胡成等通过实际灭火试验研究表明成膜型压缩空气泡沫扑灭变压器全液面溢油火的有效性。

FireFlex 公司根据加拿大国家研究委员会（NRCC）颁发的执照开发了联动压缩空气泡沫固定管网系统（ICAF）及其喷嘴应用于灭火试验。研究人员选择《UL-162 泡沫装备和泡沫灭火剂燃烧试验》标准作为这次对比的试验标准，在选定 B 类泡沫后评估泡沫-水喷洒灭火系统（含 3% 水成膜泡沫灭火剂）和压缩空气泡沫灭火系统（含 2% 水成膜泡沫灭火剂）的灭火性能。表 7-1 为水喷雾系统和 CAF 系统在变压器燃烧试验中的比较。从表 7-1 可以看出喷头离地 4572mm 时两者的试验结果。第二轮试验时将管网高度增加到离地 7620mm，这虽然与 UL-162 所要求的不尽相同，但对于比较两个系统在高架库房中的应用还是必要的。很显然与泡沫-水喷洒灭火系统相比，压缩空气泡沫灭火系统灭油盘火的时间仅是前者的 1/3，复燃时间是前者的 2.6 倍，液体流速仅为前者的 40%，而且泡沫浓度是前者的 2/3。研究表明与泡沫-水喷洒灭火系统相比，压缩空气泡沫灭火系统很显然有相同的或更好的灭火效果和抗复燃能力，在减少泡沫灭火剂用量和泡沫灭火剂流速方面也具有明显优势。其研究表明压缩空气泡沫灭火系统能保护大型变压器，水喷雾系统则不能。

表 7-1　采用 B 类水成膜泡沫灭火剂的灭火数据对比（喷头高度 4572mm）

喷头类型	泡沫-水两用喷头	压缩空气泡沫喷头
泡沫类型，混合比例	B 级，3%	B 级，2%
泡沫混合液流量/（L/min）	227	90
供给强度/[L/（min·m²）]	4.07	1.63
发泡倍数	3.5	10.9
25%析液时间	<1	3′30″
灭火时间	2′32″	50″
复燃时间	9′	23′35″

两者比较见表 7-2。全尺寸试验表明：压缩空气泡沫灭火系统在高达 12MW 的燃烧试验规模下能够抵御变压器的三维火灾，具有良好的灭火性能，而且节约泡沫灭火剂。

表 7-2　变压器灭火试验数据比较

项目	水喷雾系统	压缩空气泡沫系统
水流量/（L/min）	890	165
水用量/L	3486	248
泡沫混合比	—	2%
泡沫原液用量/L	—	5
灭火时间	3′55″	1′30″

二、压缩空气泡沫的全尺度变压器灭火试验

国网山东省电力公司电力科学研究院牵头搭建了大型充油设备消防灭火真型试验平台，选用 220kV 实体变压器，并根据国内外相关规范要求设计压缩空气泡沫灭火系统和泡沫喷

雾灭火系统，开展实体火灾灭火试验，通过两套泡沫灭火装置的灭火效果对比分析，选择高效可靠的灭火系统，为泡沫灭火系统在提升变压器消防能力的实际应用中提供技术支持。

根据 GB 50151—2021《泡沫灭火系统技术标准》的相关要求设计压缩空气泡沫灭火系统和泡沫喷雾灭火系统。选择 3% 型水成膜泡沫灭火剂（3%AFFF），两种不同的泡沫灭火系统共用一套主管网。

泡沫喷雾灭火系统采用 16 个喷头保护变压器本体，16 个喷头保护变压器套筒升高座和油槽，而压缩空气泡沫灭火系统的喷头采用压缩空气泡沫系统专用喷头和泡沫发生装置。

火源全部被点燃，预热燃烧 6.5min，达到充分燃烧阶段，启动压缩空气泡沫灭火系统，12s 时有效控制住火势，火焰高度明显下降且逐渐衰减；20s 时高位油盘火、中位油盘火及两侧油槽火均被扑灭，仅剩前方油槽内的少许残火，34s 时灭火完成，已无残余火焰；持续喷射 30s 后关闭压缩空气泡沫灭火系统，观察 10min 后，未发生复燃。压缩空气泡沫均匀覆盖在油槽表面，无裸露部分。

可见，压缩空气泡沫灭火系统不需要从外界吸入空气，而是采用空压机主动供气方式，通过在泡沫发生装置中自行混合后到达喷头的为气态泡沫，其泡沫动能大、稳定性强、喷射距离远，保护半径大，可有效扑灭大型变压器的立体火灾。

在相同试验条件下进行泡沫喷雾灭火系统的灭火测试，18s 时有效控制住火势，火焰高度明显下降且逐渐衰减；39s 时仅剩高位油盘残火点，低位油槽火和中位油盘火已扑灭且未发生复燃。150s 时高位油盘残火点仍未被扑灭，判定灭火失败。

试验表明：泡沫喷雾灭火系统仅依靠外界在喷头处吸气形成的泡沫，发泡不均匀，其动能低，喷射距离近，保护半径小，能有效控火，但灭火具有一定的不确定性。

以上两组灭火系统的灭火试验预燃时间相同，变压器油均达到充分燃烧阶段，两种泡沫系统的响应时间都在 3s 内，但压缩空气泡沫灭火系统无论控火时间，还是灭火时间均优于泡沫喷雾灭火系统。

国外已有固定管网式压缩空气泡沫灭火系统应用至油浸式变压器的研究和实例。变压器火灾一般呈三维立体燃烧形式，喷头布置重点考虑了喷头布置间距、泡沫喷射角度、喷头设置数量、最不利处压力和固定障碍物位置等参数，喷头共分顶部和地面两部分进行保护。国外某公司曾开展了全尺度灭火试验，采用新型旋转型喷头和压缩空气泡沫灭火剂，扑救变压器火灾时仅采用 16 个喷头呈格状布置，喷头数量远远低于普通系统的规范要求。

三、压缩空气泡沫系统在变压器上的工程应用

海南 ±800kV 换流站作为压缩空气泡沫示范应用工程，首次开展了压缩空气泡沫工程应用设计研究。

海南换流站工程共 4 组换流变压器（以下简称"换流变"）分区，每组换流变分区安装 6 台换流变。每台换流变同时设置喷淋系统及消防炮进行灭火保护。喷淋系统用于火灾时自动启动，对换流变形成全方位覆盖，每组换流变分区（6 台换流变）设置 7 门消防炮，安装于防火墙挑檐上方，保证每台换流变都对应有 2 台消防炮保护。

设置一套压缩空气泡沫灭火系统产生装置，同时供给消防炮和喷淋系统。压缩空气泡沫灭火系统从装置出口总管设置 4 个分区阀，分别供给至 4 个换流变分区。每个分区建设选择阀室 1 座，在选择阀室内设置 13 个选择阀，分别供给 6 路喷淋系统和 7 台消防炮。7 门消防

炮设置 7 根管道，每个炮的选择阀下移至防火墙外侧的安全位置，可实现远程电动、现场紧急手动启动两种控制方式。

在防火墙外侧设置有一个专用的选择阀室，由产生装置沿消防干管将压缩空气泡沫灭火剂输送到每个阀室内的选择阀，每台换流变的喷淋灭火系统和消防炮灭火系统各独立设计有选择阀，选择阀选用电动蝶阀，平时常闭，火灾时由压缩空气泡沫灭火系统联动主机联动开启。

泡沫灭火剂输送到喷淋主管后，通过不同位置及角度安装的喷头全覆盖喷放到换流变本体及散热器、套管升高座、油枕以及油坑内，对单个换流变防护区进行全方位灭火保护。

消防炮灭火系统作为喷淋灭火系统的备用系统，安装于换流变两侧防火墙上方的阀厅外墙挑檐上方，每 6 台换流变设置 7 门消防炮，确保每台换流变均在 2 门消防炮的保护范围内。消防炮具有防爆、防水、耐高温、耐火能力的特点，且具备手动遥控控制和消防控制室远程控制多种控制方案。

压缩空气泡沫灭火系统联动控制系统能够实时采集泡沫灭火剂位置、出口压力、压缩空气泡沫灭火系统产生装置状态、通信链路状态、阀门位置等系统重要设备及阀门等的状态信号并进行自检。

压缩空气泡沫灭火系统的控制系统包含联动控制系统、压缩空气泡沫灭火系统监控后台、消防炮控制系统、阀门就地操作箱等。

第八章

压缩空气泡沫灭火系统在煤矿的应用

第一节　煤矿常用灭火技术

　　我国能源结构特点为富煤、贫油、少气，这决定了煤炭作为我国一次性能源结构的主体能源地位。近十年来，煤炭在我国能源生产结构中的占比一直高达 65% 以上，自 2010 年以来，我国原煤产量一直超 $30 \times 10^8 t$，预计到 2025 年，我国煤炭消费需求为 $(28 \sim 29) \times 10^8 t$ 标准煤，占能源消费总量的 50%~52%，由此可以看出，煤炭在我国能源生产、利用等方面的主导地位近期内不会有明显的改变。

　　我国煤田地质类型多样，由于煤矿地质条件的复杂性和生产条件的特殊性，火灾类重特大事故时有发生。随着我国煤矿开采强度提高、开采深度不断增大，地质条件也随之愈加复杂，煤的低温氧化涉及煤孔隙中氧气输送、气体吸收，并形成气态和固态产物，生成热量，致使矿井火灾、瓦斯爆炸等事故频繁发生。据统计，我国 25 个主要产煤省区的 130 余个大中型矿区均不同程度地受到煤层自然发火的威胁，其中 40 个大中型矿区煤层自然发火严重，煤的自热现象已经成为一个非常严重的现象。

　　煤炭自然发火是煤炭开采中面临的重大自然灾害之一，其不仅能够烧毁煤炭资源、造成巨大的经济损失，而且会产生大量的一氧化碳、硫化氢、二氧化硫等有害气体，严重污染空气和环境。此外煤自燃常常会引发瓦斯燃烧、粉尘爆炸等事故，造成严重的人员伤亡。

　　煤自燃主要发生在矿井的采空区、构造带、残留大量浮煤的终采线和开切眼等区域，其中采空区是煤炭自然发火最严重的区域之一，占到煤自燃区域总数的 60% 以上，特别是高强度的开采导致采空区的遗煤量大、漏风加剧，使得采空区煤炭自燃更加频繁，我国矿井的煤炭安全开采面临煤炭自然发火的严重威胁。

一、煤矿井下火灾原因

1. 外因火灾

　　由外部火源（如明火、放炮等）引起可燃物燃烧造成的火灾，称为外因火灾。这种火灾多发生在井底车场、电气设备集中的巷道和机电硐室等地，一般发生突然、火源明显、发展速度快，处理方法不当或不及时，会给矿井带来难以估量的损失。

2. 内因火灾

煤炭在一定条件下，自身发生氧化反应，产生并积聚热量引起的火灾，称为内因火灾，也叫自然发火。这种火灾主要发生在采空区、断层或封闭不严的采区内，其发生和发展速度缓慢，且火源较隐蔽，一般不易察觉。

二、煤矿火灾治理方法

现阶段我国煤矿火灾防治方法有充填堵漏、均压、注浆、喷洒惰性气体、阻化剂、三相泡沫、燃油惰气及高倍泡沫等。

1. 充填堵漏防灭火技术

该技术是将漏风堵住，最大限度地避免煤炭吸取氧气发生自燃。基本原理是因位置的不同而形成的静压或者是填充泵产生动压，在煤体的裂缝中融入不会燃烧的水溶液，产生一定的化学反应，生成浓稠的浆状物质，填满缝隙，阻隔氧气的进入，从而抑制燃烧。该技术主要包括化学凝胶堵漏技术、固态粉煤灰堵漏技术以及固态泥浆堵漏技术等。

该技术可有效应用于填堵漏风通道防治自然火灾，有无机凝胶、泥浆、复合浆体等防灭火材料及专用装备，具有技术易行、价格便宜的特点，但不能完全控制漏风，适用性有限。

2. 均压防灭火技术

通过改变通风系统内的压力分布，降低漏风通道两端的压差，减少漏风，从而抑制和熄灭火区。能够应用均压防灭火技术的煤矿有一定的条件，首先需要具备完备的矿井通风图和通风相关的技术材料，其次，掌握通风机功能、气温、风量以及风流大小等通风参数。该技术包括开区均压、闭区均压和联合均压技术，均已成功应用。该方法实施费用低，可减少有害气体涌入工作面，改善工作环境，但工艺复杂，影响正常生产，工程量较大。

3. 注浆防灭火技术

注浆防灭火技术是将水与黄泥、粉煤灰等按照适当的配比混合、搅拌，制成一定浓度的浆液，经输浆管道输送到可能或已经发生煤炭自燃的区域。浆液能够包裹煤体，隔绝氧气与煤体接触，防止煤体氧化，并具有保水增湿、吸热降温的作用，但易造成堵管、拉沟等现象。该技术形成了以地面固定式制浆系统为主体，以井下固定式和井下移动式注浆系统为辅的体系。

该技术所需材料容易选取，技术成本低，浆液制备简单，防灭火效果显著，但浆液制备设备体积大，运输管路长，运输管路易堵塞，浆液其自身特性难以向高处堆积，易跑浆，无法解决高处的火灾，处理困难，易恶化工作面环境。

4. 惰性气体防灭火技术

该技术是指将惰性气体注入可能或者已经发生火灾的区域，稀释此空间内的氧气，达到防止火灾或扑灭火灾的目的，目前使用较多的惰性气体主要有二氧化碳和氮气，并发展了液氮、液态二氧化碳直注式与可控温式灌注防灭火技术，已成功应用。

该技术的防灭火效果很大程度上由技术参数决定，注惰性气体的管路压力、管路直径、流量以及位置等技术参数的合理确定是保证此项技术防灭火效果的基础。

惰性气体防灭火技术工艺简单，操作方便，有较好的稀释抑爆作用，已经在煤矿得到了广泛的应用，但是惰性气体不能长期起到防灭火的效果，具有窒息性，且灭火周期长，不能有效消除高温火点。因此，该技术必须与堵漏、均压等措施配合使用。

5. 阻化剂防灭火技术

应用阻燃物质的防灭火技术是指应用一定数量的阻燃材料或者惰性材料，送到处理区，确保煤炭和空气的接触被阻隔，真正实现对煤自燃的有效控制，最终实现预防火灾的目标。物理阻化剂是通过改变环境或煤的物理条件来防止煤自燃的药剂，主要包括一些卤盐类、铵盐类的物质，如 $CaCl_2$、$MgCl_2$、$NaCl$ 和 KCl 等，这类物质具有的共同点是吸湿性强，能够有效地将水分锁住。

阻化机理主要有两个方面：①通过覆盖煤的表面活性中心，在煤体表面形成一层保护层，减少煤氧接触机会；②通过带入大量的水，借助水分蒸发时吸收大量的热量对煤体进行降温，延缓氧化反应速率。

该技术采用喷洒、压注以及气雾阻化等多种方式，具有工艺简单、阻化效果好的特点，适用于火灾预防。但是阻化剂进行防灭火也有不足，对煤中的活性物质作用不明显，无法从根本上有效解决煤炭自然发火，而且其阻化效果随着时间推移逐渐消失，阻化时间较短，也难以充分掌握均匀喷洒技术。同时，阻化材料价格昂贵且用量较大，阻化寿命有限，使用地点选择性强。

6. 高分子材料防灭火技术

该技术主要通过灌注高分子封堵材料至漏风通道，切断矿井内因火灾形成的连续供氧条件，达到抑制矿井内因火灾的目的。该技术主要采用包括胶体防灭火材料、新型高分子防灭火材料等，现场生产中已应用了包括各类型凝胶、胶体泥浆、聚氨酯类等多种高分子材料。这些材料具备较强的吸水性能，吸水之后体积会大幅度提升，但其成本高，且在高温下分解放出有害气体；在高温下易燃烧，因井下高分子材料使用引发的火灾等事故频发，大幅限制了聚氨酯等的使用。

凝胶防灭火技术是指将基料、促凝剂和水按一定比例混合配制成水溶液，待水溶液发生"胶凝作用"形成凝胶后注入拟处理区域，通过凝胶材料的固水、吸热降温、堵漏风、抑制煤氧复合反应等特性，达到防灭火的效果。但由于凝胶材料价格高、作用范围有限，使得凝胶防灭火技术现场使用成本高，限制了其在井下煤自燃防治中的大范围使用。

复合胶体防灭火技术是在凝胶防灭火技术基础上发展的一种介于固液之间的材料，初始状态下具有流动性，随着时间的推移，胶体凝固，流动性减弱，最终成为固态物质。作为新型防灭火材料，复合胶体防灭火材料兼具了凝胶的固水、覆盖和封堵的特性，且具有成本低、耐高温、无毒无害等特点，防灭火性能显著。

7. 三相泡沫防灭火技术

该技术集固、液、气三相材料的防灭火性能于一体，克服了传统注浆材料向上运移堆积难、包裹覆盖性能差、惰气滞留时间短的难题。该技术具有吸热降温、包裹煤体、隔绝氧气、封堵漏风通道与煤体裂缝等特点。

8. 燃油惰气灭火技术与高倍数泡沫灭火技术

该技术解决了煤矿井下火灾快速熄灭、快速惰化的技术难题，两者均可用于熄灭煤矿井下火灾，既能阻爆灭火，又可快速惰化火区，起到隔绝、窒息火灾的作用。

9. 综合防灭火技术

由于矿井地质条件、人员作业条件、现场施工条件都较为复杂，火灾发生后情况也会多种多样，因此一般采用综合防灭火技术，即多种防灭火措施综合使用，才能达到最佳的防灭火效果。

总之，煤矿火灾的防治涉及多学科、多领域的交叉，研究煤自燃机理、科学评价煤火环境影响、准确探测煤火火源位置和提高煤火治理效率等方面将成为煤火灾害防治研究的关键性科学问题。

第二节　压缩空气三相泡沫灭火技术

三相泡沫包含三种形态的物质，由空气或者是氮气、液态物质以及细微颗粒等通过发泡构成，是具备一定分散机制的综合体。防治煤炭自燃的三相泡沫由固态不燃物(粉煤灰或黄泥等)、惰性气体(二氧化碳、氮气)和水三相防灭火介质组成。由于三相泡沫发泡倍数较高，单位体积的泡沫材料成本大幅下降，具有较高的经济效益。

一、三相泡沫发泡机理

三相泡沫主要是由固体不燃物(黄泥浆、粉煤灰)和惰性气体组成，并加入一定量的发泡剂和稳泡剂分散在水中而形成的一种体系。

在黄泥浆中加入发泡剂起到两方面作用：一是通过发泡剂降低水的表面张力，改变粉煤灰的物理化学性质，使黄泥逐渐由亲水性变为疏水性，使之易于黏附在气泡壁上；二是降低浆液的表面张力，使之成为泡沫状。浆液经过发泡器的作用，逐渐形成固–液–气三态，即三相泡沫，如图8-1所示。

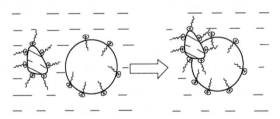

图8-1　三相泡沫形成过程

由于稳泡剂具有增稠、分散、悬浮、稳定成膜的作用，水泥固体颗粒黏附在液膜上，从而形成了三相泡沫的网络骨架。它将气泡包裹其中，避免因外界的扰动造成泡沫的破灭，对内部泡沫起到一定保护作用，延缓其破灭速度。靠气体和浆液本身的动力使气–液–固三相混合液通过发泡器，从而形成高倍数、稳定时间长的三相泡沫。

高速泡沫泥浆冲击的旋转叶轮在封闭系统内对泡沫泥浆进行高速搅拌而使泡沫机械切割、挤压分散而均匀细化；同时也使固体颗粒进一步分散，增强了泡沫泥浆的稳定性，从而形成了均匀致密细腻的三相泡沫。

颗粒和气泡之间被液隔离，即使当二者非常接近，各自所具有的水化层也不易被冲破而黏附，只有在外力作用下，比如机械搅拌、射流冲击等，使彼此碰撞，破坏其间的液化层才能实现黏附。在添加有发泡剂的粉煤灰浆液中，只有当经过激烈的搅拌和混合时，颗粒才会黏附在气泡上形成三相泡沫。因此，三相泡沫的形成需要特制的发泡装置。

浆液靠自然压差或借助泥浆泵产生动力，同时外界气体也有相当大的动能，浆液通过发泡器时，气体经过引射孔进入发泡器内，泥浆和气体都成为射流状态，在发泡器与集流器之间的旋转斜面上，成为湍流涡流，泥浆和气体在此处充分搅拌混合，使气-液-固充分混合，形成三相泡沫，如图 8-2 所示。

随着时间的推移，气泡由于排液和气体扩散等方式破灭后，剩下的骨架变得很脆弱，一旦遇到外界的干扰，整个网络骨架就会断裂、垮塌直达最后的消失，三相泡沫也就全部破裂。

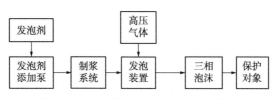

图 8-2　三相泡沫灭火发泡过程示意图

二、三相泡沫灭火机理

三相泡沫集固、液、气三相材料的防灭火性能于一体，利用粉煤灰或黄泥的覆盖性、氮气的窒息性和水的吸热降温性进行防灭火，大大提高了防灭火效率。

泥浆通过引入氮气发泡后形成三相泡沫，水浆成为泡沫，发泡性能好，体积大幅快速增加，被注入后能充斥整个火区，能有效避免浆液的流失，不影响工作面环境；泡沫稳定时间长达数小时以上，它的堆积性使其能在火区中向高处堆积，对低、高处的浮煤进行覆盖，包裹氮气性能好，能有效惰化充填位置；它的挂壁性能将浆水均匀地分散，有效地避免浆体的流失，保护井下环境。黄泥的覆盖性和水的吸热降温性，大大提高了防灭火效率。

三相泡沫中的黄泥等固态物质是三相泡沫面膜的一部分，可较长时间保持泡沫的稳定性，泡沫破碎后，具有一定黏度的黄泥仍然可较均匀地覆盖在浮煤上，可持久有效地阻碍煤对氧的吸附，防止煤的氧化，从而防止煤炭自燃发火。

三相泡沫在采空区将起到三个方面的作用：

（1）三相泡沫中含有的固态不燃物颗粒均匀地覆盖在煤体上，从而减少煤体表面与氧气的接触，阻止煤体的氧化放热，从而达到防灭火的目的。

（2）水的比热容较大，水可降低充填部位温度，水被蒸发时可以吸收更多的热量。

（3）三相泡沫中含有丰富的水分，具有良好的吸热降温作用，能有效减少反应的产热量，降低环境温度；三相泡沫内含有大量的氮气，泡沫破裂后，氮气释放出来，可以稀释氧气的浓度，还有窒息和抑爆作用，使混合气体失去爆炸性。

三相泡沫能够保障空气温度最大限度地降低，在抑制爆炸、惰化等方面有着十分重要的作用。

三、三相泡沫灭火系统构成

三相泡沫灭火系统由灌浆系统、压风系统、三相泡沫产生系统三个子系统构成。该系统具备黄泥浆、三相泡沫的制备与灌注功能，由浆料储存场地、制浆设备、过滤搅拌、计量、输浆、注浆管路、注氮装置、混合器、发泡器、发泡剂添加装置及管网等部分构成。

制浆站首先用高压水枪冲洗黄土，土与水按一定比例混合，从而形成所需浓度的黄泥浆，然后向注浆管路中注入发泡剂，利用混合器对其搅拌，同时在发泡器中注入氮气，从而可形成倍数较高的三相泡沫，如图8-3所示。

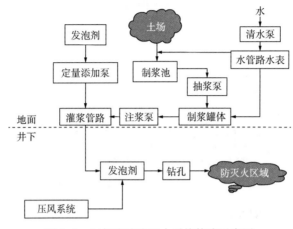

图8-3　三相泡沫防灭火系统构成示意图

四、应用案例

三相泡沫使用井下的注浆系统，通过井下泥浆泵提供动力，在输送管路中使用定量添加泵，实现发泡剂的稳定添加。根据某矿工作面的实际情况，设计灌注三相泡沫，主要技术参数见表8-1。

表8-1　三相泡沫主要技术参数

类　　别	参　　数	类　　别	参　　数
浆量/（m³/h）	3	三相泡沫产生量/（m³/h）	90
风压/MPa	0.5	发泡倍数	≥30
水灰比（质量比）	3:1	泡沫稳定时间/h	≥8
发泡剂添加量/%	0.8		

将工作面压缩空气引入发泡器，从而产生高倍数泡沫。连接泡沫输送管路，通过上隅角埋管及高位钻孔，将三相泡沫覆盖到采空区遗煤，抑制煤的自然发火。三相泡沫制备工艺见图8-4。

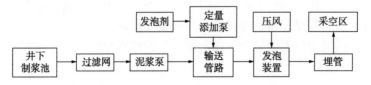

图8-4　三相泡沫制备工艺简图

工作面回风巷共设计2组钻孔，1组为保护煤柱，另1组设计为采空区中部的高位钻孔，2组钻孔均超前施工。每隔10m向保护煤柱布置防灭火钻孔，钻孔设计为方位角-20°、仰角 60°，终孔点位于保护煤柱顶板离层区域，全程下套管，套管前端开 2~3m 花眼，重点对保护煤柱破碎煤体进行覆盖，提前包裹阻化煤体。每隔 20m 向采空区中部施工高位钻孔，重点覆盖采空区下端头。为保证三相泡沫能够有效地覆盖到工作面上、下隅角及易自燃区域，通过架后插管的形式，对采空区实施插管补注三相泡沫。

第三节　压缩空气凝胶泡沫灭火技术

随着深部煤层的开采，高温、高地压等趋于常态化，煤自燃灾害日趋严重，防治难度增加。凝胶泡沫防灭火技术结合了泡沫与凝胶的防灭火优势，以泡沫为载体，利用泡沫良好的扩散堆积特性，将凝胶输送至火区；泡沫破裂后，在火区空隙内形成凝胶，并覆盖在遗煤表面。

利用凝胶的高固水和吸热性能，对高温区域进行吸热降温。通过引进新型凝胶泡沫技术，以泡沫为载体的凝胶泡沫覆盖面广，并可向上部堆积，能够解决采空区隐蔽火源、高位火源防灭火难题；同时用胶体封堵漏风通道，可防止煤体复燃。

一、凝胶泡沫

将高保水凝胶材料引入泡沫体系中，将凝胶的高保水、长防灭火周期与泡沫的强扩散、高堆积性优势相结合，以凝胶为稳定剂的凝胶泡沫防灭火材料，显著增强了泡沫稳定性，延长了防灭火周期。

1. 凝胶泡沫组成

凝胶泡沫是以空气（或氮气）作为分散相、凝胶作为连续相的体系，而连续相是由稠化剂、交联剂以及发泡剂等原料形成的高黏度凝胶溶液。凝胶泡沫材料是将粉煤灰（黄泥）、稠化剂分散在水中，加入胶凝剂、交联剂和发泡剂形成的多相复杂体系。凝胶泡沫主要由凝胶颗粒、泡沫和游离水组成。

凝胶泡沫体系中包括凝胶颗粒、自由水、泡沫，体系的连续相为液体，凝胶颗粒和气体为不连续相。

2. 凝胶泡沫结构

凝胶泡沫是具有三维网状结构的聚合物，既具有凝胶性质，又具有泡沫的性质，凝胶颗粒均匀地分布在泡沫体系中，并形成其骨架的一部分。凝胶泡沫保持稳定的近似六边形结构，是一种具有高自组织结构的不平衡体系，它具有与泡沫相似的结构，泡沫凝胶颗粒随机分布在柏拉图边界内，同时参与泡沫壁的构成，凝胶泡沫遵循柏拉图通道平衡条件，如图 8-5 所示。

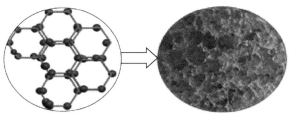

图 8-5　凝胶泡沫微观结构

基于几何拓扑，仅存在 4 个气泡，其形成一组相互作用的基本单元(气泡尺寸为 $10\mu m \sim$ 1cm)。这 4 个气泡共享一个交汇点或节点，其中 3 个气泡中的每一个都包围一个柏拉图通道，4 个气泡形成 4 个柏拉图通道，其曲率半径由液体分数、表面张力和界面力决定，范围从 $1\mu m$ 到 1mm。柏拉图通道的长度约为气泡直径的 $1/3$，并且比结点薄。2 个气泡之间的薄膜厚度一般为 $1nm \sim 1\mu m$，这是气泡之间的最小间隔距离。凝胶泡沫的结构通过减少柏拉图通道的水损失和增加变形能力来增强其稳定性。

3. 凝胶泡沫的形成过程

凝胶泡沫的形成过程是含有发泡剂的溶液经过发泡器形成泡沫灭火剂，然后向泡沫灭火剂中加入胶凝剂，在泡沫灭火剂膜上发生胶凝反应生成凝胶，最终形成具有立体网状结构的固态凝胶颗粒与泡沫组成的混合体系。

凝胶泡沫一般是两种液体与水配比混合制备。其中，A 组分主要为发泡剂与交联剂；B 组分主要为稠化剂，稠化剂为高分子聚合物。A 组分材料制备成水溶液后，通过向溶液中充入气体，并快速搅拌形成泡沫状液体，然后向泡沫灭火剂中加入稠化胶凝剂，在泡沫灭火剂中加入 B 组分的稠化剂，形成凝胶，在交联剂的作用下泡沫体表面不断络合，最终形成三维网状结构的凝胶体。

凝胶泡沫防灭火材料的 A 料和 B 料分别与水按一定体积比($3\% \sim 9\%$)混合形成预混液，通过接入压风系统的气动双液注浆泵输送至前端发泡成胶装置，在发泡成胶装置接入氮气或压缩空气管路使混合液发泡成胶，经发泡，成胶装置制备出的凝胶泡沫直接通过钻孔注入防灭火区域。

相对于吸气式发泡，压缩气体发泡方式发泡比较充分，产生的泡沫也均一、细腻，且稳定性强，不易发生析液现象。这是因为采用压缩气体发泡过程中，浆液和气体进入发泡器内时都呈射流状态，并在发泡器和集流器之间的旋转斜面上形成湍流涡流，气体与混合浆液的汇合和撞击作用更加剧烈，接触更加充分，可在发泡剂的作用下生成大量含有多相介质的泡沫聚集体，高速泡沫聚集体再经过发泡器内的特制网筛进一步细化，即可形成均匀、致密、细腻的多相凝胶泡沫，从而大大提高发泡效率。

凝胶泡沫制备的基础首先是制作高质量的泡沫，然后将胶凝剂依次添加到泡沫灭火剂中，在均匀流动混合的过程中逐渐生成凝胶颗粒，凝胶颗粒同时再参与泡沫膜的构成以及填充在液膜空隙内，最终形成凝胶泡沫。

因此，凝胶泡沫的形成分为生成高质量泡沫和均匀添加胶凝剂两个过程。借鉴物理发泡原理，利用射流管作为凝胶泡沫发泡成胶装置。

发泡成胶装置是制备凝胶泡沫的关键，同时胶凝反应需要在泡沫灭火剂中进行，该装置包括发泡段和胶凝段，其中发泡段通过渐缩管形成高速射流，含有发泡剂的水撞击散流盘形成液膜，在氮气的作用下发泡；泡沫进入胶凝段后，在导流板的作用下与加入的胶凝剂混合并发生胶凝反应，生成凝胶泡沫。选择合理的胶凝剂添加方式是产生高质量凝胶泡沫的关键。

为了让胶凝剂与泡沫充分混合，装置后端设有混合板，混合板上设置多个混合孔，相邻混合板上的混合孔错位布置，多个混合板通过固定轴连为一体，增加了泡沫与胶凝剂的混合强度，使发泡成胶质量更高。

泡沫排液、膜破裂和气泡歧化是影响凝胶泡沫稳定性的三个主要因素。凝胶泡沫在采空区中流动时形成，并黏附在裂缝的内表面上。在凝胶化之前，泡沫可以很容易地在采空区的孔隙中流动，这可以保证尽可能广泛地覆盖煤自燃区域。凝胶化后，气泡牢固地被捕获在高黏度凝胶膜内，这改善了泡沫的弹性力和吸热能力，可以有效减少氧气在采空区中的流动。

此外，泡沫破裂前，凝胶泡沫利用泡沫的扩散性和堆积性，向采空区不同层位火源区域扩散并堆积；当泡沫破裂时，凝胶泡沫也可以保持多孔结构，保证其在高温下的水分快速释放。同时，凝胶泡沫可以封堵煤体漏风通道，当覆盖煤体后，其能在泡沫表面形成一层致密薄膜，达到持续永久地隔绝氧气，覆盖高温火源，高含水量使其能够保持浮煤表面湿润，防止煤自燃；泡沫破裂后，凝胶泡沫体系内的凝胶固结并附着在煤岩裂隙内，利用凝胶的耐温、高固水等特性防治火区。因此，在泡沫完全破碎后，留在采空区裂隙中的凝胶颗粒可以有效地封堵漏风通道，并且降低周围温度。

不同于水基泡沫，凝胶泡沫中的凝胶颗粒可以减缓柏拉图通道泡沫灭火剂的流失。"强节点和弱杆"结构增强了凝胶泡沫的变形能力。凝胶泡沫的半衰期在环境温度下超过24h，是含水泡沫的6倍以上；凝胶泡沫的热稳定性较泡沫有显著提高。

二、凝胶泡沫制备系统及工艺流程

凝胶泡沫制备流程主要包括制备混合溶液和发泡两个过程。首先，将发泡剂、稠化剂和交联剂等原料在水中溶解并充分搅拌，制备得到混合均匀的发泡溶液；其次，利用螺杆泵将混合溶液泵送至发泡装置内，同时通入压缩空气对高黏度溶液进行破碎和鼓泡，最终形成发泡倍数≥10倍的细腻均匀的凝胶泡沫。

凝胶泡沫是一种集泡沫、凝胶和惰气等技术优势为一体的新型防灭火泡沫材料，其材料绿色环保、来源广、不污染井下环境，适用区域较为广泛。与传统的水基泡沫、三相泡沫相比，凝胶泡沫不仅具备了泡沫材料的强扩散和高堆积性能；同时由于液膜内的凝胶结构，使得凝胶泡沫的稳定时间更长，其半衰期可达到90h以上，表现出更为优异的保水性能，在利用凝胶泡沫充填覆盖采空区后可以起到长期润湿煤体、降低温度的效果。由于泡沫的热力学不稳定特性，在长时间放置后气泡内的气体将逐渐逸散，从而导致泡沫逐渐破裂、坍塌，最终使得泡沫的防灭火作用消失。凝胶泡沫破灭后仍可以在遗煤表面形成一层致密的隔氧膜，较传统的水基泡沫、三相泡沫等具有更好的保水与隔氧性能，对遗煤的覆盖时间可达1年以上，实现了对煤自燃的持久防治。

三、工程应用

[案例一]

某矿1505工作面样煤自燃周期约为60天。采煤后期，由于1505工作面下角废弃巷道的存在，漏风进入采空区，设备拆除时间相对较长，导致三角形煤区发生着火。

在1505工作面进风巷道中，采用5口钻孔灌浆法将泡沫胶凝剂灌入三角形煤区。管道与设备连接情况如图8-6所示。根据凝胶泡沫控制矿井火灾的工艺流程，本工程主要注浆参数如下：凝胶泡沫连续灌浆约4天。工作面一氧化碳体积分数由$(500 \sim 600) \times 10^{-6}$降至$22 \times 10^{-6}$以下。在此之后的5天，二氧化碳体积分数保持在$10 \times 10^{-6}$以下。

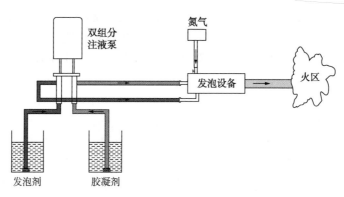

图 8-6 凝胶泡沫组成示意图

[案例二]

某矿工作面回撤期间，由于停采区域含有火成岩，导致附近煤体破碎，漏风严重，长时间停采为遗煤提供了良好的蓄热条件，回风流一氧化碳浓度高达 $(500 \sim 600) \times 10^{-6}$。

通过现场测试与分析，确定在进风巷施工钻孔，灌注凝胶泡沫。共施工 7 个钻孔，其中架后距离为 36m，7#钻孔距离进风巷 45m。双液注浆泵的工作参数：压力 0.4MPa、添加量 100L/min。灌注凝胶泡沫 1 天，一氧化碳浓度开始下降，3 天后从 600×10^{-6} 左右降至 100×10^{-6}，7 天恢复正常，工作面安全回撤。

[案例三]

某矿 7302 综放工作面开采山西组 3#煤层，煤层平均厚度 9m，煤层平均倾角 8°，自燃倾向性等级属 II 类自燃，自然发火期 48 天。工作面在回采期间采空区留有一定遗煤，由于工作面受断层影响推采缓慢，采空区遗煤氧化蓄热时间充足，采空区气体及温度有上升趋势。

为防止采空区遗煤自燃，在工作面后部运输机侧向铺设 108mm 注浆管 10m，并预留三通出浆口，三通出浆口垂直于顶板向上埋设，同时把三通制作成孔径为 15mm 的花管，花管长度 300mm。沿铺设的灌浆管向采空区灌注凝胶泡沫，进行注浆降温治理。

现场观察发现，凝胶泡沫材料发泡均匀，成型效果良好，保水性能优异，可长时间保持发泡状态且黏附于煤、岩壁不掉落，表现出较强的稳定性和挂壁性。灌注凝胶泡沫 4 天后，采空区一氧化碳体积分数从 80×10^{-6} 降至 9×10^{-6}，说明凝胶泡沫材料防灭火性能良好。

第九章

压缩空气泡沫灭火系统的其他应用

第一节　自发性泡沫灭火技术

自发性泡沫(Self-expanding Foam，简称SEF)灭火技术是将气体灭火剂和泡沫灭火剂有机地组合起来，将二氧化碳溶入泡沫灭火剂中，当灭火剂溶液喷出时，空间体积增大，压力减小，二氧化碳即从灭火剂中释放出来，从而产生泡沫。自发性泡沫的发泡倍数与其溶解的二氧化碳量有关，不随泡沫释放过程而改变，形成的泡沫细腻、均匀。由于自发性泡沫自身压力高、没有泡沫灭火剂供给强度的限制，所以喷射速率、供给强度大，泡沫受火焰和热辐射影响的时间较短，可减少火焰和热辐射对泡沫的破坏，降低泡沫的损失率，这对储罐全面积火灾的灭火尤为有利。

该技术最早由匈牙利Foam Fatale公司开发，是一种全自动压缩空气泡沫灭火系统，特别适用于大型油罐。该公司在直径25m的油盘上进行了测试，在管壁顶部上设置连续的线型裂缝作为泡沫喷射口，泡沫从裂缝喷出后，在罐壁表面形成连续的瀑布状的泡沫层，沿整个罐壁流下，如图9-1所示。泡沫供给强度是NFPA 11推荐值的3倍，燃料为汽油，预燃30s后，泡沫开始喷射；在20s控制住火势，40s完成灭火，该技术在罐区灭火具有应用前景。

图9-1　Foam Fatale公司在直径25m储罐上的灭火试验

一、二氧化碳作为自发性泡沫灭火剂发泡气体的可行性

1. 二氧化碳的理化性能

二氧化碳是一种无色、无味的气体，能溶于水，基本物理参数如表 9-1 所示，在水中的溶解度为 0.144（25℃）。在 20℃时，将二氧化碳加压到 5.73MPa 即可变成无色液体，如表 9-2 所示；在 -56.6℃、0.527MPa 时变为固体。在约 4.6MPa 下，二氧化碳水溶液冷却至 0℃时，可从水溶液中析出固体水合物 $CO_2 \cdot 8H_2O$。在通常状况下，二氧化碳性质稳定，不活泼，无毒性，不燃烧，不助燃。

表 9-1　二氧化碳的物理参数

摩尔体积(0℃, 0.101MPa)/L	22.6	升华温度(0.101MPa)/℃	-78.5
临界温度/℃	31.06	升华热/(kJ/kg)	573.6
临界压力/MPa	7.382	升华状态固体密度/(kg/m³)	1562
临界密度/(kg/m³)	467	升华状态气体密度/(kg/m³)	2.814
三相温度/℃	-56.57	气体密度(0℃, 0.101MPa)/(kg/m³)	1.977
三相压力/MPa	0.518	比热容 c_p(20℃, 0.101MPa)/[kJ/(kg·K)]	0.845
三相汽化热/(kJ/kg)	347.86	比热容 c_v(20℃, 0.101MPa)/[kJ/(kg·K)]	0.651
三相熔化热/(kJ/kg)	195.82	热导率(0℃, 0.101MPa)/[W/(m·K)]	52.75
汽化热(0℃)/(kJ/kg)	235	折射率(0℃, 0.101MPa, λ=546.1nm)	1.00045
生成热(25℃)/(kJ/mol)	393.7	—	—

表 9-2　液体二氧化碳的饱和蒸气压/kPa

温度/℃	饱和蒸气压	温度/℃	饱和蒸气压	温度/℃	饱和蒸气压
30	7210.9	0	3485.3	-30	1428.9
25	6432.8	-5	3046.3	-35	1203.8
20	5727.4	-10	2649.4	-40	1005.9
15	5085.7	-15	2291.7	-45	833.3
10	4501.4	-20	1970.6	-50	695.65
5	3969.1	-25	1683.9	-55	555.05

从表 9-1、表 9-2 可看出，二氧化碳性质稳定，在低温下的饱和蒸气压足够高，完全能够作为灭火器的推动气体和灭火剂使用。

2. 二氧化碳的灭火性能

二氧化碳是一种不燃烧、不助燃的惰性气体，无色无味，易于液化，制造方便，价格低廉，是目前被广泛使用的气体灭火剂品种之一，其灭火机理为窒息与轻微的冷却。

将经过压缩液化的二氧化碳注入钢瓶内便制成二氧化碳灭火剂。液态二氧化碳从钢瓶中喷射出来，瞬间蒸发，吸收大量的热，使另一部分二氧化碳被冷却成雪状固体，即干冰，温度可达 -78.5℃，干冰气化后，二氧化碳气体覆盖在燃烧区内，除了窒息作用之外，还有一

定的冷却作用，火焰就会熄灭。二氧化碳灭火剂的灭火效果逊于卤代烷灭火剂，但价格是卤代烷灭火剂的 $1/70 \sim 1/30$。

由于二氧化碳灭火剂不含水、不导电，灭火时不腐蚀设备和贵重物品，灭火后不留痕迹，适合于扑救那些受到水、泡沫、干粉等灭火剂污染后易于损坏的固体物品火灾，所以可以用来扑灭精密仪器和一般电气火灾，以及一些不能用水扑灭的火灾，主要用于仓库、文档资料等场所。

但是，二氧化碳不宜用来扑灭金属钾、钠、镁、铝等及金属过氧化物（如过氧化钾、过氧化钠）、有机过氧化物、氯酸盐、硝酸盐、高锰酸盐、亚硝酸盐、重铬酸盐等氧化剂的火灾；因为当二氧化碳从灭火器中喷出时，温度降低，使环境空气中的水蒸气凝集成小水滴，上述物质遇水发生化学反应，释放大量的热量，抵制了冷却作用，同时放出氧气，使二氧化碳的窒息作用受到影响。

作为工业产品的副产品，二氧化碳来源丰富、价格低廉，是目前被广泛使用的气体灭火剂品种之一。但是二氧化碳灭火剂有非常明显的缺点：常温储存的二氧化碳灭火器内压力高达 $15 \sim 16MPa$，而低压储存的二氧化碳灭火器需要制冷设备。由于二氧化碳灭火时气体使用量大，抗复燃性能差，并且其最低设计灭火浓度为 34%，远高于对人体的致死浓度，因此在保护经常有人的场所时须慎重采用。在实际应用中应该注意到趋利避害，在人员活动较少、不宜用水等其他灭火剂的地点使用。

二、自发性泡沫灭火剂

由于自发性泡沫灭火剂中溶入了二氧化碳，二氧化碳在水中生成碳酸，呈弱酸性，在 $0.101MPa$、25℃时，二氧化碳饱和水溶液 pH 值为 3.7；在 $2.37MPa$、0℃时 pH 为 3.2，而在二氧化碳水溶液中，表面活性剂的表面活性降低很多。试验证明，市售的泡沫灭火剂在二氧化碳气氛下泡沫性能变差，发泡倍数降低，析液速度加大，形成泡沫后几乎立即析出，25%析液时间小于 1min，因此普通的泡沫灭火剂不可能直接应用于自发性泡沫灭火剂。

在泡沫灭火剂中，发泡剂一般是阴离子、非离子和两性的碳氢表面活性剂。将几种常见的阴离子、非离子和两性的碳氢表面活性剂配制成 1%的溶液，再加入一定量的匀泡剂，充装二氧化碳至溶解饱和，然后测定其发泡倍数和析液时间，结果见表 9-3。

表 9-3　常见发泡剂在二氧化碳气氛下的发泡性能

发泡剂	α-烯基磺酸钠	椰油酰丙基甜菜碱	烷基多糖苷	渗透剂 JFC	烷基酚聚氧乙烯醚
CO_2 充入量/(g/kg)	23.8	23.5	23.7	20.8	21.0
发泡倍数	9.2	8.3	8.5	6.9	5.6
25%析液时间/min	<1	<1	<1	<1	<1
析液速度	较快	较快	很快	快	极快

从表 9-3 可看出，在二氧化碳气氛下，任何一种发泡剂的泡沫析液时间都不能满足灭火剂的要求。

因此，要研制自发性泡沫灭火剂，必须要筛选出能够在二氧化碳气氛下发泡性能不变的碳氢表面活性剂和氟碳表面活性剂，研究无机盐、有机盐等助剂在二氧化碳条件下的配伍性、相容性。

通过不同类型的发泡剂之间及其与水溶性高分子进行复配，在二氧化碳气氛下可满足泡沫灭火剂的标准要求。

将 6L 自发性泡沫灭火剂灌装至 6L 泡沫灭火器中，按 GB 4351.1—2005《手提式灭火器 第 1 部分：性能和结构要求》第 7.3.3 款的要求进行灭火，如图 9-2 所示。不同类型的自发性泡沫灭火剂灭火性能见表 9-4。

（a）灭火期间

（b）灭火完成3min后

图 9-2　自发性泡沫灭火性能试验

表 9-4　自发性泡沫灭火剂的灭火性能

灭火剂类型		常温型	抗溶性	耐低温型
灭火性能	车用汽油	89B	89B	55B
	工业丙酮	—	21B	—

从表 9-4 可看出，对于油类燃料，常温型自发性泡沫灭火剂的灭火性能明显高于吸气式泡沫的灭火性能，也就是说，自发性泡沫的灭火效率大大高于吸气式泡沫。对于水溶性燃料，自发性泡沫灭火剂的灭火性能与吸气式泡沫的灭火性能相同。这是因为水溶性燃料和非水溶性燃料的灭火方式完全不同，非水溶性燃料火焰的熄灭主要是由于泡沫覆盖，隔绝空气；而水溶性燃料首先破坏与其接触的泡沫，形成一层皮膜；然后皮膜隔绝新鲜泡沫与水溶性燃料的接触，使后来的泡沫不遭到破坏，泡沫隔绝空气使水溶性燃料火焰熄灭。

三、自发性泡沫灭火装置

目前我国市场上泡沫灭火器采用吸气式泡沫发生装置，这种吸气式装置的吸气效果受流速、管路压力等多种因素的影响，吸气量不稳定，因而形成的空气泡沫也不稳定。该吸气式泡沫灭火器仅在喷射初期发泡性能较好，推动气体的压力随着喷射而逐渐减小，发泡倍数越来越低，特别是喷射后期，几乎无法形成泡沫。

常规的泡沫发生器是以文丘里喷射原理进行的吸气式发泡，文丘里效应是当风吹过阻挡物时，在阻挡物的背风面上方端口附近气压相对较低，从而产生吸附作用并导致空气的流动。其原理就是把流体由粗变细，以加快流体的流速，在文氏管出口的后侧形成一个"真空"区,将周围的空气吸入泡沫发生器内,与泡沫灭火剂混合形成泡沫。在泡沫喷射过程中,体系的压力越低,液体流速越小,吸入的空气越少,发泡倍数越小。

自发性泡沫灭火器不需要吸入空气,而是充装一定压力的二氧化碳,二氧化碳溶入灭火剂中。当压力减小,二氧化碳从灭火剂溶液中释放,从而生成泡沫。发泡倍数与溶解的二氧化碳的量有关,泡沫性能几乎不受喷射过程的影响。由于二氧化碳从溶液中逸出有一个过程,在泡沫喷射期间,发泡倍数几乎不变,不随压力的改变而改变。即使在喷射后期,发泡倍数也几乎不变,可大幅度提高灭火剂的使用效率,灭火性能明显提高,形成的泡沫细腻、均匀,析液时间长。二氧化碳的密度比空气大,在着火油面上方聚集,使氧含量降低,增加灭火效率。

由于自发性灭火剂溶解了一定量的二氧化碳,在较高温度下,二氧化碳从液相中挥发出来,使系统压力升高;而在较低温度下,二氧化碳又溶入液相,压力降低。

将6L灭火器充装85%的自发性泡沫灭火剂,空气充压至1.35MPa,在夏天晴天时,将该灭火器放在露天暴晒。在13时观察,压力上升至1.80MPa,上升0.45MPa。而在冬季-10℃下,灭火器的压力为1.32MPa,放入-22℃的冰柜中24h,灭火器压力指示仍在绿区,说明正常的环境温度不影响自发性泡沫灭火剂的储存压力。

以泡沫灭火剂出口管径为$DN50$的$1.5m^3$泡沫储罐作为试验装置,在泡沫灭火剂出口处接二分水器或三分水器,再分别连接两根或三根消防水带,以$40\sim100m$的$DN65$、$DN80$和$DN100$消防水带作为研究对象进行泡沫喷射试验,考察泡沫输送管线的管径、长度、支管数量、泡沫出口的型式等对泡沫发泡性能的影响。试验结果证明:泡沫灭火剂的流量与其出口大小有关,消防水带管径、支管数量对泡沫灭火剂的流量影响不大。泡沫喷射过程中,随着泡沫灭火剂流在消防水带中前进,液流前锋压力逐步降低,二氧化碳从泡沫灭火剂中逐步逸出,发泡倍数逐渐增加,从而最后形成均匀泡沫。

在泡沫喷射临近结束时,泡沫的含水量较小,密度减小,泡沫、气体形成喷溅,并且力量很大。如果泡沫喷头对着储罐的油面,喷溅的气流、泡沫流将泡沫层吹开而露出油面。

在$20m^3$储罐上,在$DN150$的泡沫灭火剂出口并联3个$DN65$发生器及1个$DN150$泡沫灭火剂出口,连接20m的$DN100$消防水带,泡沫喷射至直径21m(模拟$5000m^3$储罐)的池中。2个试验储罐充装了$18.0m^3$和$17.5m^3$的自发性泡沫灭火剂;喷射过程见图9-3和图9-4。

从图9-3、图9-4可看出,喷射试验非常成功,泡沫均匀、细腻,发泡倍数为8.2,喷射完毕泡沫布满整个模拟油池;泡沫流淌迅速,泡沫合拢时间仅分别为26s和17s;泡沫灭火剂流量平均分别为91.3L/s和183.5L/s。

四、自发性泡沫灭火技术的优点

(1)泡沫性能不随泡沫释放过程而改变,形成的泡沫细腻、均匀,灭火速度快。

(2)泡沫流量大、动能强,泡沫在液面上铺展速度快,对于直径21m的油池,泡沫可在17s内完全合拢。

(3)操作方便,安全可靠,响应速度快。

(4)无需外接电源和水源,可以作为独立的灭火系统使用。

（a）喷射初期

（b）喷射后期

（c）喷射结束

（d）喷射结束3 min

图 9-3　并联 3 个 *DN*65 灭火剂出口的泡沫喷射过程

图 9-4　*DN*150 泡沫灭火剂出口的第一次泡沫喷射情况

第二节　压缩空气凝胶泡沫覆盖抑蒸技术

压缩空气凝胶泡沫覆盖抑蒸技术可用于有毒易燃易爆液体危险化学品泄漏事故应急处置、液体火灾防复燃等场景。随着我国石油化工行业的快速发展，危险化学品的生产储运需求也日渐增长。目前我国危险化学品运输方式仍以道路运输为主，而由于危险化学品本身危险性较大，且运输车辆往往会出现安全设施不全、货物超载、司机疲劳驾驶等现象，危险化学品道路运输事故数量近年来呈逐年递增趋势。这些事故往往会造成液体危险化学品泄漏，进而引发环境污染、燃烧爆炸、人员中毒伤亡等严重后果。

针对液体危险化学品泄漏事故，目前主要采取沙土覆盖、泡沫覆盖、燃烧以及水流冲刷等处置方法。其中消防泡沫因其易于运输及释放、覆盖范围广等优点被广为使用，但与此同时，消防泡沫存在析液时间较短、质地较轻、泡沫膜易破碎的缺点，尤其是泡沫层在室外应用时易受风力和雨水等破坏，无法形成稳定长久的抑蒸保护，给事故现场的应急处置带来了燃爆与中毒风险。

与消防泡沫相比，凝胶泡沫能够长时间稳定保持三维立体结构，具有更高的泡沫稳定性，在泄漏事故中能够对液体危险化学品起到长时高效的覆盖抑蒸效果。

大型储罐在灭火后，罐内仍然处于高温状态，且其中仍存在着大量未燃烧完全的炭粒子和可燃气体，此时若有大量新鲜空气涌入火灾现场，往往会产生复燃。因此，在储罐灭火结束后，往往需要大量泡沫对罐内液面进行覆盖保护，该过程泡沫消耗量大，且泡沫层易破碎，每隔 15～30min 即需补充新泡沫，补充泡沫的过程会破坏原有的泡沫层完整性，造成局部液面短时间裸露，加剧液面挥发。以储罐全面积火灾为例，据事故统计，在储罐火灾处置全过程所消耗的泡沫量中，约 60% 的泡沫用于灭火后的液面覆盖保护。如福建漳州罐区火灾、上海高桥罐区火灾等均是在灭火后因泡沫覆盖不良造成了储罐复燃。而凝胶泡沫由于其自身的高稳定性，在覆盖过程中不易因温度、液体流动、风力、雨水冲击等原因而破碎，能够稳定地冷却燃烧物、隔离空气，因此具有更高的防复燃和抑制蒸发效率。

一、凝胶泡沫的基本组成及性质

凝胶泡沫与普通消防泡沫一样，是一种气相均匀分布在液相中的双相泡沫体系。所不同的是，凝胶泡沫的液相可通过交联反应形成具有一定强度的立体三维框架结构，且在交联之前能够具有与水成膜泡沫相当的流动性。从外观上看，如图 9-5 所示，固化后的凝胶泡沫与普通消防泡沫差异较小，颜色洁白、泡沫细腻均匀，但凝胶泡沫具有一定的韧性，结构在外力作用下不易破坏，耐受风力、雨水等能力强。

目前凝胶泡沫技术也已应用于煤矿防灭火、油田压裂等场景中，而覆盖抑蒸用凝胶泡沫的产生及释放采用压缩空气泡沫技术，以现有消防系统所用灭火剂为基液，可根据场景需要切换灭火与覆盖功能。

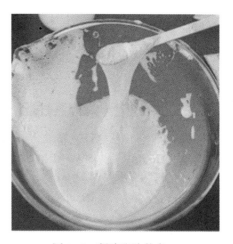

图 9-5　凝胶泡沫状态

针对液体危险化学品表面分子的快速扩散规律，凝胶泡沫体系主要由泡沫灭火剂基液、凝胶剂、交联剂及其他功能助剂组成。以不同物质为凝胶剂的凝胶体系具有不同的交联时间及凝胶强度。目前常用的凝胶体系有聚丙烯酰胺凝胶、硅酸凝胶、海藻酸钠凝胶和聚乙烯醇凝胶等。这些凝胶体系的交联时间从数秒到数十个小时不等，凝胶强度也有强有弱。用作覆盖抑蒸场景的凝胶泡沫交联时间应在数分钟之内，因为过早的交联不利于泡沫的充分流动，交联过迟则不易维持稳定完整的网状立体结构。另外，根据凝胶强度 GSC 目测代码法，未发泡的凝胶应至少达到 E 级，此状态凝胶在翻转时几乎不能流动。

二、凝胶泡沫的交联性能

凝胶泡沫在交联前具有良好的流动性及发泡性，但在交联后便无法进行发泡，且流动性会大幅下降。若凝胶泡沫的交联时间过短会造成发泡不完全、堵塞喷射管道、无法完全覆盖待抑蒸液面等问题；交联时间过长则会降低体系稳定性，从而影响凝胶泡沫的抑蒸性能。因此，泄漏覆盖用凝胶泡沫的交联时间宜在 1~3min 内。对于大部分凝胶而言，交联时间会受环境温度及酸碱度的影响。以聚乙烯醇凝胶体系为例，在不同 pH 值条件下，凝胶体系的交联延迟时间不同，当 pH 值增大时，交联时间随之延长，如图 9-6 所示。当体系 pH 值较低时，交联剂中的硼酸根离子释放速度相对较快，因此，交联时间较短；当体系 pH 值升高时，硼酸根离子更倾向于与交联剂中的有机配位体络合，释放速度减慢，从而导致体系交联时间延长。而温度的升高会使反应活性提高，因此交联速度更快。

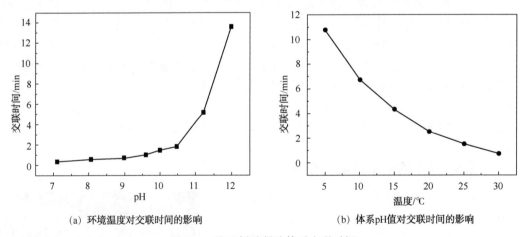

(a) 环境温度对交联时间的影响　　(b) 体系pH值对交联时间的影响

图 9-6　聚乙烯醇凝胶体系交联时间

三、凝胶泡沫的抑蒸性能

通过搭配不同类型的泡沫灭火剂，凝胶泡沫可实现对于极性液体危险化学品和非极性液体危险化学品的覆盖抑蒸作用。覆盖对象为非极性液体时，基液可使用氟蛋白泡沫灭火剂、水成膜泡沫灭火剂、合成泡沫灭火剂等；覆盖对象为极性液体时，基液可选择抗溶型水成膜灭火剂、抗溶型氟蛋白灭火剂等具有抗溶性质的灭火剂。

压缩空气消防泡沫本身对可挥发性液体也具有一定的抑蒸作用，但抑蒸效果受泡沫液成分及泡沫层厚度影响较大。相关研究表明，现有消防泡沫的泡沫层厚度达到 60mm 以上时才能取得较好的抑蒸效果；泡沫液中含有适量的海藻酸钠、黄原胶等水溶性高分子也可增加抑蒸性能。而在凝胶泡沫体系中，泡沫灭火剂主要起发泡作用、凝胶固化前的稳泡作用，其本身在交联后能够在极长的时间内维持稳定结构，因此抑蒸效果受灭火剂成分及泡沫层厚度影响相对较小。以环氧丙烷和环己烷为例，常规消防泡沫(AFFF 水成膜泡沫灭火剂及 AFFF/AR 抗溶型水成膜泡沫灭火剂)及凝胶泡沫对以上两种危险化学品的抑蒸效果如图 9-7 所示。环氧丙烷爆炸下限 LEL 为 2.8%，25%LEL 为 7000ppm(1ppm=10^{-6})；环己烷爆炸下限 LEL 为 1.3%，25%LEL 为 3250ppm。由图 9-7 可见，相比于普通消防泡沫，抑蒸时间提升了 2~3 倍，抑蒸效果(气体挥发量)提升了 1~2 倍。凝胶泡沫对于极性液体的有效抑蒸时间最佳可达 250min，对于非极性液体的有效抑蒸时间至少可达 350min。在此期间，液体危险化学品的挥发气体含量低于爆炸下限的 25%，处于安全范围内，因此可为后续的应急处置及救援提供宝贵的时间。

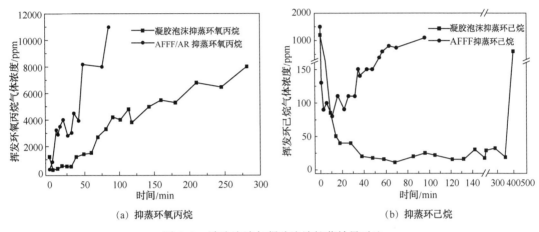

(a) 抑蒸环氧丙烷   (b) 抑蒸环己烷

图 9-7 消防泡沫与凝胶泡沫抑蒸效果对比

针对有毒易燃液体危险化学品泄漏与火灾处置需求，将凝胶泡沫与预混型泡沫灭火剂混合液结合，经过配方优化设计，实现了凝胶泡沫药剂抑蒸及灭火的双重功效。基于压缩气体泡沫技术开发了系列化的移动式凝胶泡沫应急处置设备，如图 9-8 所示，可替代企业现场原有的泡沫灭火器，主要配置在危险化学品装置区、罐区、危险化学品仓库、厂房、装卸区、阀组区、泵区等场所，提供抑蒸覆盖与灭火双重保护。根据保护场所的特点，可量身定制固定式、橇装式等多种应用形式的凝胶泡沫装置。

图 9-8 移动式凝胶泡沫应急处置设备样机

第三节　压缩空气泡沫除尘技术

在采煤领域，随着掘进巷道机械化程度的提高，高效、大功率掘进机、运输机和局部通风设备的使用，使掘进巷道内产尘源增多、产尘量增大，巷道内空气中的粉尘浓度大大增加。掘进巷道内主要产尘源有掘进工作面、运输设备的各转载点和巷道周壁粉尘的二次扬尘等。其中，产尘量最大的是掘进工作面。据测定，掘进机割煤时粉尘浓度高达 $1000 \sim 3000mg/m^3$ ；其次是运输设备的各转载点，粉尘浓度也高达 $300 \sim 500mg/m^3$ 。产生的大量粉尘弥散整个工作面和巷道，使掘进巷道内粉尘浓度严重超限。这些高浓度、高分散度的粉尘严重影响矿工的身体健康，威胁着矿井的安全生产。

对于各个转载点产生的粉尘，通过密闭罩等除尘设备可以得到较好的控制，而掘进工作面由于工艺状况复杂、空间有限，在割煤、破碎过程中产生的粉尘不易控制，故需要在现存的除尘技术基础上研制新型的除尘系统。

常规的喷雾洒水除尘简单易行，但对呼吸性粉尘的除尘效率约为 30% ~ 50%，不是很理想。而泡沫除尘具有结构简单、成本低、耗水量少、对呼吸性粉尘除尘效率高等特点，故采用压缩空气泡沫除尘技术。

一、压缩空气泡沫除尘系统的工作原理及结构

1. 工作原理

本试验中使用的发泡装置为水力引射式装置，主要包括高压气源、高压水源、混合器、喷头、高压水管等。

系统工作原理：高压压缩空气经气管进入气液混合器内，由水泵提供的泡沫混合液由水管进入混合器，混合器内产生泡沫之后经过输出管连接的喷头喷出，从而进行除尘工作。

系统工作时可由流量计和压力表得知发泡液流量和压缩空气压力，可通过发泡液控制阀和气管控制阀来调节气液混合量，产生不同性能的泡沫，使得压缩空气泡沫除尘系统能够运用于不同的粉尘环境下除尘。加液水箱中的泡沫混合液为试验确定的配方。

2. 气液混合器结构

混合器是气液混合并产生泡沫的主要场所，混合器设计结构的好坏直接会影响到最终产生除尘泡沫的性能。在试验室采用电动胶带传送式空气压缩机提供高压气体，系统进入矿下实际运行时，由于矿井内有高压气管，可直接通过接头连接至气液混合器。此空压机仅为模拟空气动力源。

当泡沫灭火剂通过水泵进入特制的混合器内浸没分布有大量小孔的曝气管时，在高压气体的曝气作用下会产生大量的除尘泡沫，泡沫经过高压出水管和特制的喷头喷射到掘进机，截割和破碎煤块产生的粉源，可以达到降尘的目的，对呼吸性粉尘的降尘效果良好。

二、压缩空气泡沫除尘技术的工程应用

在掘进机机身后备箱处安装包括水箱、混合器、高压管线、水泵电缆线等在内的泡沫喷射系统。将整个系统按照设计连接好。基本的调试结束后，向水箱中加入配置好的泡沫灭火

剂，加水至水箱注水口的位置，水箱内通过水流的搅拌作用，则储存满了除尘用的泡沫灭火剂。

压缩空气泡沫灭尘系统喷出的泡沫能迅速覆盖掘进作业产生的粉尘，并能捕捉空气中飘浮的粉尘，使用的混合点压力为0.3MPa，降尘效果明显，见表9-5。

表9-5　泡沫除尘系统现场测试数据记录

混合压力/MPa	发泡倍数	析液时间/s		除尘效率/%	呼尘除尘效率/%
		25%析液时间	50%析液时间		
0.3	9	98	165	93.67	87.64
0.3	11	201	411	93.81	87.79
0.3	11.5	269	536	93.59	87.57
0.3	18.1	297	669	94.21	88.24
0.3	24.5	419	1161	94.28	88.29

现场应用除尘效率平均为93.91%，呼吸性粉尘除尘效率平均为87.91%，大大地改善了工作面的工作环境。经过现场应用，压缩空气泡沫灭尘系统具有运行稳定、除尘效率高且安全系数高等优点。对粉尘分散度做进一步的分析，得出了泡沫除尘效率和粉尘粒径大小的关系，如图9-9所示。

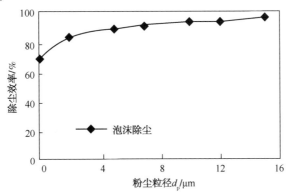

图9-9　除尘效率与粉尘粒径的关系

从图9-9中可以看出，压缩空气泡沫除尘系统对粉尘的除尘效率随着粉尘粒径的增加而增加，对呼吸性粉尘的除尘效率在87%以上。

第四节　压缩空气泡沫在森林火灾扑救的应用

我国森林草原资源在平原、浅山和深山等广阔区域均有分布，随着全球气候变暖，全球范围内的森林火灾数量呈上升趋势。

森林火灾是一种突发性强、破坏性大、处置救助较为困难的自然灾害。通常情况下，森林火灾持续时间长，过火面积大，若不及时灭火，易造成很大的损失。森林火灾不仅严重破坏森林资源和生态环境，而且会对人民生命、财产和公共安全产生极大的危害，对国民经济可持续发展和生态安全造成巨大威胁。

一、森林火灾分类

《森林防火条例》规定，根据受灾面积和人数，森林火灾可分为四个等级，分别为特别重大森林火灾、重大森林火灾、较大森林火灾和一般森林火灾。

森林火灾的主要类型包括地表火、林冠火、地下火和树干火。

地表火：火焰在地表蔓延；

林冠火：能引起林冠层燃烧；

地下火：在泥炭和腐殖质层蔓延；

树干火：能引起树干燃烧。

二、森林火灾的特点

森林火灾的发生是社会和自然共同作用的结果，引发原因主要有两种，分别是自然因素和人为因素。其中，自然因素主要包括雷击火和干燥天气引起的森林自燃；人为因素主要包括故意纵火、生产性用火和非生产性用火。具体表现为：烧毁林木、烧毁林下植物资源、危害野生动物、引起水土流失、使下游河流水质下降、引起空气污染、威胁人民生命财产安全。

森林火灾主要包括以下特点：

（1）燃烧时间长，火烧面积大。

森林在一定区域内大面积连续生长，森林火灾一旦发生，常常持续几天甚至几十天，过火面积可达数百甚至数万公顷。以大兴安岭为例，其长度可多达 1200km，宽度为 200～300km。2014 年 4 月 30 日发生的大兴安岭北部原始林区"4·30"森林火灾，火灾直接原因为俄罗斯森林火入境引发火灾。该区域为未开发原始林区，地形复杂，森林茂密，加之春季干燥少雨，给火灾蔓延提供了良好的环境。

（2）火灾强度大，并伴随特殊火现象。

森林火灾通常燃烧面积大，挟带可燃物多，火焰强度较大，热辐射较强。其形成的热辐射可在空中传播，使未被火焰引燃的远处林木和岩石吸收变热，并持续积聚，进而引发自燃。若出现飞火和火旋风，易跳跃和飞越道路、河流和隔离带等障碍。以火旋风为例，其火焰强烈旋转，可以将周围的可燃物卷吸起来，传播到更远的地方，并可能形成新的点火源，引燃更多的树木。

（3）影响因素多。

森林火灾的影响因素主要是可燃物种类、环境、地形、天气等条件。一是可燃物种类。林木内的易挥发油含量和油含量增大，会增大林木类植物的易燃性。二是地形因素。地形变化在一定程度上制约森林火的蔓延，但崎岖陡峭的地形也不利于灭火力量的布置。三是天气因素。温度、风速和降雨对森林火灾具有较大的影响。一般情况下，温度高、降雨少和风力大均易增加森林火灾发生的概率。另外，降雨量能直接影响林木的含水量，在长期干旱的时期，森林含水量多低于 15%，极易引发火灾。

（4）对生态系统的危害严重。

森林火灾会对生态系统和周边环境造成很大的影响，对森林系统的结构产生很大的破坏，影响森林的更新，造成大量植物和动物死亡、菌虫繁衍、病害爆发和森林功能摧毁。

三、森林灭火装备现状

灭火装备是扑救森林草原火灾的基础，是实现扑救手段现代化的重要支撑。由于边境地区自然条件的不同，装备适用性也有所不同。南方边境地区山高林密、江河众多，山高谷深、水源丰富，适合开展以水灭火、阻隔灭火、飞机洒水灭火作业。而北方边境地区多为丘陵、草原，山势平缓，适于履带式森林消防车机动作业；水资源不足，适合风力、手工具灭火；宽阔草原适合草原灭火车拖压灭火。

森林火灾灭火设备主要分为手动灭火工具与消防车装备。手动灭火工具主要包括灭火水枪、胶囊水枪灭火器、自压式灭火器、灭火弹、喷土枪与灭火泵。森林消防车主要包括消防推土车、消防指挥车和消防越野车。

森林草地火变化是动态的，需要根据火场实际情况、火场态势正确使用火场技战术。一些先进国家的防火技战术包括：一是运用飞机化学灭火和吊桶以水灭火；二是运用器械开设防火隔离带和营造防火林带；三是依靠发达的交通网采取海陆空配合联合作战。

现阶段森林草原灭火技战术多采用多种工具装备的组合，空中采用灭火飞机、直升机直接喷洒灭火剂或水灭火，在地面上以机动泵、人力风水灭火机、索状炸药开设防火带，地面与空中灭火相结合。通过采用装备组合技战术可实现同时直接或间接灭火，灭火效率大大提高。

四、压缩空气泡沫灭火装备在森林灭火的应用

1. 压缩空气泡沫灭火系统用于扑救林火的性能分析

在现行的灭火方法中，泡沫灭火因具有节省用水、扑火效率高，既可直接扑火，又可快速建立阻火隔离带等优点，已在很多国家普遍推广应用。

压缩空气泡沫系统是近半个世纪以来在国外开发并趋于成熟的一种高效泡沫灭火手段。该技术的突出优点是泡沫动量大、存留时间长，并且只需改变压缩空气与泡沫混合液的比例，即可获得较宽的泡沫膨胀比范围，以满足扑救不同类型火灾的需要。

在森林火灾扑救作业中，对泡沫的性能主要有如下要求：

（1）稳定性。

在开设阻火隔离带、保护可燃物和建筑物等阻火作业时，要求泡沫能够较长时间存留，起到阻火的作用。

空气机械泡沫是一种由空气和泡沫混合溶液混合而成的特殊流体，从泡沫生成起即开始发生析液。由于重力的作用，泡膜的部分液体不断流到气泡的下方，到一定重量时，液体便脱开气泡析出；气泡不断合并，泡膜的厚度也在不断变化；稳定性好的泡沫，这一过程进行得较慢。

（2）润湿性。

用灭火泡沫直接扑火时，泡沫灭火剂应渗入可燃物一定深度，化学灭火剂中一种重要的添加剂是湿润剂。湿润剂可以降低水的表面张力和界面张力，使水更容易渗透到可燃物的深层，在直接扑火时，可以扑灭可燃物深层的火；在火场清理时，可有效地防止复燃。表面张力系数是衡量泡沫灭火剂渗透性能的一个重要指标。表面张力使液面沿着表面收缩，使液膜

趋于维持其固有的形状。泡沫中析出的混合液在油类表面成膜并迅速扩散，在固体可燃物表面迅速扩散、渗透，扩散系数越大，泡沫灭火剂的渗透性越好。

（3）附壁性能。

当用泡沫进行间接灭火时，泡沫应较长时间地附着在树叶、树干和草本植物的表面上，尤其是附着在树干和建筑物墙壁等直立表面上，并能保持一定厚度，以达到阻火和灭火的效果。因此，泡沫的附壁性能非常重要。

流动性是表征泡沫附壁性能的基本指标。泡沫的流动性与泡沫临界剪切应力有关，临界剪切应力越小，泡沫的流动性越好。黏度是衡量泡沫灭火剂是否易于流动的一个指标。在有关泡沫的流变学性能研究中，一般将泡沫混合液或泡沫灭火剂原液的黏度作为衡量泡沫存留时间的指标。泡沫原液黏度的大小直接影响泡沫灭火剂和水的混合，从而影响生成泡沫的性能。

（4）抗风吹散能力。

森林火灾发生在开放空间中，尤其是阻火时，泡沫的存留时间较长，膨胀比较大的泡沫密度很小，风会把很轻的泡沫吹散。航空灭火时，泡沫能否喷洒到指定的位置，能否发挥其直接和间接灭火能力取决于泡沫抗风吹散的能力。

泡沫抗风吹散的能力首先与泡沫的相对密度有关，相对密度是泡沫灭火剂在20℃时的密度和水在4℃时密度的比值。泡沫的密度受两个因素的影响，分别是泡沫灭火剂的相对密度和泡沫的气体百分比。泡沫灭火剂的相对密度在1.0～1.2的范围内。在一般情况下，泡沫灭火剂的相对密度大小可以反映出泡沫灭火剂中所含有效成分的多少。泡沫的相对密度还与泡沫的气体百分比有关，气体的百分比越大，泡沫的相对密度就越小，越容易被风吹散。当泡沫喷射距离较远和用飞机喷洒时，泡沫倍数不宜太高，以免飘散过多。此外，泡沫的抗风吹散能力还与泡沫的流变学性能有关，在剪切力作用下的泡沫流动行为是影响抗风吹散能力的一个重要因素。

另外，泡沫的主要性能还包括灭火时间和抗烧时间、发泡倍数、流动点、腐蚀率、热稳定性、沉淀物含量和回燃时间等指标。

2. 压缩空气泡沫灭火系统用于林火扑救的优势

泡沫灭火可以大大提高水的利用率，有效地隔绝氧气、阻隔热辐射、覆盖可燃物，而且既可直接灭火，又可间接灭火。

压缩空气泡沫系统除具备泡沫灭火的优点之外，主要还具有以下优越性：

（1）泡沫动量大，且不易被风吹散，射程远。

与纯液体的射流相比，泡沫流的迎风阻力较大，不易获得较远的射程，而压缩空气泡沫由于气泡小而均匀，内聚力大，不易吹散，再加上出口处泡沫动量大，因而其射程远大于真空吸入系统所产生的泡沫射程（射程远对于扑救高强度火以及扑火人员的安全非常有利）。此外，压缩空气泡沫灭火系统可通过管线内静压和余压的调整来提高泡沫在出口处的动能、增加射程，可通过对压缩空气压力和流量等的调整减轻反作用力，以减轻消防人员的工作强度，并取得较好的射程。

（2）泡沫稳定性好，有效阻火时间长。

在蔓延火线的前方，预先喷洒泡沫覆盖地表可燃物以形成连续的阻火隔离带，是扑灭森林大火的间接灭火方法，此时特别要求泡沫析液时间长、稳定性好，使泡沫隔离带形成后在较长时间内能有效地阻挡蔓延火，通常要求泡沫隔离带的有效阻火时间为 0.5~2h，有时更长。压缩空气泡沫灭火系统产生的泡沫小而均匀，在同样的膨胀比之下，其稳定性明显优于常规的真空吸入系统所生泡沫。

（3）可获得泡沫的膨胀比范围大，容易调节。

压缩空气泡沫灭火系统最显著的特点之一是在实际灭火操作中，消防人员可以根据不同的燃烧物、燃烧状态，或直接、间接灭火的需要，调整泡沫混合液中混入压缩空气的体积，从而产生不同类型的泡沫，最大限度地提高扑救火灾的能力。

根据压缩空气泡沫的成分，人们把它分为"湿泡沫"和"干泡沫"两种，后者又被称为"黏性泡沫"，那是因为由于射流的形状和物理特性（密度、运动速度等），这种泡沫可以垂直覆盖在着火物体的表面，形成防护层，并可停留相当长的时间。这样，"干泡沫"可成为抵御火势蔓延的屏障，保护着火点附近的设施不受热辐射的影响。比如，利用这种泡沫可以控制森林火灾的蔓延。

（4）充满泡沫的水龙带很轻，泡沫输送距离长。

压缩空气泡沫系统的管线内由于有相当数量的压缩空气，比充满水的管线轻，这对减轻火场上消防队员的生理、心理压力有着重大的意义。

（5）扑火效率高，灭火用水量少。

森林火灾现场往往缺少就近的灭火水源，采用直流水枪喷水灭火时，实际起灭火作用的水量并不多，白白流失的水可高达90%，还常常因供水不足而延误灭火，而采用压缩空气A类泡沫，其灭火效率约为同等质量纯水的5~10倍，因此可以大大节省灭火用水量。

3. 压缩空气泡沫消防车的应用

森林灭火用压缩空气泡沫消防车利用森林消防车原有的水箱，通过比例混合器产生泡沫混合溶液，再与压缩空气混合产生泡沫。灭火系统的主要部件有空气压缩机、消防泵、泡沫比例混合器、泡沫灭火剂罐、气液混合器等。这套系统在水源充足或泡沫灭火剂缺乏时可方便地喷水。

装置工作原理：接通消防水源，启动发动机、水泵和空压机工作，水泵提供的压力水经过泡沫比例混合器时，在压力水流作用下形成负压，吸取泡沫原液，形成一定比例的泡沫混合液。在混合液输出管线上，连接有注入和水的压力相等或略高的压缩空气，经气液混合器和输送管线混合，形成空气、水和泡沫混合液，由空气泡沫出口，经非吸气直流水枪喷射实施灭火。

装置主要组件有：

（1）提供动力的设备：汽油发动机；

（2）提供能源的设备：水泵、空压机；

（3）能按比例进行泡沫、水混合的泡沫比例混合器；

（4）能将混合液、压缩空气进行混合的气液混合器；

（5）控制部件及附件：离合器、减压阀；转速表、压力表、管道、燃油箱、A类泡沫灭火剂、消防水带等；

（6）喷射设备：直流雾化水枪、直流泡沫枪。

消防装备的安装型式有：

（1）小型消防车上；

（2）在拖车上；

（3）消防车和拖车组合形式；

（4）对现有消防车改造，进行安装。

产品也可作为独立的移动或固定式消防设备。

森林火灾扑救用压缩空气泡沫系统需较大的膨胀比范围，以满足直接和间接扑火的不同需求，采用汽车动力输出轴为动力源的较复杂，移动扑火也受到限制，建议采用单独的发动机驱动空气压缩机和消防泵。为改善发泡性能，喷头内可增设发泡网。不同扑火作业项目可使用不同直径的喷嘴，以获得不同的出口泡沫动量。

采用压缩空气泡沫实施扑救固体火灾时，要求泡沫具有较强的流动性和渗透润湿性，应采用混合比和发泡倍数较小的湿泡沫，一般用于灭火的最佳混合比调节范围为 0.4% ~ 0.6%，发泡倍数为 13 倍。干泡沫的黏附能力和覆盖效果较强，更适合火场中对可燃物或者重要设备实施隔热防护。

压缩空气泡沫灭火技术可在内蒙古自治区和东北林区普遍推广，其运载车辆在我国东北林区已有成功使用的经验，森林消防专业队伍装备该系统将显著提高火场控制能力，大大减少森林火灾的损失。

4. 森林消防未来趋势

由于气候的不断变化，尤其是气候变暖趋势日益明显，使得森林草原火灾时有发生，因此需要制定科学、实用、能用的防火灭火装备标准和规范，研究开发现代化防灭火装备产品。

近年来，森林草原火灾频发，防灭火行业面临着严峻的挑战，消防队员所承担的消防救援任务越来越复杂和繁重。防灭火装备的合理配备对消防工作有着重要影响，种类和数量都有一定的限制，如何更好地配置给基层单位，最大限度地发挥基层单位的优势，是一个优化问题。

目前，世界各国在森林消防装备上的投入存在一定差异，发达国家如加拿大、美国、俄罗斯、澳大利亚，这些国家投资大，设备先进，大量使用了大型森林消防设备——森林消防车，特别是美国西部使用森林消防车与空中扑救力量、地面扑火队联合作战的经验被各国广泛推广应用。大型森林消防设备作为群体作战武器，其性能可以满足扑灭高强度地面火或控制大面积火灾的要求，能够有效避免由于林火失控而造成的巨大损失。森林火灾一旦蔓延到一定程度时便无法直接扑救，这时一般需采用人工开设或点烧隔离带及结合消防车的方法，将火灾限定在可控制范围内。森林消防车作为大型森林消防设备，能够安全迅速地将灭火人员和消防器材送达火场，并对林火进行有效的控制，直至扑灭，在森林火灾直接扑救或间接扑救中的使用效果都非常显著，因此许多林业发达国家都将其列为森林消防专业队伍的主要装备。

森林消防车应该是一种小而轻、越野能力强、装备多种专业消防灭火装备并能应付多种火灾的车辆。新型森林消防车的灭火能力应相当于普通 8t 水罐消防车的灭火能力，所以必须利用高压细水雾来灭火，高压细水雾灭火具有节约水源、环保、灭火效率高等优点，非常适合森林山区等场所的灭火。

（1）加大以水灭火装备研发。

加强履带式森林消防车、森林消防水泵、灭火水炮、水枪等灭火主战装备的研发及配备，探索以水灭火与其他灭火技术的结合，在作业枪头喷射或直升机抛投精准度方面持续加大研究与开发，加大高性价比、易储存、无污染且更加高效的新型灭火剂的研究与开发。森林消防车向多功能方向发展，第一层含义针对扑救森林火灾的特点，森林消防车需具备多种相应的功能要求，例如灭火功能、运载功能、开挖防火带功能及救援功能等等，具备更多的功能可以大大提高森林消防车的作战能力。另一层含义是指机器除作为森林消防设备使用外，通过拆卸一些灭火设备后可以用于其他工程作业，实现"一机多用"，使机器能够得到充分利用。

（2）构建空地协同战法。

发挥直升机供水能力强及水泵灭火效率高的优势，规避直升机空中抛撒不精准、空中雾化、树冠截留等带来的水利用率低及水泵架设耗时、费力的缺陷，探索山地条件下空地协同作业战法，实施直升机供水与地面水泵分队协同作业。此外，发挥无人机小载量精准作业优势，人为远程操作实施空中"蜂群"作业战术，对悬崖、陡坡等特殊区域的林火进行高效扑救。

（3）优化火场力量部署。

将直升机、消防水罐车、压缩空气泡沫消防车或大功率水泵向中、高强度火线部署，将便携式水泵向低强度火线部署，形成火场高、低灭火力量的合理部署，最大限度发挥不同装备以水灭火的最大效能。加大林区大功率远程供水系统装备研发。开发以车辆发动机为动力，适宜林区环境作业的高压远程输水系统，实现能远距离大功率输送且便于快速架设的模块化供水系统，探索建立更加科学合理的供水编成，发挥火场水泵不间断灭火作业的优势。

（4）加强以水灭火专业队伍建设。

加强以水灭火队伍专业力量建设，提升队伍职业荣誉与职业素养，是提升以水灭火技术实战能力不可忽视的重要方面。

参 考 文 献

[1] 魏永建，丛林，张传宝. 压缩空气泡沫灭火系统原理及在德国曼底盘消防车上的应用[J]. 消防技术与产品信息，2017(5)：60-63.

[2] 管如林. 压缩空气泡沫灭火装置的应用[J]. 机械制造与自动化，2009，38(4)：59-60.

[3] 郭海明. 谈压缩空气泡沫系统的发展与应用[J]. 武警学院学报，2010，26(8)：66-68.

[4] 初迎霞. 压缩空气泡沫系统中流动参数与泡沫形态关系的试验研究[D]. 北京：北京林业大学，2005.

[5] 程婧园，张玉斌. SK 标准静态混合器应用于压缩空气泡沫系统的可行性研究[J]. 火灾科学，2018，27(1)：38-45.

[6] 蒋新生，翟琰，尤杨，等. 防灭火三相泡沫流体特性及油面铺展性能研究[J]. 中国安全科学学报，2016，26(2)：44-49.

[7] 白云，张有智. 压缩空气泡沫灭火技术应用研究进展[J]. 广东化工，2015，042(006)：86-87，79.

[8] 林全生，张猛，宋波，等. 压缩空气 A 类泡沫在水平管道内流动研究[J]. 消防科学与技术，2017，36(009)：1265-1268.

[9] 王勇凯，高红，宋波，等. 压缩空气 A 类泡沫水平管路压降试验及数值模拟[J]. 化工学报，2018，069(010)：4184-4193.

[10] 张猛. 消防泡沫流变特性及流体力学计算方法研究[D]. 天津大学，2017.

[11] 张春祥，袁鸿儒. 一种消防车用高效混合发泡装置的优化设计及试验分析[J]. 消防技术与产品信息，2018(2)：54-57.

[12] 朱伟峰，王丽晶，等. 高层建筑火灾扑救灭火剂供给技术研究[C]. 2011 中国消防协会科学技术年会论文集. 北京：中国科学技术出版社，2011.

[13] 智会强，秘义行，王璐，等. 抗溶泡沫灭水溶性可燃液体火灾的试验研究[J]. 消防科学与技术，2017，36(7)：979-982.

[14] Tank Fires，Review of fire incidents 1951-2003，BRANDFORSK Project 513-021.

[15] API PUBLICATION 2021A，FIRST EDITION，JULY 1998，Interim Study-Prevention and Suppression of Fires in Large Aboveground Atmospheric Storage Tanks[S].

[16] 李慧清，乔启才，崔文彬等. 压缩空气泡沫系统(CAFS)产生泡沫阻火性能试验研究[J]. 森林防火. 2002. 1. 22-25.

[17] 日本《消防研究所报告》，2007 年 9 月.

[18] 郭瑞璜. 用大容量泡沫炮扑灭油罐火灾的研究[J]. 消防技术与产品信息，2008(03)：58-62.

[19] Istvan Szocs. New Concept in Tank Fire-fighting-the Dynamic Tactical Rules[R]. Technology & Services，2007.

[20] Storage Tank Explosion and Fire in Glenpool，Oklahoma April 7，2003[R]. NTSB/PAR-04/02，PB2004-916502，Notation 7666. National Transportation Safety Board.

[21] Henry Persson，Anders Lönnermark. Tank Fires Review of fire incidents 1951-2003[R]. BRANDFORSK Project 513-021.

[22] NFPA 11 Standard for Low-，Medium-，and High-Expansion Foam(2010 Edition)[S].

[23] 程婧园. SK 标准静态混合器应用于压缩空气泡沫系统的可行性研究[J]. 火灾科学，2018，27(1)：38-41.

[24] 赵森林. 固定式压缩空气泡沫系统单喷头喷洒特性及灭火效能[J]. 消防科学与技术，2020，39(8)：1129-1134.

[25] 张宪忠. 抗溶型压缩空气泡沫灭火剂灭火试验研究[J]. 消防科学与技术，2020，39(9)：1270-1273.

[26] 高振锡. 特高压直流换流变压器灭火方案探讨[J]. 消防科学与技术，2019，38(8)：1105-1109.

[27] 张瑞，袁泉，李学鹏. ±800kV 特高压换流站换流变压缩空气泡沫灭火系统设计研究[J]. 青海电力，2020，39(4)：46-49.

[28] 赵森林，熊慕文，文沛，王管建，韩焦，石祥建，高旭辉，林语. 固定式压缩空气泡沫系统单喷头喷洒特性及灭火效能[J]. 消防科学与技术，2020，39(8)：1130-1135.

[29] 王管建，石祥建，韩焦，文沛，赵森林，熊慕文，张佳庆，高旭辉，汪月勇. 某换流变压器压缩空气泡沫灭火系统管网输送特性研究[J]. 消防科学与技术，2020，39(5)：655-659.

[30] 王勇凯. 石化储罐压缩空气泡沫系统输送技术研究. 天津大学硕士论文，2018. 5.

[31] 钟声远，刘万福，韩伟平，夏建军，戚务勤，严雷，毛力. 特长铁路隧道内压缩空气泡沫灭火机理研究[J]. 消防科学与技术，2017，36(5)：679-682.

[32] 陈武宁. 微型压缩空气泡沫消防车研发思考[J]. 江苏警官学院学报，2010，25，2：183-186.

[33] 高阳. 压缩空气泡沫隔热防护性能研究[J]. 消防科学与技术，2019，38(8)：1120-1124.

[34] 黎承. 压缩空气泡沫快速输送技术在超高层建筑灭火的应用研究[J]. 给水排水，2020，46(5)：123-127.

[35] 彭磊，何文敏，畅亚文，孔令昌，杨江朋，朱鹏. 压缩空气泡沫系统及其产泡特性研究[J]. 隧道建设，2019，39(11)：1815-1819.

[36] 谢浩，金龙哲. 重型压缩空气泡沫消防车在高层建筑火灾扑救中的应用研究[J]. 科技通报，2016，32(12)：236-240.

[37] 邓德秋. 压缩空气泡沫消防车在高层建筑火灾扑救中的应用[J]. 武警学院学报，2016，32(6)：23-26.

[38] 段秋生，张智，王志斌，等. 国外储罐消防系统新技术综述[J]. 石油石化节能，2016，7(1)：44-46.

[39] 李庄. 浅谈油田储罐液下喷射泡沫灭火系统[J]. 工业用水与废水，2014，45(1)：76-78.

[40] 张清林. 国内外石油储罐典型火灾案例剖析[M]. 天津：天津大学出版社，2013.

[41] 薛林，王丽晶. A 类泡沫灭火系统应用技术研究[J]. 消防科学与技术，2005，24(6)：39-42.

[42] 钱恒宽. 自主研发压缩空气泡沫消防车的几点构想[J]. 消防技术与产品信息，2009(7)：33-35.

[43] 孙健. 消防炮水射流轨迹的研究[D]. 上海：上海交通大学，2009.

[44] 陈宝辉，李波等. 特高压变压器消防能力提升设计方案及分析[J]. 消防科学与技术，2020，39(8)：1134-1137.

[45] 应捷，王晖等. 330kV 及以下变电站消防设计技术差异化应用[J]. 科技创新与应用，2021，29：180-187.

[46] 曾燕春，姚智宏，胡成. 典型泡沫灭火装备喷射性能试验研究[J]. 消防科学与技术，2021，40(09)：1360-1364.

[47] 陈涛，胡成，阚梦涵，卜晓兰，杨小光，马翀，王雨薇，包志明. 特高压换流变压器泡沫喷雾灭火系统失效分析[J]. 消防科学与技术，2021，40(04)：523-526.

[48] 张宪忠，包志明，靖立帅，陈旸. 抗溶型压缩空气泡沫灭火剂灭火试验研究[J]. 消防科学与技术，2020，39(09)：1271-1273.

[49] 陈涛，赵力增，傅学成，张佳庆，王庆，胡成，包志明，李宝利，李国辉. 大型换流变压器火灾事故特点与灭火方案[J]. 消防科学与技术，2020，39(08)：1138-1141.

[50] 胡成，陈涛，傅学成，赵力增，张佳庆，黄勇. 压缩空气泡沫扑灭变压器全液面溢油火灾试验研究[J]. 消防科学与技术，2020，39(07)：959-962.

[51] 陈涛，胡成，包志明，傅学成，王荣基，夏建军. 不同气源压缩空气泡沫灭 B 类火灾性能比较[J]. 消防科学与技术，2020，39(05)：645-648.

[52] 陈涛，胡成，包志明，傅学成，夏建军，王荣基. 不同气源压缩空气泡沫灭石油醚火灾性能比较[J]. 工业安全与环保，2020，46(04)：4-7.

[53] 包志明，张宪忠，靖立帅，胡成，陈涛，陈旸，傅学成. 抗溶泡沫灭火剂灭水溶性液体火的对比试验

研究[J]. 工业安全与环保, 2019, 45(11): 14-17+21.

[54] 包志明, 靖立帅, 张宪忠, 胡成, 陈涛, 傅学成, 陈旸. 泡沫灭火剂对石油醚的灭火性能试验研究[J]. 消防科学与技术, 2019, 38(07): 991-993.

[55] 胡成, 陈涛, 包志明, 傅学成, 靖立帅, 张宪忠, 王荣基. 大流量压缩空气泡沫炮可行性试验研究[J]. 消防科学与技术, 2019, 38(06): 820-821+831.

[56] 傅学成, 陈涛, 胡成, 包志明, 陈旸, 张宪忠, 王荣基, 靖立帅, 夏建军. 不同类型压缩空气泡沫灭隧道油池火性能比较[J]. 消防科学与技术, 2017, 36(11): 1563-1567.

[57] 陈旸, 陈涛, 胡成, 傅学成, 包志明, 张宪忠, 夏建军, 靖立帅, 王荣基. 压缩空气泡沫传输阻力损失研究[J]. 消防科学与技术, 2017, 36(10): 1418-1420+1424.

[58] 胡成, 陈涛, 包志明, 傅学成, 陈旸, 靖立帅, 夏建军, 张宪忠, 张楠, 王荣基. 压缩空气泡沫射流轨迹研究[J]. 消防科学与技术, 2017, 36(07): 976-979.

[59] 包志明, 张宪忠, 靖立帅, 胡成, 傅学成, 陈涛. 公路隧道自动灭火系统应用研究及展望[J]. 工业安全与环保, 2016, 42(08): 28-31.

[60] 包志明, 陈涛, 傅学成, 张宪忠, 夏建军. 油罐液下喷射压缩空气氟蛋白泡沫的试验研究[J]. 安全与环境学报, 2014, 14(04): 36-39.

[61] 包志明, 陈涛, 傅学成, 张宪忠, 王荣基. A类泡沫对液体火灾的防护效果及泡沫稳定机理研究[J]. 安全与环境学报, 2013, 13(03): 222-225.

[62] 包志明, 陈涛, 傅学成, 张宪忠, 王荣基. 压缩空气泡沫抑制水溶性液体火的有效性研究[J]. 中国安全生产科学技术, 2013, 9(03): 9-12.

[63] 包志明, 陈涛, 傅学成, 张宪忠, 胡英年, 王荣基. 压缩空气A类泡沫灭B类火性能试验研究[J]. 消防科学与技术, 2013, 32(01): 66-68.

[64] 包志明, 陈涛, 傅学成, 张宪忠, 王荣基. 压缩空气蛋白泡沫抑制液体火的有效性研究[J]. 火灾科学, 2012, 21(04): 203-208.

[65] 傅学成, 包志明, 陈涛, 王荣基, 陆曦, 胡英年. 压缩空气泡沫的隔热防护性能研究[J]. 消防科学与技术, 2009, 28(03): 204-207.

[66] 李世环. 压缩空气泡沫灭火系统在石油化工储罐消防安全中的应用[J]. 化工管理, 2022(03): 119-121.

[67] 李何伟, 张潇月, 蔡峥, 李昊轩, 袁一丁, 钟高跃. 压缩空气泡沫灭火系统气液混合器的研究现状[J]. 机械研究与应用, 2021, 34(06): 203-206.

[68] 白光亚, 李天佼, 张诚, 赵伟利. 固定式CAFS装置在特高压换流站中的应用[J]. 自动化与仪表, 2021, 36(10): 78-82+87.

[69] 秦洪超, 周俊伟. 公路隧道火灾事故危险性及救援对策研究[J]. 中国设备工程, 2021(02): 242-243.

[70] 马岩. 泡沫流体在CAFS混合器及管网内流动特性的数值模拟[D]. 哈尔滨工程大学, 2021.

[71] 徐学军. 压缩空气泡沫管网输运特性及其在超高层建筑中应用研究[D]. 中国科学技术大学, 2020.

[72] 陈宝辉, 李波, 吴传平, 刘毓, 周天念. 特高压变压器消防能力提升设计方案及分析[J]. 消防科学与技术, 2020, 39(08): 1134-1137.

[73] 林增杰. 浅谈压缩空气泡沫灭火系统在高层建筑中的应用[J]. 中国新技术新产品, 2020(15): 143-144.

[74] 张文文, 王秋华, 闫想想, 龙腾腾. 森林草原防火灭火装备研究进展[J]. 林业机械与木工设备, 2020, 48(05): 9-14.

[75] 宋波, 陈涛, 胡成, 傅学成, 包志明, 张宪忠, 靖立帅. 油罐全液面火灾热辐射特性研究[J]. 常州大学学报(自然科学版), 2020, 32(01): 1-7.

［76］谢永涛，袁浩，李同晗，陈鄂球，巨斌. 特高压换流站消防能力提升措施研究［J］. 高压电器，2020，56（01）：241-245.

［77］汪亚龙，黎昌海，张佳庆，尚峰举，陆守香，范明豪，王刘芳. 油浸式变压器火灾事故的特点与灭火对策研究［J］. 安全与环境工程，2019，26（06）：166-171.

［78］邓天刁，刘长春，黄林远，申金华. 正压式泡沫灭火技术的研究进展［J］. 中国安全科学学报，2019，29（10）：64-70.

［79］高振锡，张凡，高迪，张建国. 特高压直流换流变压器灭火方案探讨［J］. 消防科学与技术，2019，38（08）：1106-1107+1116.

［80］郭玉凤，李广青，周军祥. 城市综合体建筑消防安全问题研究［J］. 消防界（电子版），2019，5（12）：58.

［81］袁野. 压缩空气泡沫系统气液混合特性及试验装置研究［D］. 华中科技大学，2019.

［82］林全生. 压缩空气泡沫系统水力计算及优化设计［D］. 天津大学，2019.

［83］郭建生. 泡沫枪口径及流量对泡沫灭火剂发泡性能影响研究［D］. 中国民用航空飞行学院，2019.

［84］张庆利. 高层建筑火灾扑救关键技术应用研究［J］. 消防科学与技术，2019，38（01）：131-134.

［85］朱伟峰. 超高层建筑消防供液干管系统的应用与优化［J］. 武警学院学报，2018，34（06）：54-57.

［86］潘峰. 石油化工行业消防装备的发展现状［J］. 水上消防，2018（02）：27-29.

［87］陈志昂. 大型城市综合体火灾扑救技战术探讨［J］. 消防科学与技术，2018，37（01）：97-99.

［88］王淮斌. 一种正压式低倍数泡沫发生装置的研发［J］. 消防科学与技术，2018，37（01）：51-53.

［89］刘勇，施式亮，徐志胜. 城市综合体火灾风险研究综述［J］. 消防科学与技术，2018，37（01）：110-114.

［90］朱玉军. 森林火灾危险性分析与防火建议［J］. 消防科学与技术，2017，36（06）：867-870.

［91］马晓霞. 森林火灾的危害及重要灭火方法的分析［J］. 消防界（电子版），2016（10）：41-42.

［92］葛晓霞，高健，赵昊. 压缩空气泡沫管内流动特性分析［J］. 消防科学与技术，2016，35（10）：1408-1411.

［93］聂磊. 固定式压缩空气泡沫灭火系统在超高层建筑火灾中的应用［J］. 消防技术与产品信息，2016（10）：7-8.

［94］王林，侯耀华. 两类危险重要场所应用固定式压缩空气泡沫系统的可行性研究［J］. 消防技术与产品信息，2016（07）：36-39.

［95］高阳. 压缩空气泡沫灭火性能及机理研究［J］. 消防科学与技术，2016，35（04）：532-536.

［96］戎大亮. 高速公路隧道消防技术措施及维护管理［J］. 山西建筑，2016，42（03）：180-181.

［97］廖赤虹，坂本直久，李召文. 压缩空气泡沫喷射速度的探讨［C］//. 2012 中国消防协会科学技术年会论文集（上），2012：142-145.

［98］朱伟峰. 压缩空气泡沫供液阻力损失研究［C］//. 2012 中国消防协会科学技术年会论文集（上）.，2012：156-162.

［99］张赟. 大型油浸式电力变压器消防安全问题的探讨［J］. 中华建设，2011（06）：106-107.

［100］宋建国. 机载压缩空气泡沫降尘技术研究与实践［J］. 煤炭工程，2010（09）：82-85.

［101］郭海明. 谈压缩空气泡沫系统的发展与应用［J］. 武警学院学报，2010，26（08）：66-68.

［102］陆云，张云明，陈蕾. 超高层建筑火灾危险性及其对策措施［J］. 中国消防，2009（10）：38-40.

［103］王喜世，廖瑶剑，林霖. 一种新制备的多组分压缩空气泡沫灭火试验研究［J］. 科学通报，2008（19）：2379-2383.

［104］雷蕾，王龙，王明皓. 压缩空气泡沫固定管网灭火系统［J］. 消防技术与产品信息，2007（06）：53-55.

［105］李慧清. 压缩空气泡沫系统（CAFS）泡沫性能的试验研究［D］. 北京林业大学，2000.

［106］刘金革，陈宇曦，韩焦，石祥建，李建鸿. 压缩空气泡沫流动压力降研究［J］. 天津科技，2022，49

　　(05)：47-50.

[107] 蔡峥，陈宇曦，李何伟，王宇，韩焦，赵雷，李建鸿. 压缩空气泡沫灭火系统中泡沫混合器研究现状[J]. 科技创新与应用，2022，12(06)：68-72.

[108] 靳翠军，刘送永，徐盼盼. 基于微元体动力学的压缩空气泡沫射流轨迹研究[J]. 消防科学与技术，2022，41(02)：147-151.

[109] 沈旭钊. 压缩空气泡沫灭火技术应用[J]. 新型工业化，2021，11(12)：109-111.

[110] 靳翠军. 举高消防车管道压缩空气泡沫流动特性研究[D]. 中国矿业大学，2021.

[111] 晁跃川. 压缩空气泡沫消防车实战化应用探析[J]. 科技视界，2021(04)：118-120.

[112] 卢娜，张行，金剑，董绍华，张仕民. 压缩空气泡沫系统在大型储罐消防上的应用研究综述[J]. 武汉理工大学学报(信息与管理工程版)，2018，40(03)：265-270.

[113] 王德凤，胡勇，乔慧，黄超，张文杰，全猛. 扑救石化火灾的移动式压缩空气泡沫灭火系统开发与应用[C]. 2020 中国消防协会科学技术年会论文集，2020：853-864.

[114] 袁泉，张瑞，张红. ±800kV 特高压换流变压器 CAFS 自动控制系统设计研究[J]. 东北电力技术，2021，42(10)：22-25.